电子废弃物回收及管理
——现状和环境问题

E-waste Recycling and Management

Present Scenarios and Environmental Issues

［沙特］安尼什·汗　［沙特］伊纳穆丁
［沙特］阿卜杜拉·M. 阿西里　主编
韩百岁　郭小飞　宋宝旭　马婷婷　张明泽　译

北　京
冶金工业出版社
2023

北京市版权局著作权合同登记号　图字：01-2023-6115

First published in English under the title
E-waste Recycling and Management：Present Scenarios and Environmental Issues
edited by Anish Khan, Muenuddin Inamuddin and Abdullah M. Asiri
Copyright © Springer Nature Switzerland AG, 2020

This edition has been translated and published under licence from
Springer Nature Switzerland AG.

图书在版编目（CIP）数据

电子废弃物回收及管理：现状和环境问题 / 韩百岁等译 .—北京：冶金工业出版社，2023.12

书名原文：E-waste Recycling and Management：Present Scenarios and Environmental Issues

ISBN 978-7-5024-9687-6

Ⅰ.①电… Ⅱ.①韩… Ⅲ.①电子产品—废物综合利用 Ⅳ.①X76

中国国家版本馆 CIP 数据核字（2023）第 232843 号

电子废弃物回收及管理——现状和环境问题

出版发行	冶金工业出版社		电　话	(010)64027926
地　址	北京市东城区嵩祝院北巷 39 号		邮　编	100009
网　址	www.mip1953.com		电子信箱	service@ mip1953.com

责任编辑　卢　蕊　美术编辑　彭子赫　版式设计　郑小利
责任校对　范天娇　李　娜　责任印制　窦　唯

北京印刷集团有限责任公司印刷
2023 年 12 月第 1 版，2023 年 12 月第 1 次印刷
710mm×1000mm　1/16；13.75 印张；264 千字；201 页
定价 84.00 元

投稿电话　(010)64027932　投稿信箱　tougao@cnmip.com.cn
营销中心电话　(010)64044283
冶金工业出版社天猫旗舰店　yjgycbs. tmall. com
（本书如有印装质量问题，本社营销中心负责退换）

前　言

随着市场渗透率的提升、金融和机械领域的快速发展，电子废弃物的规模不断扩大，促使人类社会进入了一个"可怕"的时代——人类对电子废弃物的浅显认知和"粗暴"处理造成了全球性环境危机。

电子废弃物（E-waste）是指电子产品使用寿命结束后产生的废弃物。一些常规电子产品，如电脑、电视、摄像机、录音机、音响、复印机和传真机等都是电子废弃物的源头。许多电子产品在翻新后可以重复使用。然而，随着技术的快速更迭和消费者对新一代产品的一贯兴趣，电子废弃物的数量似乎将持续增长。

事实上，消费者可以通过挑选环境低危险性和设计时兼顾安全再利用的产品，发挥对电子废弃物规模控制及环境保护的关键作用。另外，可以建立电子废弃物管理网络，以确保收集有潜在风险的物品及过时或损坏的电气或电子配件。很明显，产生的电子废弃物如果管理不当，便会污染自然环境、影响人类生活。此外，科技的进步缩短了电子产品的生命周期，直接导致旧产品过时率的不断增加。因此，有必要了解电子废弃物及其对全球物种栖息地的影响。鉴于此，本书拟提供全球电子废弃物回收与管理方面的文献，共分为12章，具体内容如下：

第1章：探讨了废弃阴极射线管处置的现状和环境问题，以及阴极射线管中锥玻璃和屏玻璃分离的潜在挑战。讨论了基于开环和闭环工艺从阴极射线管中分离锥玻璃和屏玻璃的利与弊。

第2章：介绍了以符合环境标准的电子废弃物回收为重点的拆解

方法。报废产品的拆解步骤因废弃设备的不同而存在差异性，本章通过两个研究案例，展示了电子废弃物拆解流程的布局配置，并提供重新配置它们的可行方案。系统配置的变化取决于废物流的体积、劳动力成本和输出材料所需的纯度。介绍了4个欧洲国家的制冷家电回收利用情况，介绍了电子废弃物的经济效益指标。

第3章：讨论了法律、统计、经济和组织等重要因素对一般电子废弃物的回收，包括对日本和其他国家的废弃电气和电子设备回收的影响。强调了将制造供应链纳入生产系统环境管理设计的政策重要性。提出了在公共政策辩论中需要考虑的一些建议，以改善目前的低税率。

第4章：讨论了通过技术管理电子废弃物的现状。首先给出了电子废弃物分类及回收策略的定义和分类，同时提到了其管理和指数增长统计的重要性。随后，讨论了电子废弃物管理和管理条例面临的主要挑战。最后，详细讨论了废弃电气电子设备中的材料组成以及目前和未来的电子废弃物管理技术。

第5章：从发展中国家的角度探讨了采用电子废弃物逆向物流所面临的回收挑战。指出了金融经济、市场环境、法律、政策、管理、知识及技术和工艺相关障碍的分类。分析了发展中国家电子废弃物回收所面临的挑战，讨论了克服这些障碍的解决方案和行动，旨在为从业人员和研究人员提供数据支撑。

第6章：探讨了电子废弃物管理的系统方法，提供了关于电子废弃物、电子废弃物中的塑料、电子废弃物管理问题、全球电子废弃物的产生以及与电子废弃物和环境公共健康有关问题的信息。最后讨论了利用化学处理、机械化学处理、水热处理、热解、燃烧、气化、集成化和加氢裂化等方法从电子废弃物中回收资源。

第7章：根据欧盟废弃电气电子设备（WEEE）环境政策法规中设

定的目标，旨在通过比较欧盟不同国家处理电子废弃物的政策法规，为WEEE管理提供综合文献资料。为此，本章首次使用传统非参数数据包络分析方法来衡量技术效率，并参照2014年30个欧洲国家的样本，对这些国家的电子废弃物处理效率水平进行了排名。

第8章：本章阐述了各种电子废弃物的管理分类，如有害部分的收集、处置以及贵金属和资源的回收。同时也强调了电子废弃物管理的益处、挑战和未来。

第9章：讨论了从发光二极管工业中回收金属的方法，这些金属包括镓、铟、稀土元素（如钇、铈等）以及贵金属（如金、银等）。介绍了火法冶金（热解）、湿法冶金（酸浸）和生物技术（微生物浸出）等重要方法。

第10章：本章充分考虑了生产链中资源管理和环境、社会和经济因素的影响，讨论了电气和电子设备行业的现状及废弃电气电子设备的产生。

第11章：讨论了可持续电子废弃物管理对环境和人类健康的影响。旨在通过电子废弃物跟踪和驱动趋势，来解释电子废弃物和可持续发展目标。分析了电子废弃物统计伴随的积极和消极作用，介绍了一些对回收商构成挑战的电子产品。最后，论述了电子废弃物管理对人类健康和环境的影响。

第12章：简要介绍了电子废弃物的全球产生趋势、与电子废弃物相关的关键问题和挑战及其对环境和人类健康的影响。最后，本章强调了对电子废弃物进行可持续环境管理的必要性。

伊纳穆丁

安尼什·汗

阿卜杜拉·M. 阿西里

译者的话

电子废弃物（waste electrical and electronic equipment，WEEE）是指电子产品使用寿命结束后产生的电子垃圾（E-waste）。一些常规电子产品，如电脑、电视、摄像机、录音机、音响、复印机和传真机等都是电子垃圾产生的源头。当前，随着信息产业的飞速发展、电子设备的广泛应用及电器和电子产品更新换代周期越来越短，日常生活及生产活动中产生的电子废弃物正处于爆炸式增长的阶段。据统计，目前我国电子废弃物年产量约为200万吨；到2030年，电子产品废弃量预计将超过2700万吨。我国是世界上70%电子废弃物的集散地，又是电子产品的生产和消费大国。另外，电子废弃物具有较高的潜在经济价值，如不能有效利用则是巨大的资源浪费。此外，电子垃圾中包含多种重金属、挥发性有机物和颗粒物等有害物质，因此相较于普通生活垃圾，电子垃圾的回收处理过程比较特殊。如果处理不当，这些有害物质将会释放到环境中，对水、土壤等造成污染，也会严重危害到人类的身体健康。

联合国统计数据显示，全世界电子垃圾的年价值大约在600亿美元，但是仅有13%的电子废弃物被回收利用。近年来，我国关于电子废弃物资源循环利用的技术取得了较大进步，配套的管理和政策体系也初步建立起来，但是相比于一些发达国家，还存在一定差距，整体技术水平依然相对落后，所面临的困难和存在的问题较多，具体表现为：

（1）拆解业获得财富也付出高昂的环境代价；

（2）电子废弃物回收渠道及其结构不合理，电子废弃物回收利用产业链尚不健全；

（3）相关规章和管理机制尚不完善；

（4）电子废弃物综合利用技术水平有待综合提升。

（5）企业规模普遍不大，回收业务量少、电子垃圾回收布局点少等。

在此背景下，了解当前全球电子废弃物所面临的现状和环境问题，探究优化电子废弃物资源循环利用的可行性对策与技术，具有重要的经济效益和环保效益。因此，本书几位译者齐力翻译了由安尼什·汗（Anish Khan）、伊纳穆丁（Inamuddin）和阿卜杜拉·M. 阿西里（Abdullah M. Asiri）合著，施普林格（Springer）出版社出版的 E-waste Recycling and Management：Present Scenarios and Environmental Issue。

全书着重分析讨论了电子废弃物当前所面临的现状和环境问题，提供了全球电子废弃物回收及管理方面的文献。全书共12章，内容包括：废弃阴极射线管回收的对策和挑战、电子废弃物的可重构回收系统、现在和未来电子废物流的经济评估：以日本的经验为例、电子废弃物管理新技术、从消费品到电子废弃物的回收挑战：发展中国家的视角、用于清洁燃料生产中的电子废弃物化学回收、欧盟国家废弃电气电子设备管理比较、从宏观到微观尺度的电子废弃物管理、从LED产业电子废弃物中回收金属的再循环工艺、电子废弃物管理与地球化学稀缺资源的保护、可持续电子废弃物管理：对环境和人类健康的影响、电子废弃物及其对环境和人类健康的影响。

本书可供资源循环利用尤其是从事电子废弃物处理处置研究的科研人员、工程技术人员、管理人员阅读与参考，也可作为高等院校环境工程、能源工程、再生资源科学与工程、矿物加工工程及其他相关专业本科生和研究生的教学参考用书。

本书的出版得到了辽宁科技大学优秀学术著作出版基金的资助，翻译过程中得到了辽宁科技大学、鞍山市城市建设发展中心各级领导的关怀和帮助；本书在校对过程中得到了辽宁科技大学矿业工程学院研究生李潇煜、蔺月萌、姜丽帅、徐文涛、谢昊宇等的大力协助，在此对他们一并表示衷心的感谢。同时，也在此对本书原著作者安尼什·汗（Anish Khan）、伊纳穆丁（Inamuddin）和阿卜杜拉·M.阿西里（Abdullah M. Asiri）致以最诚挚的谢意。

需要重点说明的是，译者秉持着忠于原著的首要原则进行本书的编译等工作，但由于译者水平有限，加之原著作涉及多方面内容，书中疏漏之处在所难免，敬请广大读者批评指正。

译　者

2023 年 11 月 16 日

目 录

1 废弃阴极射线管回收的对策和挑战 ... 1
1.1 引言 ... 1
1.2 废弃阴极射线管的现状 ... 3
1.3 处置和环境问题 ... 4
1.4 阴极射线管回收利用技术 ... 5
1.4.1 开环回收工艺 ... 5
1.4.2 闭环回收工艺 ... 5
1.5 锥玻璃与屏玻璃的分离技术 ... 6
1.5.1 重力法 ... 6
1.5.2 电热丝加热法 ... 6
1.5.3 热冲击 ... 6
1.5.4 激光切割法 ... 6
1.5.5 金刚石切割法 ... 7
1.5.6 水刀切割法 ... 7
1.5.7 酸熔法 ... 7
1.6 阴极射线管除铅的潜在技术 ... 8
1.6.1 火法冶金工艺 ... 8
1.6.2 湿法冶金工艺 ... 8
1.6.3 机械化学活化工艺 ... 9
1.6.4 工业中使用的新兴技术 ... 9
1.6.5 建筑材料 ... 10
1.6.6 熔结玻璃 ... 10
1.6.7 熔炼焊剂 ... 10
1.7 结论 ... 10
参考文献 ... 11

2 电子废弃物的可重构回收系统 ... 14
2.1 引言 ... 14

2.2　废弃电气电子设备拆解规划 ………………………………………… 16
　2.3　电子废弃物处理成本和收益 …………………………………………… 18
　2.4　案例研究：不同设备类别的电子废弃物回收厂布局示例 ………… 20
　2.5　案例研究：小型和大型家电加工线的配置 ………………………… 24
　2.6　结论 ………………………………………………………………………… 25
　参考文献 …………………………………………………………………………… 26

3 现在和未来电子废物流的经济评估：以日本的经验为例 ……………… 31
　3.1　引言 ………………………………………………………………………… 31
　3.2　日本电子废弃物管理 …………………………………………………… 34
　　3.2.1　日本监管电子废弃物管理的法律制度 ………………………… 34
　　3.2.2　电子废弃物回收利用概述 ……………………………………… 35
　　3.2.3　电子废弃物回收成本 …………………………………………… 36
　3.3　使用投入产出表的生命周期政策分析：日本手机和个人电脑的
　　　　回收及其供应链 ……………………………………………………… 38
　　3.3.1　回收终端产品对供应链的影响：上游供应商使用的资源减少 …… 42
　　3.3.2　回收电子废弃物减少的温室气体排放 ………………………… 44
　　3.3.3　电子废弃物回收成本由谁承担的问题 ………………………… 45
　3.4　结束语 ……………………………………………………………………… 48
　参考文献 …………………………………………………………………………… 49

4 电子废弃物管理新技术 …………………………………………………………… 51
　4.1　引言 ………………………………………………………………………… 52
　　4.1.1　问题规模 ………………………………………………………… 53
　　4.1.2　电子废弃物的收集方法 ………………………………………… 55
　　4.1.3　电子产品回收的挑战与影响 …………………………………… 56
　　4.1.4　回收层次结构和可回收市场 …………………………………… 56
　　4.1.5　废弃电气电子设备管理和控制条例 …………………………… 57
　4.2　废弃电气电子设备中的物质成分 …………………………………… 58
　4.3　当前和未来的电子废弃物管理技术 ………………………………… 58
　　4.3.1　光伏板 …………………………………………………………… 59
　　4.3.2　阴极射线管显示器、液晶显示器和发光二极管显示器 ……… 59
　　4.3.3　计算机 …………………………………………………………… 59
　　4.3.4　手机 ……………………………………………………………… 60
　　4.3.5　热等离子体技术在电子废弃物回收中的应用 ………………… 60

  4.4　结论 …………………………………………………………………… 62
  参考文献 …………………………………………………………………… 62

5　从消费品到电子废弃物的回收挑战：发展中国家的视角 ………… 66
  5.1　引言 …………………………………………………………………… 66
  5.2　理论背景 ……………………………………………………………… 67
    5.2.1　电子废弃物逆向物流 ……………………………………… 67
    5.2.2　废弃电气电子设备（电子废弃物）逆向物流实施的阻碍 …… 69
  5.3　方法程序和技术 ……………………………………………………… 71
  5.4　结果展示 ……………………………………………………………… 71
    5.4.1　发展中国家电子废弃物逆向物流的相关做法 …………… 71
    5.4.2　结果讨论 …………………………………………………… 81
  5.5　结论 …………………………………………………………………… 85
  参考文献 …………………………………………………………………… 87

6　用于清洁燃料生产中的电子废弃物化学回收 ………………………… 94
  6.1　引言 …………………………………………………………………… 94
  6.2　电子废弃物：一个商业平台 ………………………………………… 95
    6.2.1　电子废弃物中的塑料 ……………………………………… 96
    6.2.2　电子废弃物管理问题 ……………………………………… 97
    6.2.3　全球电子废弃物的产生 …………………………………… 97
    6.2.4　电子废弃物对环境和公众健康的影响 …………………… 98
  6.3　电子废弃物中的能源回收 …………………………………………… 98
    6.3.1　化学回收 …………………………………………………… 98
    6.3.2　机械化学处理 ……………………………………………… 99
    6.3.3　水热法 ……………………………………………………… 100
    6.3.4　热解 ………………………………………………………… 100
    6.3.5　燃烧法 ……………………………………………………… 101
    6.3.6　气化工艺 …………………………………………………… 101
    6.3.7　综合工艺 …………………………………………………… 102
    6.3.8　加氢裂化 …………………………………………………… 102
  6.4　结论 …………………………………………………………………… 103
  参考文献 …………………………………………………………………… 103

7　欧盟国家废弃电气电子设备管理比较 ………………………………… 108
  7.1　引言 …………………………………………………………………… 108

7.2 研究方法 ……………………………………………………………… 111
7.3 样本、数据和变量 …………………………………………………… 113
7.4 结果 …………………………………………………………………… 115
7.5 结论 …………………………………………………………………… 117
参考文献 …………………………………………………………………… 118

8 从宏观到微观尺度的电子废弃物管理 ……………………………… 122

8.1 废弃电子产品非受控管理的启示 …………………………………… 122
8.2 电子废弃物的宏观管理 ……………………………………………… 123
　8.2.1 政府在电子废弃物管理中的作用 ……………………………… 123
　8.2.2 消费者在电子废弃物管理中的作用 …………………………… 124
　8.2.3 生产者责任延伸 ………………………………………………… 125
8.3 电子废弃物的介观管理 ……………………………………………… 125
　8.3.1 材料相容性分析 ………………………………………………… 126
　8.3.2 电子废弃物物质流分析 ………………………………………… 126
　8.3.3 电子废弃物生命周期评价 ……………………………………… 126
　8.3.4 电子废弃物多标准分析 ………………………………………… 127
8.4 电子废弃物的微观管理 ……………………………………………… 127
　8.4.1 回收电子废弃物以获得有价值材料 …………………………… 127
　8.4.2 电子废弃物回收的好处、挑战与未来 ………………………… 130
参考文献 …………………………………………………………………… 131

9 从 LED 产业电子废弃物中回收金属的再循环工艺 ………………… 135

9.1 引言 …………………………………………………………………… 135
9.2 LED 的生产历史 ……………………………………………………… 136
9.3 LED 产业与消费前景 ………………………………………………… 141
9.4 LED 中可回收的元素 ………………………………………………… 142
9.5 LED 产业链 …………………………………………………………… 145
9.6 LED 回收流程 ………………………………………………………… 147
　9.6.1 灯泡 ……………………………………………………………… 148
　9.6.2 其他 LED 设备 …………………………………………………… 149
9.7 关键元素 ……………………………………………………………… 149
9.8 结论 …………………………………………………………………… 151
参考文献 …………………………………………………………………… 151

10 电子废弃物管理与地球化学稀缺资源的保护 154

10.1 引言 154
10.2 电气和电子设备 155
　10.2.1 定义 155
　10.2.2 电气和电子设备国际市场 157
　10.2.3 电气和电子设备制造中化学元素的供需关系 158
　10.2.4 经济、环境和社会问题 160
10.3 废弃电气电子设备 161
　10.3.1 什么是电子废弃物 161
　10.3.2 电子废弃物产生的全球情况 162
10.4 结论 167
参考文献 167

11 可持续电子废弃物管理：对环境和人类健康的影响 173

11.1 引言 173
11.2 电子废弃物跟踪与驱动趋势 175
11.3 电子废弃物的积极和消极影响 178
　11.3.1 积极影响 178
　11.3.2 消极影响 178
11.4 对回收者构成挑战的产品 178
　11.4.1 太阳能电池板 178
　11.4.2 液晶显示器和阴极射线管显示器 179
　11.4.3 印刷电路板 179
　11.4.4 制冷和冷冻设备 180
　11.4.5 电池 180
11.5 电子废弃物对人类健康和环境的影响 181
　11.5.1 对空气的影响 183
　11.5.2 对水生生物的影响 183
　11.5.3 对土壤的影响 183
11.6 电子废弃物管理 184
11.7 结论 185
参考文献 185

12 电子废弃物及其对环境和人类健康的影响 188

12.1 引言 188

12.2 电子废弃物的产生趋势 …………………………………………… 190
12.3 电子废弃物对环境的影响 ………………………………………… 191
　　12.3.1 重金属毒性 …………………………………………………… 192
　　12.3.2 危险化学品毒性 ……………………………………………… 193
12.4 对人类健康的影响 ………………………………………………… 194
12.5 结论 ………………………………………………………………… 195
参考文献 …………………………………………………………………… 196

1 废弃阴极射线管回收的对策和挑战

沙里亚尔·沙姆斯

摘　要：相较于传统"笨重"的阴极射线管（CRT）而言，液晶显示器（LCD）具有较好的便携性和较高的能量效率，其在电视和个人计算机显示器中的应用使其在销售和分销方面获得了良好的发展势头。阴极射线管中使用的玻璃常含有害成分，这使得阴极射线管的处置面临着更大的挑战，目前有多种回收技术可用于从阴极射线管锥玻璃中提取有毒的铅。本章探讨了阴极射线管的现状、处置和环境问题，以及阴极射线管中锥玻璃和屏玻璃分离面临的潜在挑战；讨论了基于开环和闭环工艺从阴极射线管中分离锥玻璃和屏玻璃的利与弊。采用闭环工艺再利用阴极射线管正在成为主流，例如阴极射线管制备玻璃陶瓷砖和混凝土、核废料的玻璃化以及二氧化硅助熔剂等。在各种可能的分离技术中，强烈推荐使用金刚石切割方法分离锥玻璃和屏玻璃，因为它具有真空吸附和粉尘回收能力、自动边缘搜索和激光定位功能。研究发现，利用熔炉和化学品从阴极射线管中提取有毒铅的新兴技术是一种很有前景的回收管理方法，该方法能够以环境可持续的方式管理回收且不会产生残留废弃物。

关键词：阴极射线管；闭环工艺；熔结玻璃；锥玻璃；铅；开环工艺；屏玻璃；回收利用；电视；废弃物

1.1　引　　言

随着液晶显示器（LCD）的出现，用作电视和计算机显示器的显示单元的阴极射线管（CRT）已经过时，即阴极射线管中的铅（Pb）被液晶显示器中引入的汞（Hg）所取代。每个阴极射线管包含几个含铅玻璃，不仅较重，且为了安全和管理需要特殊的处理程序。即使对玻璃进行适当的处理，其低价值和其他市场限制也使这些玻璃难以回收成新产品。大约15年前，使用闭环回收系统，从旧阴极射线管中提取的锥玻璃和屏玻璃（图1-1）被广泛用于生产新的阴极射线管，进而用于电视和计算机显示器。因此在过去，闭环回收系统有效地将玻璃与黑色金属和有色金属、氧化物、磷和灰尘分离，从而为阴极射线管制造商提供了必要的帮助。阴极射线管由于尺寸巨大且较重，故而会占用更多的空间，而轻质、节省空间且节能的发光二极管（LED）和等离子屏幕的出现，大大减少了用于电视和计算机显示器的新型阴极射线管的需求（He et al.，2014；Yamashita et al.，2010）。因为处置成本较高和负面的经济激励,导致一些回收商宁愿储存阴极射线管玻璃,也不愿意对其进行相应处理。由于阴极射线管的大量堆存,使得铅浸出,进而对环境保护(土壤和空气)构成了巨大挑战,其对于环境所产生的不利影响是寻找替代技术和开发回收阴极射线管玻璃解决方案的驱动力。

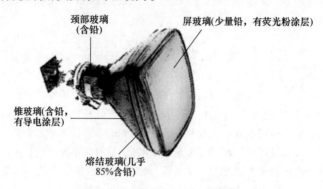

图 1-1 阴极射线管的各种部件

阴极射线管含有含铅玻璃且基本没有商品价值,导致其很难被回收利用。如图 1-2 所示,一个典型的阴极射线管含有 1.5~2.0kg 的铅(占总化学成分质量分数为 24.17%)以及多种氧化物,且所有的铅都存在于阴极射线管的锥形组件中。含铅玻璃需要在不造成环境污染的前提下进行加工、储存和运输,通常回收商需向消费者支付费用以回收屏玻璃和锥玻璃。与此同时,铜线、塑料和其他金属等剩余商品的价值在过去几年里有所下降,这使得回收商更难承担阴极射线管回收

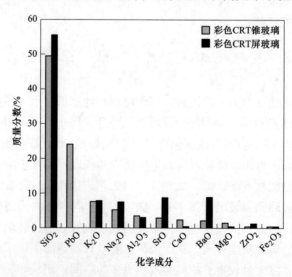

图 1-2 阴极射线管玻璃结构中的化学成分(质量分数)

[资料来源:Andreola 等(2005)、Chen 等(2009)、Shi 等(2011)、Singh 等(2016a,2016b)]

成本。尽管这种材料还有其他市场，如铅冶炼厂、瓷砖制造商和玻璃公司，但这些解决方案并非都适用于每个回收商。此外，阴极射线管玻璃的运输成本，尤其是在亚洲，随着许多亚洲国家（如中国、印度、泰国和马来西亚）当地市场对阴极射线管需求的不断减少，也受到较大影响。

随着相关技术的迅猛发展，平板屏幕已经取代了我们在工作和家庭中使用的大多数阴极射线管显示器和电视屏幕。那么问题是，那些阴极射线管显示器和电视屏幕现状如何，有多少仍未进行相关处理？它们是已经被回收利用了，还是在废弃物填埋场找到了"永久的新家"？因此，应该在环境污染最小化的前提下，重视开发阴极射线管的回收利用新技术。

1.2 废弃阴极射线管的现状

在中国、美国、印度、巴西、南非和土耳其等一些国家，都面临着废弃阴极射线管处理方面的严峻挑战。当前，智能手机、平板电脑和笔记本电脑等电子产品的使用寿命越来越短，但电视机往往使用超过10年后才被回收利用。因此，尽管阴极射线管的数量正在显著减少，但其回收前景仍不可小觑。2015年，消费电子协会（CTA）进行了一项调查，以确定美国家庭中有多少阴极射线管设备可能仍在使用或储存。研究发现，约34%的美国家庭仍然至少拥有一台电视机，低于2014年的41%，由此可见，电视机的供应似乎在减少，但仍相当可观。据估计，美国有690万吨阴极射线管废弃物（占电子废弃物总量的43%）尚在住宅和商业场所（Singh et al., 2016a, 2016b），即未被回收处理。在中国和印度等亚洲国家，情况更加糟糕，如2015年土耳其人均阴极射线管生产量达到0.22kg（Öztürk, 2015）。2004—2005年，韩国产生了800多万台阴极射线管电视废弃物，其中得到回收利用的不足300万台，约37.5%（Lee et al., 2007）。据估计，中国将淘汰7400万台电视机和1.9亿台个人电脑（UNEP, 2012），其中阴极射线管显示器将占电子废弃物的80%（Song et al., 2012）。需要补充的是，2014年全球共产生了630万吨阴极射线管显示器废弃物（Baldé et al., 2015），其中大部分来自亚洲，如图1-3所示。

当今，废弃商品价格低廉，对于回收商来说很难找到阴极射线管玻璃消费者。近年来，由于这些公司无法持续获得财政支持，又或无法为这种材料找到市场，导致阴极射线管回收业务屡屡失败。一些公司因无法有效处理阴极射线管，最终只能囤积或倾销。例如，凤凰城一家公司在2010年时，承诺在俄亥俄州和亚利桑那州建造熔炉，用于回收阴极射线管玻璃，并生产玻璃和铅两种独立产品。该项目因获得了前期资金支持而得以继续。不幸的是，由于自身无法满足加工需求，产生了远远高于环境保护署（EPA）在无许可情况下允许的阴极射线管

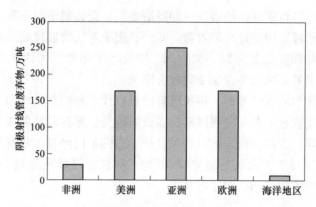

图 1-3 全球因处置显示器而产生的阴极射线管废弃物
[资料来源：Baldé 等（2015）]

库存数量，最终导致该公司停止运营。

生产者责任延伸（EPR）制度的存在，在促进电子产品回收的同时，也使阴极射线管的处理过程复杂化。多家电子产品零售商已经取消了免费接受阴极射线管的计划，部分原因是这些公司只能根据 EPR 制度获得免费收集电子产品的信用。然而，一旦对阴极射线管征收相应回收费，阴极射线管回收数量也随之减少。

总之，阴极射线管的处置是一个世界性问题，不仅引发了对各国国内大规模倾销的担忧，而且也使人担心从发达国家向发展中国家越境装运所产生的问题。当阴极射线管处于使用期间时，许多国家可能依然拥有回收设施，供应商也会将玻璃运到其他国家进行加工。然而，随着 2015 年印度最后一家回收再利用公司关闭对阴极射线管的大门，直接再利用玻璃的唯一途径已经不复存在。

1.3 处置和环境问题

阴极射线管回收工艺基本上有两种，即玻璃到玻璃的回收和二次铅冶炼。在阴极射线管锥玻璃浸出回收铅的过程中，锥玻璃与屏玻璃之间的界面（熔结玻璃）容易受到酸性环境影响，进而可能对土壤和地下水造成潜在的环境影响。在玻璃到玻璃的回收过程中，可能引起空气中的铅和微细粒物质、含铅洗涤水和矿渣以及铅渗入土壤和地下水，进而严重影响公众健康和污染堆积场（Hsiang et al., 2011; Johri et al., 2010）。众所周知，即使少量的铅暴露也会损害人类的中枢神经系统、循环系统和肾脏，并导致儿童学习障碍（Xu et al., 2016）。由此可见，从事回收工作的工人以及产品的最终用户都面临着铅暴露所造成的健康威胁。因此，一些国家对阴极射线管废弃物在堆积场中的储存进行严格限制（Milovantseva et al.，2013）。除了阴极射线管的储存过程外，其运输以及二次冶炼铅提取过程中也会产生空气污染。此外，二次冶炼过程中排放的铅颗粒以及炉渣也会污染土壤和地表水。

1.4 阴极射线管回收利用技术

有多种技术可用于从阴极射线管中回收提取有价材料。一般来说，阴极射线管回收工艺可分为两种：一是开环回收，二是闭环回收，如图1-4所示。

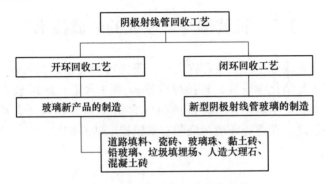

图1-4 阴极射线管回收工艺概览

[资料来源：Singh等（2016a）]

1.4.1 开环回收工艺

开环回收工艺（玻璃制铅回收）用于回收阴极射线管玻璃来制造新的玻璃产品。由于其中含有各种未知成分，不建议在开环工艺中制取原始阴极射线管玻璃（Mueller et al.，2012）。原始阴极射线管在新产品中的应用存在障碍（Lee et al.，2012），因为需要了解其具体成分（Lairaksa et al.，2013），只有铅未超标（Yot et al.，2011）才能用于生产新产品。相对锥玻璃而言，屏玻璃的成分是恒定和已知的，开环工艺可将其用于新玻璃产品的生产（Iniaghe et al.，2013）。

1.4.2 闭环回收工艺

闭环回收工艺（玻璃到玻璃回收）是指使用旧阴极射线管制造新的阴极射线管。在闭环工艺过程中，锥玻璃和屏玻璃被破碎成小块但不产生任何分离（Ertug et al.，2012）。此外，当旧阴极射线管储存量足够满足持续的市场需求时，采用闭环工艺最为合适（Lairaksa et al.，2013）。开环工艺和闭环工艺的区别如表1-1所示。

表 1-1 开环回收工艺和闭环回收工艺

开环工艺	闭环工艺
锥玻璃和屏玻璃分开用于不同的新产品	锥玻璃和屏玻璃均破碎成小块，但不产生任何分离
生产瓷砖、道路填料、人造大理石、玻璃珠、黏土砖等新型玻璃产品	只生产新型阴极射线管玻璃
有吸引力、可行且经济，甚至可以回收锥玻璃产品，特别是在陶瓷行业	许多国家没有阴极射线管玻璃产品的制造商，因此在组织筹划和经济上都不可行

1.5 锥玻璃与屏玻璃的分离技术

玻璃是阴极射线管中的主要部件之一，需要特别注意其在回收过程中的多种化学成分。这些复杂化学成分，直接导致锥玻璃（含铅）和屏玻璃（无铅）的分离面临巨大挑战。当前，有多种锥玻璃（含铅）和屏玻璃（无铅）的分离方法，但这些必须建立在避免环境污染和有效铅提取的基础之上。

1.5.1 重力法

受重力作用，阴极射线管从指定高度向下掉落后，使锥玻璃受到表面冲击而实现破碎。在此过程中，实现了屏玻璃与锥玻璃的分离。此方法成本低、简单易行（Herat，2008），但面临的主要挑战是如何实现二者有效分离。

1.5.2 电热丝加热法

该方法是使用镍铬合金导线对熔结玻璃进行包裹，而后进行交替加热和冷却以产生热冲击，从而导致破裂并实现锥玻璃和屏玻璃的分离。根据阴极射线管的尺寸和类型，加热和冷却时间需要 1~3min 不等（Lee et al.，2004）。此方法具有操作简单、效率高、成本低廉且无噪声等优势，因而适用于大规模生产（Lee et al.，2004；Herat，2008）。然而，如果导线放置不当，就会出现碎片零件上产生尖锐边缘的问题。

1.5.3 热冲击

热冲击这种方法在中国较为常用。该方法首先采用电线加热和淬火进行热冲击，随后进行空气冷却，进而使锥玻璃和屏玻璃沿熔结玻璃产生分离。

1.5.4 激光切割法

激光切割法与热冲击法类似，不同之处在于本方法使用激光束代替电线加热，然后用冷水喷雾（Yu et al.，2016）。这种能量密集型方法适用范围较广（Herat，2008；Yu et al.，2016），尽管其成本高。这种方法的缺点是难以适用于对厚玻璃进行切割和激光修复等。

1.5.5 金刚石切割法

金刚石切割法可在潮湿和干燥的条件下进行。潮湿条件下的切割是指在阴极射线管保持旋转时，用金刚石锯片沿着熔结玻璃进行切割，同时对切割部位喷射冷却水，该方法适用于所有厚度和尺寸的阴极射线管。干燥条件下的切割中，主要使用金刚石砂轮和金刚石砂带。由于该条件的切割在清洁分离方面优势明显，更适合大规模操作（Lee et al.，2004；Herat，2008）。但也存在初始投资成本高等问题。总而言之，金刚石切割法比传统机械切割方法速度更快，具有真空吸附和灰尘回收能力、自动边缘搜索和激光定位等优点（Yu et al.，2016）。该方法通常分三个阶段进行：第一阶段为真空被移除、电子枪被拆除；第二阶段是对屏玻璃、锥玻璃和荫罩进行分离；最后阶段是对屏玻璃和锥玻璃的涂层进行清洗。

1.5.6 水刀切割法

水刀切割法是以射流形式将含有研磨材料的高压水通过喷嘴沿阴极射线管的熔结玻璃喷射而实现分离的方法。该方法简单且经济，但通常情况下，磨料的存在会导致大量废水的产生（Herat，2008）。

1.5.7 酸熔法

酸熔法主要通过注入热硝酸和热酸，以对屏玻璃与锥玻璃的连接界面进行热酸浴，进而实现二者分离，但如何处理该方法中产生的大量废水和渗滤液是此技术面临的主要挑战（Yu et al.，2016）。考虑到该方法易对环境带来不利影响，因此并不推荐使用酸熔法处理阴极射线管。

上述用于分离锥玻璃的方法没有考虑到涂层，针对涂层的去除技术见表1-2。

表1-2 去除涂层的可用技术

技术	说　　明	参考文献
湿法洗涤法	位于碾磨机中的破碎的阴极射线管玻璃上的水和涂层被擦洗掉	Lee 等（2004）
超声波法	将分解的阴极射线管玻璃浸入酸和水中，并在超声波装置中浸泡一段时间	Erzat 和 Zhang（2014）
喷砂法	高压空气喷射确保将小钢球喷射到玻璃表面	Herat（2008）
真空吸引法	屏玻璃的松弛部分是用表面真空吸力装置吸出来的	Herat（2008）

1.6 阴极射线管除铅的潜在技术

铅因具有耐腐蚀性、延展性、柔软性和可锻性等特性而被广泛用于电池、焊料和X射线屏蔽器等方面（Yu et al.，2016）。铅通常由O—Si—O—和/或部分—O—Si—O—Pb—O—网络组成并填充在玻璃组件的裂缝中（Sasai et al.，2008），导致其在常温常压下很难被提取出来（Miyoshi et al.，2004）。因此，通过分解玻璃组件来选择性提取铅的方法非常重要。常用的铅回收工艺如下。

1.6.1 火法冶金工艺

火法冶金工艺已成功应用于从废弃阴极射线管中提取铅（Yot et al.，2011；Okada et al.，2013，2014；Mingfei et al.，2016）。如图1-5所示，该工艺通过添加碳酸钠粉末（熔融剂）、硫化钠（催化剂）和碳粉（还原剂）来去除铅和其他金属，除铅率为94%（Hu et al.，2018）。此外，Lu等（2013）使用金属铁对阴极射线管锥玻璃进行热还原，铅提取效率达到99%。另外，将温度限制在1000℃以下时，添加碳酸钠可以促进热还原反应，且能避免铅蒸发（Okada et al.，2013）。最近，Okada等（2015）利用氧化还原反应，将阴极射线管锥玻璃溶解于盐酸溶液并从中提取铅。Xing and Zhang（2011）用火法冶金工艺以碳为还原剂成功提取纳米级铅颗粒（真空度500~2000Pa、温度1000℃、反应时间2h）。

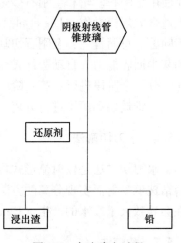

图1-5　火法冶金过程
（资料来源：Cong等，2016）

1.6.2 湿法冶金工艺

湿法冶金工艺的主要流程是：（1）在阴极射线管锥玻璃上添加酸性或腐蚀性溶液；（2）对所得溶液进行分离和净化以富集金属铅。此外，为了克服阴极射线管锥玻璃中金属的强键能和增加铅的溶解度，需要对其进行一些预处理，例如经5%的硝酸溶液酸洗3h后再用自来水冲洗（Ling et al.，2011）。Zhang等（2013）采用强碱性溶液结合化学浸出和机械活化（搅拌球磨机）这一新型湿法冶金工艺，使除铅效率达97%。Yuan等（2015）在水热硫化条件下，利用机械活化后锥玻璃中的金属离子与水发生离子交换产生的氢氧根离子，对阴极射线管进行预处理并从中分离出铅。此外，湿法冶金工艺必须考虑运输成本问题，如运输距离过大则不再推荐此方法。

1.6.3 机械化学活化工艺

该方法是基于机械力诱发和作用使物质发生物理化学变化的工艺，且应用广泛。机械化学硫化是将阴极射线管玻璃与元素硫在大气氮中一起研磨产生反应的过程（Yuan et al.，2012）。采用该方法，即使不在高温条件下也可以有效分离阴极射线管锥玻璃（Yuan et al.，2013）。机械活化球磨，可以促使锥玻璃结构发生一系列物理和化学变化。在一定机械活化条件下（500r/min、2h），锥玻璃中的铅回收率可达92.5%（Yuan et al.，2012）；与之相比，未经机械活化处理的铅回收率仅为1.2%（Yuan et al.，2013）。此外，机械活化球磨还能够去除其他含铅玻璃的毒性（Yuan et al.，2012）。

1.6.4 工业中使用的新兴技术

当前，工业界越来越重视阴极射线管的回收利用，因此开发或引进新型环保技术尤为重要。例如，英国的 Nulife Glass 公司（NGC）和 Sweeep Kuusakoski 公司（SKC）使用化学品和熔炉从废弃阴极射线管中去除铅，这是一个可持续的过程，且没有残留废弃物。该技术每天可以处理10t锥玻璃，相当于处理约60t阴极射线管电视（Nulife Glass，2015）。如图1-6所示，Sweeep Kuusakoski 公司在回收过程中分离了锥玻璃和屏玻璃，且二者没有任何交叉污染。电解炉粉碎锥玻璃可以在不产生任何废弃物的前提下，得到纯净的熔融玻璃和铅。阴极射线管回收炉可以从未使用或丢弃的玻璃中提取1kg铅，亦可增加经济效益（Sweeep

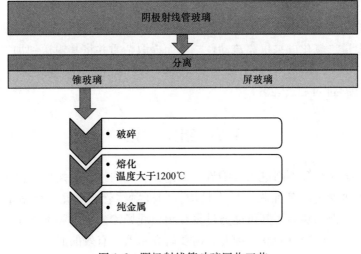

图1-6 阴极射线管玻璃回收工艺

［资料来源：Singh 等（2016b）］

Kuusakoski，2015）。上述行业采用的这种新技术，开创了阴极射线管废弃物回收利用的新领域。该技术节能优势明显，每处理一台电视只需花费 0.50 美元的电费、产生价值 2 美元的铅和清洁玻璃，且过程中污染物排放量较少，因此不需要昂贵的提取或过滤系统（Sweeep Kuusakoski，2015）。

1.6.5 建筑材料

由于锥玻璃的附加特性，科研人员将废弃阴极射线管应用于制造玻璃陶瓷砖和混凝土（建筑材料）。Dondi 等（2009）提出用粒径小于 1mm 的阴极射线管锥玻璃和屏玻璃作为建筑材料，代替二氧化硅用于生产优质黏土砖和屋面瓦。细磨玻璃具有胶凝性，其含有的二氧化硅在有水的情况下与氢氧化钙发生反应形成硅酸钙水合物，使混凝土具有更高强度（Shi et al.，2005）。因此，阴极射线管锥玻璃可用于制造抗压强度合格（Ling et al.，2014），具有较低干燥收缩率、较高砌块密度、更好抗渗性且可适于抵抗 γ 射线辐射的混凝土砌块。

1.6.6 熔结玻璃

该技术是在高温熔炉中通过精细研磨和熔化，将废弃阴极射线管转化为玻璃成型材料（Engelhardt，2013）。锥玻璃可用于核废料的玻璃化，使得核废料被限制在玻璃的晶体结构中，同时锥玻璃中的铅还可提供必要的防辐射（γ 射线）保护。例如印度 Trombay 核电站使用含有氧化铅（PbO）的熔结玻璃来稳定核废料（Sengupta et al.，2013）。

1.6.7 熔炼焊剂

熔炼工艺适用于避免锥玻璃回收前玻璃涂层的去除。该工艺通过使用铅和铜冶炼厂的大量二氧化硅来提高流动性，从而提取杂质并将其输送到加工后的炉渣中（Yu et al.，2016）。各种阴极射线管玻璃是二氧化硅等助熔剂材料的合适替代品（Mostaghel et al.，2011）。

1.7 结 论

随着阴极射线管不断进入废物流，无论在发达国家还是发展中国家，回收和管理阴极射线管玻璃都面临着巨大挑战。阴极射线管含有重金属和其他有毒元素，例如铅、锶和磷等，其可能通过废弃物填埋场渗入土壤和地下水，对人类健康和周围环境造成严重威胁。因此，需要研究新型、有效的回收方法以处理大量电子废弃物。此外，随着进入回收行业设备数量的下降，回收工作财务可行性下降速度快于剩余设备的数量，因此需要特别关注旧技术。我们需要能够解决具体问题的工艺，比如通过相应工艺将玻璃和铅分离成两种可销售产品，从而对全球的环保问题产生积极影响。英国的 Nulife Glass 公司和 Sweeep Kuusakoski 公司推出了一种新兴技术，即利用化学品和熔炉从废弃阴极射线管中去除铅。该技术具有环境可持续性，且没有残留废弃物，具有广阔的应用前景。

此外，将监管执法、更好的筹资机制和创造性解决问题结合起来，可能是推动阴极射线管回收以健康方式向前发展的关键。同时，为阴极射线管玻璃找到适宜的回收解决方案，将有助于为即将报废的电子产品树立一个先例。这些即将报废的电子产品也面临一定挑战，比如如何处理其中含有的汞或其他有害物质。

参 考 文 献

ANDREOLA F, BARBIERI L, CORRADI A, et al., 2005. Cathode ray tube glass recycling: An example of clean technology [J]. Waste Manag Res, 23: 314-321.

BALDÉ C P, WANG F, KUEHR R, et al., 2015. The global E-waste monitor—2014 [Z]. United Nations University, IAS-SCYCLE, Bonn, Germany. https://i.unu.edu/media/unu.edu/news/52624/UNU-1stGlobal-E-Waste-Monitor-2014-small.pdf.

CHEN M, ZHANG F S, ZHU J X, 2009. Detoxification of cathode ray tube glass by the self-propagating process [J]. J Hazard Mater, 165: 980-986.

DONDI M, GUARINI G, RAIMONDO M, et al., 2009. Recycling PC and TV waste glass in clay bricks and roof tiles [J]. Waste Manag, 29: 1945-1951.

ENGELHARDT T, 2013. Vitrification of nuclear waste (the winning proposal of the CRT challenge of the Consumer Technology Association) [J]. Digital Dialogue. http://www.ce.org/Blog/Articles/2013/October/CRT-Challenge-The-Winning-Proposal.aspx.

ERTUG B, UNLU N, 2012. An evaluation study: recent developments and processing of glass scrap recycling [J]. Epd Congress: 381-388.

ERZAT A, ZHANG F S, 2014. Detoxification effect of chlorination procedure on the waste lead glass [J]. J Mat Cycling Waste Manag, 16 (4): 623-628.

GONG Y, TIAN X M, WU Y F, et al., 2016. Recent development of recycling lead from scrap CRTs: A technological review [J]. Waste Manag, 57: 176-186.

HE Y, XU Z, 2014. The status and development of treatment techniques of typical waste electrical and electronic equipment in China: A review [J]. Waste Manag Res, 32 (4): 254-269.

HERAT S, 2008. Recycling of cathode ray tubes (CRTs) in electronic waste [J]. Clean Soil Air Wat, 36: 19-24.

HSIANG J, DÍAZ E, 2011. Lead and developmental neurotoxicity of the central nervous system [J]. Curr Neurobiol, 2 (1): 35-42.

HU B, HUI W, 2018. Lead recovery from waste CRT funnel glass by high-temperature melting process [J]. J Hazard Mater, 343 (5): 220-226.

INIAGHE P O, ADIE G U, OSIBANJO O, 2013. Metal levels in computer monitor components discarded in the vicinities of electronic workshops [J]. Toxicol Environ Chem, 95: 1108-1115.

JOHRI N, GRÉGORY J, ROBERT U, 2010. Heavy metal poisoning: The effects of cadmium on the kidney [J]. Biometals, 23: 783-792.

LAIRAKSA N, MOON A R, MAKUL N, 2013. Utilization of cathode ray tube waste: Encapsulation of PbO-containing funnel glass in Portland cement clinker [J]. J Environ Manag, 117: 180-186.

LEE C H, CHANG C T, FAN K S, et al., 2004. An overview of recycling and treatment of scrap computers [J]. J Hazard Mater, 114: 93-100.

LEE C H, CHANG S L, WANG K M, et al., 2007. Present status of the recycling of waste electrical and electronic equipment in Korea [J]. Resour Conserv Recycl, 50: 380-397.

LEE J S, CHO S J, HAN B H, et al., 2012. Recycling of TV CRT panel glass by incorporating to cement and clay bricks as aggregates [J]. Adv Biomed Eng, 7: 257.

LING T C, POON C S, 2011. Utilization of recycled glass derived from cathode ray tube glass as fine aggregate in cement mortar [J]. J Hazard Mater, 192: 451-456.

LING T C, POON C S, 2014. Use of CRT funnel glass in concrete blocks prepared with different aggregate-to-cement ratios [J]. Green Mater, 2 (1): 43-51.

LU X, SHIH K, LIU C, et al., 2013. Extraction of metallic Lead from Cathode ray tube (CRT) funnel glass by thermal reduction with metallic Iron [J]. Environ Sci Technol, 47 (17): 9972-9978.

MILOVANTSEVA N, SAPHORES J D, 2013. E-waste bans and U.S. households' preferences for disposing of their E-waste [J]. J Environ Manag, 124: 8-16.

MINGFEI X, YAPING W, JUN L, et al., 2016. Lead recovery and glass microspheres synthesis from waste CRT funnel glasses through carbon thermal reduction enhanced acid leaching process [J]. J Hazard Mater, 305: 51-58.

MIYOSHI H, CHEN D, AKAI T, 2004. A novel process utilizing subcritical water to remove lead from wasted lead silicate glass [J]. Chem Lett, 33: 956-957.

MOSTAGHEL S, YANG Q, SAMUELSSON C, 2011. Recycling of cathode ray tube in metallurgical processes: influence on environmental properties of the slag [J]. Glob J Environ Sci Technol, 1: 19.

MUELLER J R, BOEHM M W, DRUMMOND C, 2012. Direction of CRT waste glass processing: Electronics recycling industry communication [J]. Waste Manag, 32: 1560-1565.

Nulife Glass, 2015. Recycling CRTs from televisions & computer screens [Z]. http://www.nulifeglass.com.

OKADA T, YONEZAWA S, 2013. Energy-efficient modification of reduction-melting for lead recovery from cathode ray tube funnel glass [J]. Waste Manag, 33: 1758-1763.

OKADA T, YONEZAWA S, 2014. Reduction-melting combined with a Na_2CO_3 flux recycling process for lead recovery from cathode ray tube funnel glass [J]. Waste Manag, 34: 1470-1479.

OKADA T, NISHIMURA F, YONEZAWA S, 2015. Removal of lead from cathode ray tube funnel glass by combined thermal treatment and leaching processes [J]. Waste Manag, 45: 343-350.

ÖZTÜRK T, 2015. Generation and management of electrical-electronic waste (E-waste) in Turkey [J]. J Mat Cycles Waste Manag, 17: 411-421.

SASAI R, KUBO H, KAMIYA M, et al., 2008. Development of an eco-friendly material recycling process for spent lead glass using a mechanochemical process and Na2EDTA reagent [J]. Environ Sci Technol, 42: 4159-4164.

SENGUPTA P, KAUSHIK C, DEY G, 2013. Immobilization of high level nuclear wastes: The Indian scenario, on a sustainable future of the Earth's natural resources [M]. Berlin/Heidelberg: Springer.

SHI C, WU Y, RIEFLER C, et al., 2005. Characteristics and pozzolanic reactivity of glass powders [J]. Cem Concr Res, 35: 987-993.

SHI X, LI G, XU Q, et al., 2011. Research progress on recycling technology of end-of-life CRT glass [J]. Mater Rev, 11: 129-132.

SINGH N, WANG J, LI J, 2016a. Waste cathode rays tube: An assessment of global demand for processing [J]. Procedia Environ Sci, 31: 465-474.

SINGH N, LI J, ZENG X, 2016b. Solutions and challenges in recycling waste cathode-ray tubes [J]. J Clean Prod, 133: 188-200.

SONG Q, WANG Z, LI J, et al., 2012. Life cycle assessment of TV sets in China: A case study of the impacts of CRT monitors [J]. Waste Manag, 32: 1926-1936.

Sweeep Kuusakoski, 2015. http://www.sweeepkuusakoski.co.uk/

UNEP, 2012. Illicit trade in electrical and electronic waste (E-waste) from the world to the region [EB]. https://www.unodc.org/documents/toc/Reports/TOCTAEA-Pacific/TOCTA_EAP_c09.

XING M F, ZHANG F S, 2011. Nano-lead particle synthesis from waste cathode ray-tube funnel glass [J]. J Hazard Mater, 194: 407-413.

XU Q, YU M, KENDALL A, et al., 2016. Environmental and economic evaluation of cathode ray tube (CRT) funnel glass waste management options in the United States [M]. Berlin: Springer.

YAMASHITA M, WANNAGON A, MATSUMOTO S, et al., 2010. Leaching behavior of CRT funnel glass [J]. J Hazard Mater, 184: 58-64.

YOT P G, MEAR F O, 2011. Characterization of lead, barium and strontium leach-ability from foam glasses elaborated using waste cathode ray-tube glasses [J]. J Hazard Mater, 185: 236-241.

YU M, LIUA L, LI J, 2016. An overall solution to cathode-ray tube (CRT) glass recycling [J]. Procedia Environ Sci, 31: 887-896.

YUAN W, LI J, ZHANG Q, et al., 2012. Innovated application of mechanical activation to separate lead from scrap cathode ray tube funnel glass [J]. Environ Sci, 46 (7): 4109-4114.

YUAN W, LI J, ZHANG Q, et al., 2013. Lead recovery from cathode ray tube funnel glass with mechanical activation [J]. J Air Waste Manage Assoc, 63 (1): 2-10.

YUAN W, MENG W, LI J, et al., 2015. Lead recovery from scrap cathode ray tube funnel glass by hydrothermal sulphidisation [J]. Waste Manag Res: 1-7.

ZHANG C, WANG J, BAI J, et al., 2013. Recovering lead from cathode ray tube funnel glass by mechano-chemical extraction in alkaline solution [J]. Waste Manag Res, 31: 759-763.

2 电子废弃物的可重构回收系统

皮奥特·诺瓦科夫斯基

摘　要：为获得高纯度的输出材料，并去除其有害物质，从家庭收集的电子废弃物必须在回收工厂进行适当处理，这个过程需要一个较为系统的方法对拆解过程和废弃物进行分类。设备中各种形状和材质的材料都需要人工和自动化加工生产线。加工生产线上使用的机器的主要作用是将设备粉碎成小尺寸的碎块，然后利用不同的物理性质将每种材料分离。在此情况下，电子废弃物拆解厂的输出材料便可以回收并用于新的零部件或组件。本章重点介绍了在符合环境标准情况下回收电子废弃物的拆解方法。报废产品拆解所需的步骤因废弃设备的类型不同而不同，为了展示这些差异，本章结合两个研究案例，展示了电子废弃物处理线路的布局，以及对它们进行重新配置的一些可能选项。系统配置的变化取决于废物流的体积、人工成本和输出材料的纯度。电子废弃物处理的经济效益指标表明，其回收利用的经济效益主要取决于人工成本，且差异较大，该指标的计算实例已在本章关于4个欧洲国家制冷设备的回收中给出。

关键词：电子废弃物；回收系统；废弃物处理；生产线配置；回收成本与收益；电气电子设备；回收效率；拆解；模块化系统；粉碎与分拣

2.1 引　言

全球范围内，有多种电气电子产品被广泛使用。这些产品在使用寿命结束后将成为电子废弃物（European Union，2003），而如何对这些电子废弃物进行妥善收集和回收取决于各个国家的法规。电子废弃物回收处理最重要的问题是设备中所含有害物质对环境的影响（Barba-Gutiérrez et al.，2008）和每件废弃物的高回收潜力。多个国家已经采用废弃电气电子设备管理系统（Chung et al.，2011；European Commission，2012；Dwivedy et al.，2012）。为了保护自然环境和人类健康免受有害物质的侵害，欧盟及其他一些国家立法规定必须收集所有类别的电子废弃物。与此同时，所有的电子废弃物都可以经合法收集后转移到回收工厂进行回收处理。美国（Horner et al.，2006；Kahhat et al.，2008）、瑞士（Hischier et al.，2005）、中国台湾和日本（Lee et al.，2007；Chung et al.，2008）等国家和地区引入了对废弃电气电子设备实行选择性分类及义务收集制度。这些废弃物具有材料组成复杂、拆解和回收方法各异等特点（Oguchi et al.，2011）。电子废弃物回的基本问题应该集中在废物流的体积、环境法规、回收工厂的运营能力、运营成本（特别是劳动力成本）以及深度处理能力上。

图 2-1 总结了拆解和回收废弃设备时必须考虑的问题。该立法建立了系统运行的框架，并对居民、回收公司和回收工厂提出了要求。从环境的角度来看，有必要考虑潜在有害物质对自然环境的污染。与此同时，对于回收这些产品中所使用的材料而言也是一个绝佳机会（Ikhlayel，2017）。在回收阶段，主要目标是根据立法要求和标准来拆解废弃设备（ACRR，2009；CENELEC，2013）。因此，最初阶段主要侧重于从废弃设备中清除有害物质，然后对处理的材料进行分类（European Commission，2012）。拆解厂的设计必须考虑在收集范围内产生的大部分废弃电气和电子设备的废物流，且应包括家庭和其他非家庭来源的预估数量（Capraz et al.，2015）。

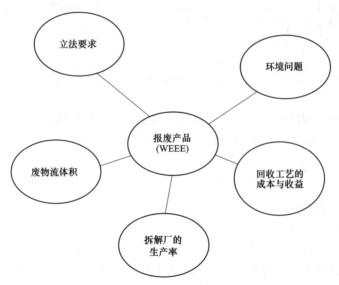

图 2-1　从电子废弃物回收系统角度分析的最重要问题

回收工厂的生产率取决于拆解策略。手工拆解的生产率虽然较低，但优点在于在此过程中许多元件和组件可以很容易地被工人识别（Chung et al.，2005；Capraz et al.，2017）。预选过程可获得均质材料部件或有价值部件。这种方法的例子是可以从洗衣机中去除配重。这些混凝土部件从洗衣机中取出后，可以单独存放。若将这些部件转移到破碎设备中，则可能会影响设备的运行和破碎。类似地，将处理器从电脑主板上拆下来并将其分离比分解整个主板（包括处理器）更有利。废物流的容量应调整到回收工厂的生产能力。在工厂中规划废物处理线必须考虑：废料价格取决于全球市场，劳动力成本对电子废弃物回收的潜在利润有较大影响。

2.2 废弃电气电子设备拆解规划

规划废弃电气电子设备的拆解是一项艰巨的任务。这些废弃设备的形状、质量、材料组成和连接技术具有多样性，因此很难将拆解过程完全自动化。最好的情况是所有设备属于同一类别，如冰箱、电视机、洗衣机等。在拆解过程中需要了解零件材料的组成信息及整个过程的可行性（Lambert，2002；Liu et al.，2009）。拆解标准不仅涉及销售回收材料所带来的收益，而且还包括减少或消除对环境的有害影响（Lambert，2003）。拆解过程规划的 5 个基本步骤如图 2-2 所示。

图 2-2 电子废弃物的拆解计划
（回收工厂要采取的主要步骤）

在主要拆解程序开始前，对废品进行初步检查，其目的是具体说明指定产品的材料库存和部件的装配。选择最佳拆解路径，需考虑以下问题（Li et al.，2006）：

(1) 待拆解部件的潜在价值。
(2) 部件的识别。
(3) 选择拆解策略。

在识别部件时，如果整个部件在二级市场上更有价值，那么其中一些部件可以作为一个整体进行拆解并出售。规划报废产品的拆解顺序至关重要，例如，当拆解的最终目的是回收均质材料时，收集所有由钢、塑料或玻璃制成的部件可以防止出现不必要的拆解步骤（Lee et al.，2001）。拆解策略的选择取决于拆解工艺的经济分析，其目的是比较材料和部件回收的可行性与零件回收的利润率。

在生成拆解序列时，可以考虑以下问题［Hsin-Hao(Tom) Huang et al.，2000；Bogaert et al.，2008；Duta et al.，2008；Kuo，2010；Nowakowski，2018］：

(1) 履行特定国家的废弃电气电子设备指令或法规；其目的是去除对环境有害的元件，如电池、印刷电路板、液晶显示器、制冷剂、电解质电容器等。
(2) 手动拆解，用于分离主要部件，以在短时间内实现最大利润；主要针对黑色金属、有色金属和贵金属，例如处理器、主板、镀金触点中的金等。
(3) 适用于现有大型拆解回收工厂的设备，具有自动粉碎、分离和分拣物料的功能。

(4) 使用现代识别方法，如条形码、二维码或射频识别技术等，有可能实现拆解各个阶段的自动化。

选择拆解工具是正确执行拆解顺序和准备工人团队的必要步骤。拆解可以手动进行，也可以在半自动化或自动化生产线上进行，还可以配备机器人系统（Kang et al., 2005; Williams, 2006; Li et al., 2017）。对于属于同一类别的大量废弃设备而言，更容易选择拆解工具。

拆解过程的经济评价必须考虑以下因素：
(1) 拆解时间。
(2) 拆解成本，包括人工成本、运输和加工材料、工具、机器和总电力消耗。
(3) 危险物质的利用成本。
(4) 收益，将收购的材料、部件按市场价格出售给其他企业。

表2-1列出了可能的拆解方法的主要特性，包括手动、半自动化、自动化和机器人支持的拆解方法（Santochi et al., 2002; ElSayed et al., 2012）。

表2-1 电子废弃物拆解方法类型特征

拆解类型	描述	机器/工具	生产力	关注
手动	为其他阶段的拆除做准备。对于某些类别的废弃物来说，这是强制性的。在遵守法律的情况下移除物质	简单工具	对于含有贵金属或稀土金属的组件效率低但有效	打开设备外壳，取出均质材料部件或其他高价值部件以及有害物质
半自动化	使用电动工具更快地拆解重型部件或接触有价值的部件以更轻松地拆解	液压、气动、电动工具	中等，支持手动方式。它允许快速移除重型部件	从大型家用电器上移除重物或组件
自动化	调整具有不同配置的机器以获得均匀的材料部分，自动化运输和处理。使用输送机和振动给料机	撕碎机、研磨机、铣床、自动分离	高，该过程在专用机器上进行，材料、半成品或最终材料的运输是通过输送机或给料机进行的	机械加工以获得均匀的小尺寸材料颗粒，以便于分离和分选
人工智能	专为类似结构的设备而设计，大部分属于同一类别，例如电视机、冰箱、手机	机器人、传感器设备	同类产品高效，未来发展潜力大	拆解全自动化，可替代人工，危险物质安全处理

2.3　电子废弃物处理成本和收益

每种拆解方法都会产生固定成本和可变成本。对于处理大量废弃电气电子设备以及人工成本高的装置，唯一合理的解决方案是在自动化或机器人生产线上仅结合必要的即最少的人工拆解（Kang et al., 2006; Bakar et al., 2008）。在人工成本较低的国家，通常采用人工拆解方法对电子废弃物进行处理（Wath et al., 2011; Li et al., 2013）。每个回收厂可以向第三方出售拆解后所得到的各类材料，但所获材料的纯度取决于所使用的分选技术。拆解后所得材料作为输出产品，可以是黑色及有色金属、各种粒度的塑料以及完整的零件或组件（如压缩机、印刷电路板——主板、存储卡等）。均质材料的大型部件或组件可以手动进行拆解和分离，其潜在价值可能高于粉碎和分离后获得的加工材料。

图2-3为从冰箱中手动拆解出的铜管及经切碎和分离后最终得到的细铜颗粒。加工后的部分铜纯度很高，但也含有其他金属，因此铜冶炼厂提供的价格低于人工拆解的铜部件10%~20%。

(a)　　　　　　　　　　　　　　　(b)

图2-3　手工拆解的铜部件（a）和加工生产线的铜碎块（b）
（这种材料来自冰箱和制冷器具）

回收厂应设置用于拆解各类废弃电气电子设备的独立生产线。每条生产线中都应该能够提供清除有害物质的特定作业，拆解单个组件，包括电源单元、印刷电路板、电缆和重型组件。拆解冷却设备或空调装置必须首先去除制冷剂（Keri, 2012）。从废弃设备中去除有害物质可以提高产出物料的纯度，任何污染都可能成为降低整批加工材料价格的原因。

信息技术类设备需要不同的拆解方法。这种设备中使用的印刷电路板通常含有铜、金和银等贵金属，一些零件或组件中也包含稀土金属。个人电脑和笔记本电脑的部件和组件也必须进行分类，其中的处理器、主板和存储器具有极高的市场价值（Hall et al., 2007; Cucchiella et al., 2016; Rosa et al., 2016）。此外，移动电话和智能手机中包括外壳、屏幕、触摸屏、电池和主板等，拆解和回收这些部件是一项更具挑战性的任务（Tanskanen, 2012; Sarath et al., 2015）。但老一代手机较容易拆解，特别是其中的电池。然而，当前电池多集成于设备中，手动移除需要较长时间。在这种情况下，劳动力成本超过了潜在收益（Terazono et al., 2015）。

工厂拆解和回收线的经济效率指标 W_p^t 可通过下式计算（Nowakowski, 2017）：

$$W_\mathrm{p}^t = \frac{\sum_{i=1}^{d}\sum_{j=1}^{m(i)} r_{i,j}}{\sum_{i=1}^{d}\sum_{j=1}^{m(i)} c_{i,j}} \quad (2\text{-}1)$$

式中，W_p^t 为采用 t 技术处理废弃物设备的效率指标；t 为回收厂采用的技术数量；$r_{i,j}$ 为向第三方出售第 j 种材料后的收益，欧元；$m(i)$ 为处理第 i 块废料后获得的原材料数量；d 为加工用废弃设备数量；$c_{i,j}$ 为使用 t 技术对第 j 种材料的第 i 块废料进行拆解和加工（人工、能源、折旧和其他）的总成本。

工厂中所有拆解线的总效率指标 W_p 可通过下式计算：

$$W_\mathrm{p} = \sum_{i=1}^{\overline{T}} \alpha_t \cdot W_\mathrm{p}^t \quad (2\text{-}2)$$

式中，T 为拆解技术集，$T=\{t:1,2,\cdots,\overline{T}\}$；$\overline{T}$ 为拆解技术数量。

根据生产线采用的不同分选和分离方法，产出物料被运输到不同的工厂，如铝和铜冶炼厂、钢铁厂等。销售收入取决于被加工设备的材料类型和数量。

对冷却设备生产线进行了示例性计算。拆解线的主要参数如表 2-2 所示（Vary, 2018）。

表 2-2 制冷器具加工线主要参数

参　数	数　值
功耗/kW	310
容量/pcs·h^{-1}	60
所需人员/人	3

表 2-3 为从冷却设备获得的主要产出材料。材料清单仅限于黑色金属、铜、铝和塑料（聚苯乙烯）（Huisman et al., 2007）。计算中采用的所有参数如表 2-3 和表 2-4 所示，涉及设备运行时间 1h 及 2018 年 3 月的平均报废价格（GRN,

2018；LME，2018）。整个系列的价格为 50 万欧元。

表 2-3　回收线每运行 1h，冰箱回收的潜在收益

材料	加工器具中的平均材料含量/%	质量/kg·h^{-1}	废钢价格/欧元·h^{-1}	收益/欧元·h^{-1}
黑色金属	57	855	280	239
塑料	27	405	270	109
铝	5.7	85.5	1650	141
铜	6	90	5340	480
总收入/欧元·h^{-1}				969

在代入收益和运行参数后，得到了 4 个国家的效率指标。包括废金属在内的大宗商品价格由全球证券交易所确定。因此，假定大宗商品价格是一个常数，即每个国家都是一致的，那么主要区别是劳动力（BMAS，2018；GUS，2018；INSEE，2018；SWI，2018）和电力成本（Eurostat，2018；SWISSGRID，2018）。因此，波兰和罗马尼亚的效率指标 W_p 远高于德国或瑞士（表 2-4）。

表 2-4　不同国家的冷却设备处理效率因素（按运行 1h 计算）

国家	花费/欧元				收益/欧元				W_p
	劳动力	能源	折旧	其他	黑色金属	铜	铝	塑料	
德国	52.8	47.12	15	10	239	480	141	109	7.8
波兰	21.6	27.28	15	10	239	480	141	109	13.1
罗马尼亚	15	23.87	15	10	239	480	141	109	15.2
瑞士	126	45.26	15	10	239	480	141	109	4.94

2.4　案例研究：不同设备类别的电子废弃物回收厂布局示例

处理各类电子废弃物的回收厂应配备多条拆解线和专用设备。斜槽带式输送机一般用于在每个单独的加工设备之间运输材料。振动给料机将材料从粉碎机或锤式破碎机的出口分配到输送机上。自动回收线应配备以下分离器：

（1）黑色金属分选机。
（2）涡流分选机。
（3）重力分选机。
（4）筛分机。

废弃电气电子设备的供应应该是持续的，否则会给工厂带来损失。本章介绍的案例研究主要目的是处理来自 100 万个家庭的电子废弃物。将每个产品的预期寿命考虑在内（Cooper，2004；Nowakowski，2016），平均每年从一个家庭收集

的废弃设备质量为30kg。设计工厂生产率为30000t/a，一年300天两班倒，足以处理100万个家庭的废弃设备。

考虑到不同类别的电子废弃物和拆解方法，处理厂应配备下列设备，以达到预期的处理效率：

(1) 35~40台/h的制冷和空调设备加工线。
(2) 50台/h的平板电视机和显示器拆解线。
(3) 人工拆解后的小型设备与大型家电的外壳和其他部件的加工线。
(4) 配备必要工具的人工拆解站。
(5) 电缆回收机。

所需雇员人数及属于个别类别的电子废弃物的总质量见表2-5。其中包括来自家庭的预计废物流、每类废弃物的拆解和处理时间（Nowakowski，2015）。

表2-5　不同类别电子废弃物的处理能力和所需员工

废弃电气电子设备的类别	每班员工人数	两班制300个工作日每年处理的废弃物总量/t
冷却设备	6	8900
大型家用电器	6	9950
电视机和显示器	5	4800
IT和视听设备	5	2850
小型家电及其他次要设备	3	3500
合计	25	30000

图2-4为工厂的人工拆解流程。该流程是完全可配置的，并且可以额外设置

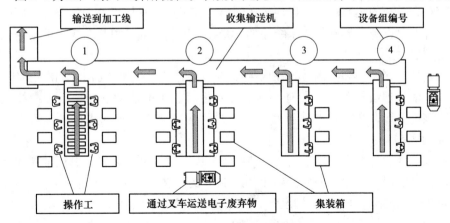

图2-4　不同设备组手工拆解区域图

1—大型电器；2—信息技术（IT）设备；3—小型家电；4—电视机和显示器

其他工作台。经过手工拆解后，废弃设备应转移至自动化处理系统，主要目的是准备将废弃设备转移到处理系统的自动化部分。

运送到工厂的电子废弃物将首先由人工使用基本工具进行拆解。这个过程常需在能够适应高抗破坏和高负载的钢桌上进行。工位上配备拆解所需的气动和电动工具，以及刀具、钳子等。在前期废弃设备拆解过程中，应移除含有有毒或有害物质的元件（如电池、水银开关、电解电容器）。这种部件必须单独储存在容器中，然后转移到相应的工厂进行处理。

在第一个工位上，员工拆解除制冷和空调设备之外的所有大型家用电器（图 2-4 中的 1）。含有有害物质的部件、电动机或配重（洗衣机）将被放置在特殊的容器中。切断设备的电源线。拆解下来的部件将放在带式输送机上，随后输送到倾斜输送机，该输送机将材料输送到 I 号或 II 号自动化综合处理系统。

第二个工位（图 2-4 中的 2）用于信息技术设备拆解——个人电脑、服务器、笔记本电脑、其他外围设备和视听设备，但电视机和显示器除外。预先选择单个组件非常重要，例如处理器、存储卡、含有贵金属的主板以及其他印刷电路板、外壳或电源电缆。高级分类组件（包括大量的金、银或钯）将出售给第三方。其他拆解的部件将被送往 I 号或 II 号综合处理系统。电缆将储存在单独的集装箱中，以便在工厂的另一台机器上进一步加工。

第三个工位（图 2-4 中的 3）用于拆解小型家用电器、电气和电子工具以及其他小型设备。由于经过了一些前期拆解，如切断电源电缆和移除含有危险物质的元件（电池、电解电容器等），此工位的操作时间将减少到最低限度。然后，废弃设备将被转移至输送机上，并进入综合处理系统。

第四工位计划初步拆解电视机和显示器（图 2-4 中的 4）。拆解后的平板屏幕将储存在单独的集装箱中，以便运送到第三方工厂。其他组件，如外壳、印刷电路板等，可以被引导到集成系统的加工线，集装箱中的电缆和电线将被运送到电缆造粒机。

包括制冷设备和空调装置在内的冷却设备的加工在独立加工线上单独进行，不与其他处理站相关联。所有与制冷设备拆解相关的活动仅在这条生产线上进行，该生产线有自己的初步拆解站。该过程的其余部分自动进行，无需人员参与（图 2-5）。

该综合加工生产线用于制备高纯度浓缩废弃物馏分：金属，黑色金属和有色金属，以及塑料。完整的生产线由两条独立的工艺线 I 号和 II 号组成（Hamos, 2014）。大型家用电器和重型设备的处理能力为 2~4t/h，中小型设备的处理能力为 1~2t/h。I 号线配备有（Hamos, 2014）：

(1) 带式输送机和振动给料机。
(2) 链式破碎机。

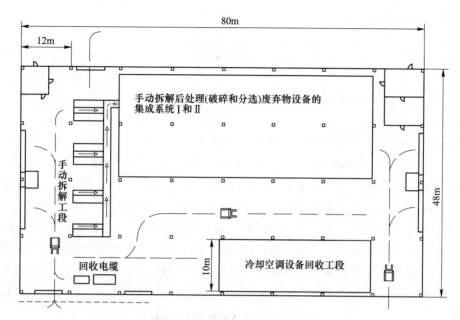

图 2-5 包括 4 个主要部分的电子废弃物回收厂的布局
（手动拆解站、综合回收系统、冷却设备回收、电缆造粒机）

(3) 除尘系统。
(4) 气动筛。
(5) 分离器：磁力、涡流和静电。

手动初步拆解后的废弃设备和大型组件被转移至链式破碎机，经破碎后，材料通过振动给料机转移到气动筛和筛网。处理系统封闭在外壳中，使得在处理过程中形成的灰尘可以通过气动除尘系统引导到系统外。未被气动筛分离的尺寸较大的加工材料部分进入手动分拣站，未被破碎的成分可从该站运送至其他工厂。

Ⅱ号线设计用于处理较小的电子装置和设备，也用于破碎Ⅰ号系统和其他来源的残留物。锤磨机用于研磨，以便于在后续阶段将金属部分与其他材料分离。然后对废弃物进行筛选并去除灰尘。Ⅱ号线的基本设备包括：

(1) 带式输送机和振动给料机。
(2) 锤磨机。
(3) 筛分机。
(4) 静电、磁性和涡流分离器。
(5) 重力分离器。

除了用于分离未加工成分的手动分拣站之外，Ⅱ号线的加工步骤与Ⅰ号线类似，表 2-6 总结了整个系统的技术参数，该系统的基本版本将分离后的材料碎片储存在弹性容器（大袋）中。可以安装输送机，将加工好的材料输送到放置在大厅外的集装箱中。

表 2-6　一体化加工线技术参数

生产力/t·h^{-1}	Ⅰ:2~4；Ⅱ:1~2
能量消耗/kW	Ⅰ:350
	Ⅱ:300
加工线总价/欧元	2000000

　　装有制冷剂的设备拆解需要采用与其他大型家用电器不同的方法，首先必须去除废弃设备中的制冷剂，尤其需要注意的是压缩装置。拆解按照以下步骤进行：移除搁板、抽屉、玻璃和其他容易移除的元件，再用制冷剂吸入系统移除制冷剂，然后拆除机组、蒸发器和冷凝器。第一次磨碎作业在双轴粉碎机中进行，第二次磨碎作业在立式链式粉碎机中进行。使用旋风分离器气动抽出聚氨酯泡沫，黑色金属的分离在磁力分离器中进行，然后在涡流分离器中将有色金属从塑料中分离出来。表 2-7 总结了冷却设备的技术数据和回收加工线（Vary，2018）。

表 2-7　制冷器具加工线技术参数

生产力/pcs·h^{-1}	25~40
能量消耗/kW	310
黑色金属和有色金属的纯度/%	>95
塑料碎片的纯度/%	>90
加工线总价/欧元	500000

　　从各种类型的设备上切下的电缆可以通过电缆造粒机进行加工，材料通过机器料斗进入内部。在初始研磨后，通过抽吸系统将其转移到涡轮磨机，该涡轮磨机具有用于细粒化的材料。分离是靠重力进行的，由此产生的灰尘被吸入过滤管。电缆造粒机的基本技术参数见表 2-8（IRS，2018）。

表 2-8　电缆造粒机主要参数

生产力/kg·h^{-1}	180~200
能量消耗/kW	22
输出材料的纯度/%	98~99.9
电缆造粒机价格/欧元	40000

2.5　案例研究：小型和大型家电加工线的配置

　　前面讨论的人工操作都是拆解大型家用电器，但在发达国家，人工成本过高，而小型家电潜在价值低，导致无法进行人工拆解。因此，拆解任何小型设备的外壳都应该通过机械处理，以便随后移除任何含有危险成分的组件。图 2-6 展示了处理大型和小型家用电器的不同方法。在这种配置中，制冷设备和电视机不在处理范围内。加工线由两条支线 A 和 B 组成，它们通过图 2-6 所示的 C 点相连。大型家用电器（不包括制冷设备）的手动拆解在叉车提供的工位 1 进行。然后将外壳转移到粉碎机 2。B 线用于加工小型设备，它可以由斗式装载机装载，装载机在料斗 3 内配备液压抓手，粉碎机 4 配有大宽齿，目的是将小型设备粉碎，以便在站内 5 手动分离含有危险物质或均质材料部件的组件。两条线路在 C 点连接。旋流分离器 6 用于清除进一步处理中的灰尘或微细颗粒。进一步处理工艺包括磁选 7，涡流分离 8，将有色金属和合金转移到锤磨机 9。分离的最后阶段在筛分机 10（粒度）和重选机 11（轻金属和重金属）进行。此生产线可以通过改变工位的数量来调整生产效率，同时增加单个机器的处理能力。

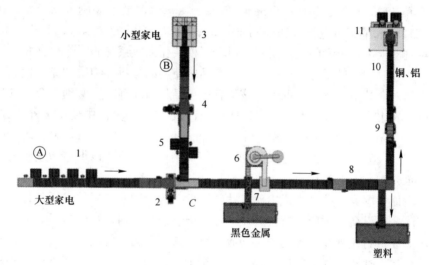

图 2-6 小型和大型家电（SHA 和 LHA）可重构加工线的布局

2.6 结　　论

废弃电子设备种类繁多，需要提前选择拆解顺序相近的电子设备。本章研究表明，有必要减少用于拆解的专用破碎机和分拣机的种类和数量。回收工厂通过选择连接在一起的自主单元组成一条模块化加工线来降低成本和缩小工厂规模。本章所提出的可重构电子废弃物回收系统的概念，是以拆解生产线的模块化为前提，并可能使用其他机器对电子废弃物元件和组件进行初步加工。例如，印刷电路板的塑料分离器或精细研磨机。这一过程中，考虑电子废弃物的处理量和经济因素极其重要。

根据成本分析结果，不同国家拆解厂的潜在利润差异很大。一项回收设计需要对拆解生产线的位置、员工数量和配置进行详细分析，这取决于废弃电气电子设备的类别以及拆解后获得的最终产品——组件、混合金属、精细或粗糙部分等。电子废弃物处理厂的布局为各种废弃设备的拆解提供了一种实用的方法。它们中的每个环节都可以根据拆解策略的重点和经济指标的估计进行重新配置。在初始阶段，它们必须被分成几类，且允许将每一类废弃电气电子设备转移到不同的处理线上。拆解过程必须符合法律要求，全球大多数关于电子废弃物的法律都关注并限制对自然环境的负面影响。因此，必须在拆解厂从材料碎块流中去除有害成分。

在发达国家，考虑到高昂的劳动力成本，拆解应侧重过程的自动化和优化。Gerbers 等（2016）、Alvarez-de-los-Mozos 和 Renteria（2017）提出的流程自动化对这些提议进行了讨论。自动化或机器人拆解的概念和案例研究，展示了液晶显示器拆解（Elo et al., 2014; Vanegas Pena et al., 2016）、印刷电路板（Park et al., 2015）和笔记本电脑（DiFilippo et al., 2017）的示例。Barwood 等（2015）通过对机器人拆解单元的案例研究，讨论了模块化回收系统的可能解决方案。

与此同时，生产者有责任提供关于产品中使用的材料和物质的充分信息，以便在产品寿命结束时按顺序拆解。该信息应包括材料库存。应鉴别贵金属或稀土金属以及有害物质（Nowakowski, 2018）。有人建议在新产品中使用额外的数据，如每个电气和电子产品的拆解步骤（Huang et al., 2012; Wang et al., 2013; Song et al., 2014）。此外，建议附加一个特殊的信息矩阵，以促进和改善材料回收（Luttropp et al., 2010）。

在发展中国家，劳动力成本比发达国家低，因此回收工厂的主要目标应该是通过清除废弃设备中的所有有害物质，最大限度地减少对环境的负面影响。应该充分考虑在进行废弃物拆解的国家回收个别元素的能力，特别是金属。在这种情况下，含有上述指定材料的所有部件应安全地运送到其他工厂，用于回收和提炼单个元素或中和有害物质。

今后的研究工作应集中于发展识别方法和自动拆解装置，设计出拆解生产线中不需要人工操作的有害物质清除机器人是非常有必要的。

参 考 文 献

ACRR, 2009. The management of WEEE. A guide for local and regional authorities [Z].

ALVAREZ-DE-LOS-MOZOS E, RENTERIA A, 2017. Collaborative robots in E-waste management [J]. Procedia Manuf, 11: 55-62.

BAKAR M S A, RAHIMIFARD S, 2008. Ecological and economical assessment of end-of-life waste recycling in the electrical and electronic recovery sector [J]. Int J Sustain Eng, 1: 261-277.

BARBA-GUTIÉRREZ Y, ADENSO-DÍAZ B, HOPP M, 2008. An analysis of some environmental consequences of European electrical and electronic waste regulation [J]. Resour Conserv Recycl, 52: 481-495.

BARWOOD M, LI J, PRINGLE T, et al., 2015. Utilisation of reconfigurable recycling systems for improved material recovery from E-waste [J]. Procedia CIRP, 29: 746-751.

BMAS, 2018. Bundes Ministerium Fur Arbeit und Sozial Germany. Mindestlohn-Rechner (Minimum wage calculator) [Z]. http://www.bmas.de/DE/Themen/Arbeitsrecht/Mindestlohn/Rechner/mindestlohnrechner.htm.

BOGAERT S, VAN ACOLEYEN M, VAN TOMME I, et al., 2008. Study on RoHS and WEEE Directives [Z]. ARCADIS & RPA for the DGENTR, European Commission.

CAPRAZ O, POLAT O, GUNGOR A, 2015. Planning of waste electrical and electronic equipment (WEEE) recycling facilities: MILP modelling and case study investigation [J]. Flex Serv Manuf J, 27: 479-508.

CAPRAZ O, POLAT O, GUNGOR A, 2017. Performance evaluation of waste electrical and electronic equipment disassembly layout configurations using simulation [J]. Front Environ Sci Eng, 11 (5).

CENELEC, 2013. EN 50625-1 Collection, logistics & treatment requirements for WEEE-part 1: General treatment requirements [S].

CHUNG S W, MURAKAMI-SUZUKI R, 2008. A comparative study of e-waste recycling systems in Japan, South Korea and Taiwan from the EPR perspective: Implications for developing countries [J]. http://www.ide.go.jp/English/Publish/Download/Spot/pdf/30/007.pdf.

CHUNG C, PENG Q, 2005. An integrated approach to selective-disassembly sequence planning [J]. Robot Comput Integr Manuf, 21: 475-485.

CHUNG S S, ZHANG C, 2011. An evaluation of legislative measures on electrical and electronic waste in the People's Republic of China[J]. Waste Manag, 31: 2638-2646.

COOPER T, 2004. Inadequate life? Evidence of consumer attitudes to product obsolescence [J]. J Consum Policy, 27: 421-449.

CUCCHIELLA F, D'ADAMO I, LENNY KOH S C, et al., 2016. A profitability assessment of European recycling processes treating printed circuit boards from waste electrical and electronic equipments [J]. Renew Sust Energ Rev, 64: 749-760.

DIFILIPPO N M, JOUANEH M K, 2017. A system combining force and vision sensing for automated screw removal on laptops [J]. IEEE Trans Autom Sci Eng, 15: 887-895.

DUTA L, FILIP G, HENRIOUD J M, et al., 2008. Disassembly line scheduling with genetic algorithms [J]. Int J Comp, Commun Control, 3: 230-240.

DWIVEDY M, MITTAL R K, 2012. An investigation into E-waste flows in India [J]. J Clean Prod, 37: 229-242.

ELO K, SUNDIN E, 2014. Automatic dismantling challenges in the structural design of LCD TVs [J]. Procedia CIRP, 15: 251-256.

ELSAYED A, KONGAR E, GUPTA S M, et al., 2012. A robotic-driven disassembly sequence generator for end-of-life electronic products [J]. J Intell Robot Syst, 68: 43-52.

European Commission, 2012. Directive 2012/19/EU of the European Parliament and of the council of 4 July 2012 on waste electrical and electronic equipment (WEEE) text with EEA relevance-LexUriServ [Z].

European Union, 2003. Directive 2002/96/EC of the European Parliament and of the council of 27 January 2003 on waste electrical and electronic equipment (WEEE) [Z]. http://eur-lex. europa. eu/LexUriServ/LexUriServ. do? uri=OJ: L: 2003: 037: 0024: 0038: en: pdf.

Eurostat, 2018. Eurostat electricity price statistics-statistics explained [Z]. http://ec. europa. eu/eurostat/statistics-explained/index. php/Electricity_price_statistics.

GERBERS R, MÜCKE M, DIETRICH F, et al., 2016. Simplifying robot tools by taking advantage of sensor integration in human collaboration robots [J]. Procedia CIRP, 44: 287-292.

GRN, 2018. Global recycling network-polystyrene waste exchange listings[EB]. http://www. grn. com/a/view/1006. html.

GUS, 2018. Główny Urząd Statystyczny. Statistics Poland, Warsaw [Z]. Wiadomości Statystyczne 3 (682). https://stat. gov. pl/files/gfx/portalinformacyjny/pl/defaultstronaopisowa/5909/29/1/wiadomosci_statystyczne_03_2018. pdf.

HALL W J, WILLIAMS P T, 2007. Separation and recovery of materials from scrap printed circuit boards [J]. Resour Conserv Recycl, 51: 691-709.

HAMOS, 2014. WEEE scrap recycling plant-Hamos ERP-ERP system [Z]. www. hamos. com/upload/pdf/brochures/product_range/hamos_Product_Range. pdf.

HISCHIER R, WAGER P, GAUGLHOFER J, 2005. Does WEEE recycling make sense from an environmental perspective?: The environmental impacts of the Swiss take-back and recycling systems for waste electrical and electronic equipment (WEEE) [J]. Environ Impact Assess Rev, 25: 525-539.

HORNER R, GERTSAKIS J, 2006. Literature review on the environmental and health impacts of waste electrical and electronic equipment [R]. Report prepared for the Ministry for the Environment, Government of New Zealand.

HSIN-HAO (TOM) HUANG Y, WANG M H, JOHNSON M R, 2000. Disassembly sequence generation using a neural network approach [J]. J Manuf Syst, 19: 73-82.

HUANG C C, LIANG W Y, CHUANG H F, et al., 2012. A novel approach to product modularity and product disassembly with the consideration of 3R-abilities [J]. Comput Ind Eng, 62: 96-107.

HUISMAN J, MAGALINI F, 2007. 2008 Review of directive 2002/96 on Waste Electrical and Electronic Equipment (WEEE) [Z].

IKHLAYEL M, 2017. Environmental impacts and benefits of state-of-the-art technologies for E-waste management [J]. Waste Manag, 68: 458.

INSEE, 2018. Earnings-since 1991, the monthly series. Statistical data and metadata databases-Romania [DB]. http://www. insse. ro/cms/en/content/earnings-1991-monthly-series.

IRS, 2018. Macchine Compatte Trattamento Cavi-Kombi [Z]. http://www. irsitalia. net/media/1044/kombiline_-catalogo. pdf.

KAHHAT R, KIM J, XU M, et al., 2008. Exploring E-waste management systems in the United

States [J]. Resour Conserv Recycl, 52: 955-964.

KANG H Y, SCHOENUNG J M, 2005. Electronic waste recycling: a review of US infrastructure and technology options [J]. Resour Conserv Recycl, 45: 368-400.

KANG H Y, SCHOENUNG J M, 2006. Economic analysis of electronic waste recycling: Modeling the cost and revenue of a materials recovery facility in California [J]. Environ Sci Technol, 40: 1672-1680.

KERI C, 2012. 15-recycling cooling and freezing appliances [M] //Waste electrical and electronic equipment (WEEE) handbook. London: Woodhead Publishing.

KUO T C, 2010. The construction of a collaborative-design platform to support waste electrical and electronic equipment recycling [J]. Robot Comput Integr Manuf, 26: 100-108.

LAMBERT A J D, 2002. Determining optimum disassembly sequences in electronic equipment [J]. Comput Ind Eng, 43: 553-575.

LAMBERT A J D, 2003. Disassembly sequencing: A survey [J]. Int J Prod Res, 41: 3721-3759.

LEE S G, LYE S W, KHOO M K, 2001. A multi-objective methodology for evaluating product end-of-life options and disassembly [J]. Int J Adv Manuf Technol, 18: 148-156.

LEE J, SONG H T, YOO J M, 2007. Present status of the recycling of waste electrical and electronic equipment in Korea [J]. Resour Conserv Recycl, 50: 380-397.

LI J R, KHOO L P, TOR S B, 2006. Generation of possible multiple components disassembly sequence for maintenance using a disassembly constraint graph [J]. Int J Prod Econ, 102: 51-65.

LI J, LOPEZ N B N, LIU L, et al., 2013. Regional or global WEEE recycling. Where to go? [J]. Waste Manag, 33: 923-934.

LI J, BARWOOD M, RAHIMIFARD S, 2017. Robotic disassembly for increased recovery of strategically important materials from electrical vehicles [J]. Robot Comput Integr Manuf, 50: 203-212.

LIU X, TANAKA M, MATSUI Y, 2009. Economic evaluation of optional recycling processes for waste electronic home appliances [J]. J Clean Prod, 17: 53-60.

LME, 2018. London metal exchange-metals-trading summary [Z]. London. https://www.lme.com/en-GB/Metals.

LUTTROPP C, JOHANSSON J, 2010. Improved recycling with life cycle information tagged to the product [J]. J Clean Prod, 18: 346-354.

NOWAKOWSKI P, 2015. Logistyka recyklingu zużytego sprzętu elektrycznego I elektronicznego [Z]. Od projektowania po przetwarzanie-Monografia. Wydaw. Politechniki Śląskiej.

NOWAKOWSKI P, 2016. The influence of residents' behaviour on waste electrical and electronic equipment collection effectiveness [J]. Waste Manag Res, 34: 1126-1135.

NOWAKOWSKI P, 2017. Identyfikacja czynników wpływających na efektywność łańcucha logistyki zwrotnej zużytego sprzętu elektrycznego I elektronicznego. (in polish-identification of the factors having impact of the efficiency of the reverse supply chain of WEEE). Innowacje w zarządzaniu I inżynierii produkcji [M]. Opole: T. 2. OficynaWydaw. Polskiego Towarzystwa Zarządzania Produkcją.

NOWAKOWSKI P, 2018. A novel, cost efficient identification method for disassembly planning of waste electrical and electronic equipment [J]. J Clean Prod, 172: 2695-2707.

OGUCHI M, MURAKAMI S, SAKANAKURA H, et al., 2011. A preliminary categorization of end-of-life electrical and electronic equipment as secondary metal resources [J]. Waste Manag, 31: 2150-2160.

PARK S, KIM S, HAN Y, et al., 2015. Apparatus for electronic component disassembly from printed circuit board assembly in E-wastes [J]. Int J Miner Process, 144: 11-15.

ROSA P, TERZI S, 2016. Comparison of current practices for a combined management of printed circuit boards from different waste streams [J]. J Clean Prod, 137: 300-312.

SANTOCHI M, DINI G, FAILLI F, 2002. Disassembly for recycling, maintenance and remanufacturing: State of the art and perspectives [J]. AMST'02 Adv Manuf Syst Technol, 1: 73-89.

SARATH P, BONDA S, MOHANTY S, et al., 2015. Mobile phone waste management and recycling: Views and trends [J]. Waste Manag, 46: 536-545.

SONG X, ZHOU W, PAN X, et al., 2014. Disassembly sequence planning for electro-mechanical products under a partial destructive mode [J]. Assem Autom, 34: 106-114.

SWI, 2018. What do people earn in Switzerland? [Z]. https://www.swissinfo.ch/eng/business/salaries_what-do-people-earn-in-switzerland/43035438.

SWISSGRID, 2018. Tariffs [Z]. https://www.swissgrid.ch/dam/swissgrid/experts/grid_usage/Tabelle_Tarife_en.pdf.

TANSKANEN P, 2012. Electronics waste: Recycling of mobile phones [M]// Post-consumer waste recycling and optimal production. 129-150.

TERAZONO A, OGUCHI M, IINO S, et al., 2015. Battery collection in municipal waste management in Japan: Challenges for hazardous substance control and safety [J]. Waste Manag, 39: 246-257.

VANEGAS PENA P, PEETERS J, CATTRYSSE D, et al., 2016. Study for a method to assess the ease of disassembly of electrical and electronic equipment. Method development and application to a flat panel display case study [J].

VARY, 2018. Refrigerator harmless treatment & resource recycling system-Varygroup [Z]. http://www.varygroup.com/product/9.

WANG H, XIANG D, RONG Y, et al., 2013. Intelligent disassembly planning: A review on its fundamental methodology [J]. Assem Autom, 33: 78-85.

WATH S B, DUTT P S, CHAKRABARTI T, 2011. E-waste scenario in India, its management and implications [J]. Environ Monit Assess, 172: 249-262.

WILLIAMS J A S, 2006. A review of electronics demanufacturing processes [J]. Resour Conserv Recycl, 47: 195-208.

3 现在和未来电子废物流的经济评估：以日本的经验为例

早见均，中村正雄

摘　要：在本章中，将讨论包括法律、统计、经济和组织等一些重要因素，这些因素影响着废弃电气电子设备的回收。或者更广泛地说，影响着日本和其他国家一般电子废弃物的回收。为此，强调将制造业供应链纳入生产系统环境管理设计的政策重要性。

在日本和欧盟国家，废弃电气电子设备的收集和回收率相对较低。本章提出了一些在公共政策制定中需要考虑的建议，以改善目前的低利用率。

3.1 引　言

近年来，电子废弃物的产生得到了许多国家的关注。电子废弃物代表了废弃电气电子设备（通常称为 WEEE），以及其他产品类别。

随着时间的推移，全球产生的电子废弃物数量持续增加。例如，图 3-1 显示，近年来亚洲国家的人均电子废弃物产生量在持续增加。事实上，随着经济的不断增长，电子废弃物的总生成量可能会继续增加（Kusch et al.，2017）。

联合国报告显示，2014 年全世界废弃电气电子设备的质量达到创纪录的 4180 万吨，其中只有不到 1/6 得到适当回收（Baldé et al.，2015）。这是有史以来电子废弃物丢弃量最大的一次，而且几乎没有减缓的迹象。甚至包括日本在内的有再循环和回收计划的国家，也丢弃了大量的废弃电气电子设备。

美国和中国产生的电子废弃物数量最多，共占总量的 32%。从数量上看，第三大浪费国是日本，2013 年日本总共丢弃了 220 万吨电子废弃物（Japan Times，2015）。

尽管日本的人均电子废弃物量（人均 17.3kg）低于一些人口密度较低的国家，但其他国家，如非洲国家，电子废弃物的数量要少得多。非洲人均电子废弃物量为 1.7kg，是日本的 1/10。

这种电子废弃物具有危险性，而且通常含有剧毒。经常被丢弃的冰箱、洗衣机和微波炉含有大量的含铅玻璃、电池、汞、镉、铬和其他破坏臭氧层的含氯氟烃（通常称为 CFCs）。去年，7% 的电子废弃物由手机、计算器、个人电脑、打

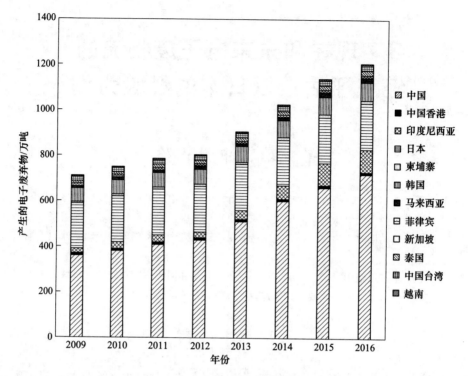

图 3-1 东亚和东南亚电子废弃物的增长

[资料来源：Baldé 等（2015）]

印机和小型信息技术设备组成，其中也含有有毒成分。

去年，电子废弃物还包含价值 520 亿美元的宝贵资源，其中只有 1/4 被回收。在世界范围内，估计有 1650 万吨铁、190 万吨铜、300t 黄金（相当于 2013 年世界黄金总产量的 11%）以及银、铝和塑料被直接扔掉。如果有了更好的回收系统，这些资源就不会被丢弃，也不会越来越多地出现在较贫穷的国家，而是会被回收利用。

日本是最早实施回收电子废弃物的国家之一，日本的回收系统被认为比许多国家都要好。然而，报告显示，日本仅仅处理了 24%~30% 的电子废弃物。日本政府报告显示，2013 年日本收集和处理了 55.6 万吨电子废弃物，但这仅占总量的 1/4。

人们在厨房、洗衣房、浴室和日常交流中寻求的便利，已经成为世界上的有害废弃物产生的主要原因。随着产品销量的上升和生命周期的缩短，电子废弃物问题较难很快得到明显改善。

个人应确保自己对电子废弃物的处置是正确的，即使是小型电子产品。包括日本在内的世界各国政府需要实施更严格的规则，建立更好的处理和回收系统，并加强监管。

人均电子废弃物随着时间的推移而增长的主要原因之一是其随着人均国内生产总值（通常称为 GDP）的增加而增加。Kusch 和 Hills（2017）提供的证据表明，在泛欧洲地区的许多国家中，观察到的这两个数量之间存在正相关关系。此外，无论样本中的具体国家处于何种经济发展阶段，这种相关关系似乎都成立。

当前问题：正如我们上面所提到的，随着时间的推移，全球电子废弃物的数量可能会继续增长。废弃电气电子设备通常包含空调、冰箱、洗衣机、电视机、其他电器和手机。这些物品大多体积庞大，难以处理。此外，如果被遗弃，它们可能会在地面上产生有毒物质。从生命周期的角度来看，生产这些产品需要大量的金属、能源和其他资源，并产生大量的温室气体（CO_2、CH_4、N_2O 和 CFCs）。由于种种原因，废弃电气电子设备的回收被确定为环境管理的一个重要问题。

废弃电气电子设备的回收利用：虽然许多国家认识到促进废弃电气电子设备的回收利用是一个重要的政策问题，但在执行这种回收利用的政策方面仍有一些困难。例如，废弃电气电子设备所包括的项目一般都是消费品，因此此类政策必须与消费者的激励措施相一致。同样，我们希望这些产品的生产商和/或零售商也能参与回收过程，因为零售商拥有购买这些产品的客户的第一手信息。将回收的部分责任委托给生产者和零售商被称为生产者责任延伸（EPR），许多国家的废弃电气电子设备回收法中经常包括这种责任。

废弃电气电子设备回收经济学：电子废弃物的收集、回收和处理，必须注意环境管理政策的经济原则。由于电子废弃物产品包含金属和贵金属等，如手机，从废弃电气电子设备中回收这些有价成分可能会带来一些经济效益。此外，从消费者家中收集废弃电气电子设备并将其运送到指定的存放处也并非免费。例如在日本，这些物品的质量通常如下：电视机 28kg/台、空调 43kg/台、冰箱 58kg/台和洗衣机 32kg/台。收集和运输这些废弃电气电子设备比较昂贵，而且它们的成本需要与回收所获得的经济效益进行比较。

废弃电气电子设备回收过程各阶段：上述讨论表明，回收过程必须如表 3-1 进行分析研究，考虑回收相关成本的影响，还有回收的直接和间接成本及收益。

表 3-1 废弃电气电子设备回收成本及收益分析：生命周期（供应链）阶段的考虑

生命周期阶段	回收过程的成本/收益影响示例
（1）设计和生产阶段	金属和贵金属的使用量（温室气体排放/回收产品的运输成本）
（2）销售/营销阶段	预期回收活动的合约安排（产品寿命结束后如何收集）
（3）收集已使用产品	回收产品收集点的物流（运输燃料成本）

例如，设计使用含金属量少和设计简单的产品可以减少回收成本、燃料成本和相关的温室气体排放（通常称为 GHG）。这些成本的降低可能超过在回收过程

中回收一些可销售金属的收益。生产者和顾客（消费者）之间的合约安排可能对提高废弃电气电子设备的回收率很重要。同样，回收产品收集点的最佳空间分布也可能有助于降低运输成本。

3.2 日本电子废弃物管理

日本是最早开始回收电子废弃物的国家之一。日本近年来在废弃电气电子设备的生产和消费领域发生了迅速的技术变革，因此研究其回收和其他有关活动具有重要学术和实际意义。本节中，将介绍日本电子废弃物回收活动的基本法律制度，然后将讨论与之相关的政策问题。

3.2.1 日本监管电子废弃物管理的法律制度

日本分别于 1994 年和 1998 年提出了两项环境监督管理政策基本法。下面简要讨论这些法律。

1994 年：《资源有效利用促进法》。该法律随后于 2000 年 5 月颁布，并于 2001 年 4 月生效。

该法旨在建立健全的物质循环经济制度：

（1）加强商品和资源回收措施，实施企业主体的废弃产品收集和回收。

（2）通过促进节约资源和确保产品寿命来减少废弃物产生。

（3）实施新的措施，重新利用从收集的旧产品中回收的零件，同时通过加快回收和减少副产品来减少工业废弃物。

这是一部划时代的法律，要求将减少、再利用和回收（通常称为 3Rs）作为措施的一部分；涵盖上游部分，包括产品设计；下游部分，如废弃产品的收集和回收，对工业废弃物采取措施。

1998 年、2001 年：《家电回收法》于 1998 年 6 月成为法律，但直到 2001 年才开始实施/生效。

《家电回收法》的主要目标是使其政策内容得以实施。该法指出"这项立法的目标应是促进维护生活环境和国民经济的健康发展，通过采取适当的和顺利收集、运输、回收特定家用电器的措施，确保对废弃物进行无害环境处置和有效资源利用，旨在减少一般废弃物的数量和充分利用循环再造资源。"

更具体地说，为了实现这一目标，该法旨在解决下列问题：

（1）以无害环境的方式处置废弃物（危险废弃物）。作为含有危险污染物的大型废弃电气电子设备，其中含有危险材料和污染物。这些物质包括作为温室气体和消耗臭氧物质的氟氯化碳，发动机和压缩机中的油，以及用于制造印刷电路板的重金属。非法倾倒此类产品会带来更大的环境风险。因此，预期将建立一个以无害环境的方式管理废弃电气电子设备的系统。此外,由于这些废弃物的无害环境管理往往超出个别地方政府的能力,因此这些电气电子设备的制造商应参与管理这些废弃物的过程。

(2) 有效利用可回收材料。废弃电气电子设备中含有大量的铁、铝、铜和玻璃,如果能有效地回收这些材料,就可以成为有效的材料来源。

该法案的目标领域是以下 4 类家用电器:

(1) 空调。

(2) 电视机(阴极射线管)和液晶显示器类型,但不包括那些设计用于建筑物内并不使用一次性电池或蓄电池作为电源的电视机,以及等离子类型电视机。

(3) 电动冰箱和冰柜。

(4) 电动洗衣机和烘干机。

此外,平板电视机(液晶显示器和等离子电视机)和烘干机也在 2009 年 4 月被列入指定类别。

除其他典型的废弃电气电子设备外,个人电脑依据《资源有效利用促进法》(1994 年)进行管理。此外,从 2013 年开始,手机等小型电子产品根据《小型电气和电子设备回收法》进行管理。

3.2.2 电子废弃物回收利用概述

环境管理政策需要集中注意电子废弃物的回收,特别是其成本方面,及其对减少温室气体的产生(如果有的话)和减少使用金属和贵金属等资源的影响。前面我们讨论了与回收电子废弃物有关的运输成本问题。这种回收成本与回收的实际利益(例如,回收金属的商业价值等)相比如何?这种成本和效益的权衡和分析可能最终决定回收活动的公开合理程度。

从表 3-2 中我们可以看出,日本的人均电子废弃物产生量远远高于德国。日本收集和回收的电子废弃物约占其人均电子废弃物的 1/4。

表 3-2 2013 年德国和日本的电子废弃物的产生和收集/回收

项 目	德国	日本
产生的电子废弃物量(人均)/kg	21.6	17.3
产生的电子废弃物总量/万吨	176.9	220
电子废弃物收集总量和回收总量/万吨	—	55.6
人口数量	81589	127061
国家对电子废弃物的监管回收	是	是

资料来源:作者根据公开信息(JEMAI, 2017; EU Eurostat, 2017)整理。

在后面的章节中,我们将进一步比较欧盟与日本在电子废弃物回收方面的表现。图3-2显示了日本废弃电气电子设备随时间的总体上升趋势和在收集和回收总废弃电气电子设备单元的波动模式。这表明公共政策对促进回收活动的重要性。

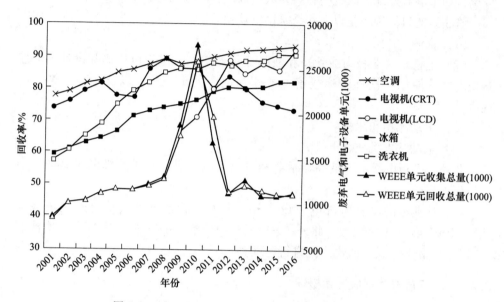

图 3-2　2001—2016 年日本电子废弃物回收率和收集量
(资料来源:作者根据 Japanese Ministry of Environment 数据源 http://www.env.go.jp/policy/keizai_portal/A_basic/a06.html 等网站的数据绘制)

3.2.3　电子废弃物回收成本

考虑到废弃电气电子设备中某些单元的数量和质量都很大,有必要进行物理回收,不难看出运输成本在回收率的决定因素中起着重要作用(参见3.3节需要收集回收的电子废弃物数量)。

在日本,家电回收成本差异很大,这取决于回收家电产品的类型、提供从家里搬走家电和把它们运到回收站的服务公司,以及当地政府办事处提供的当地回收服务的可用性。表3-3列举了日本某些家用和其他电器的回收成本的几个例子。这些家电大多由大型国家家电生产商销售。

从表3-4中我们可以看到,2016年日本主要电子废弃物产品的回收率(或收集率)均低于30%,仅占销售给消费者产品总量的一小部分。基于此,虽然可以想到许多可能的原因,但表3-3中给出的回收成本可能是这其中的部分原因,即与市场上同等新产品的现行价格相比,回收成本相对较高。

表 3-3 家用电器回收成本：2016 年日本的一些例子

2001 年《家电回收法》所涵盖的产品	产品		
	回收费/日元	运输成本/日元	从家中移走的费用/日元
空调	972①	500~3000	3000~20000
电视机（屏幕尺寸小于 15in）	1836	500~3000	3000~20000
电视机（屏幕尺寸大于 16in）	2916	500~3000	3000~20000
冰箱（容量低于 170L）	3672	500~3000	3000~20000
冰箱（容量高于 171L）	4644	500~3000	3000~20000
洗衣机	2484	500~3000	3000~20000
私人电脑	3000~4000②		
其他电器	回收费（东京 23 区政府办公室）/日元	回收费（私人回收企业）/日元	运输和拆除费用（私人回收企业）
油加热器	700	1500 或以上	是
音频设备	300	1000 或以上	是
煤气灶	300	1000 或以上	是
照明设备	300	700 或以上	是
洗碗机/烘干机	1000	1500 或以上	是
电风扇	300	500 或以上	是
微波炉	300	800 或以上	是
录像机	300	1000 或以上	是
打印机	300~1000	1000 或以上	是
家用缝纫机	700	2800 或以上	是

注：1in=2.54cm。
① 本表中的货币数据以 2016 年的日元为单位。2016 年 12 月的日元和美元之间的汇率：1.00 美元 = 116 日元。
② 带有可回收产品公共注册标志的个人电脑可以由他们的生产者免费回收。其他公共组织可以免费收集用过的个人电脑。但私营企业通常会收取回收费。
资料来源：作者根据 Enechange（2016）的公用政府信息整理。

表 3-4 2016 年日本各地指定地点收集的电子废弃物数量

产品（电子废弃物）	收集的电器数量		
	收集的电器	占总数的比例/%	同比变化/%
空调	2567×10³	22.9	+9.0
CRT 电视	1184×10³	10.6	-23.7

续表 3-4

产品（电子废弃物）	收集的电器数量		
	收集的电器	占总数的比例/%	同比变化/%
液晶和等离子电视	$1279×10^3$	11.4	+23.8
冰箱和冷冻柜	$2829×10^3$	25.3	+1.1
洗衣机和烘干机	$3339×10^3$	29.8	+6.4

注：观察期为 2016 年 4 月至 2017 年 3 月。
资料来源：作者根据 METI（2017）的公开信息整理。

3.3 使用投入产出表的生命周期政策分析：日本手机和个人电脑的回收及其供应链

到目前为止，本书还没有讨论手机和个人电脑的回收问题。正如在前几节中讨论的那样，这些产品不包括在日本关于电子废弃物回收的原始法律中。本节将使用日本经济的投入产出表（Hayami et al.，2007，2015），计算回收和加工这些电子产品所节省的间接材料和其他资源。

移动电话和个人电脑的回收趋势见图 3-3、图 3-4 和图 3-5。

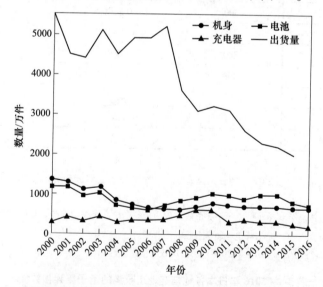

图 3-3 按部件分类的手机回收趋势：机身、电池、充电器与出货量对比
［资料来源：作者根据 Mobile Recycle Network（2018）和 JEITA（2017）的公开信息绘制］

近年来，移动电话机身、电池和充电器的再循环率保持相对稳定，均低于 1000 万件（图 3-3）。这是在新手机出货量明显下降的情况下出现的。另外，台

式电脑和笔记本电脑的回收模式表明，这些个人电脑出货量的总体下降和波动也反映在这些产品的回收率上（图 3-4 和图 3-5）。

图 3-4 和图 3-5 中没有显示个人笔记本电脑的出货量，但是个人台式电脑的出货量从 2006 财年（2006 年 4 月至 2007 年 3 月）的 519.2 万台下降到 2015 财

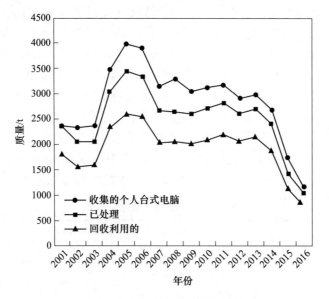

图 3-4 个人台式电脑回收数量趋势

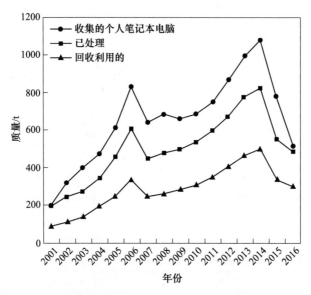

图 3-5 个人笔记本电脑回收数量趋势

［资料来源：作者根据 PC3R Promotion Association（2017）的公开信息绘制］

年（2015年4月至2016年3月）的175.3万台。同样，个人笔记本电脑的出货量从2006财年（2006年4月至2007年3月）的6858000台下降到2015财年（2015年4月至2016年3月）的53582015台（日本电子信息技术产业协会，2017）。

收集的个人电脑的处理率和回收率非常高（超过70%）。但根据个人电脑减量、再利用和回收（通常被称为PC3R）促进协会（2017年）的数据，从家庭收集的笔记本电脑的回收率较低，约为57.1%（2015财年，2015年4月至2016年3月）。个人电脑减量、再利用和回收促进协会表示，2014财年（2014年4月至2015年3月），收集的1287万台个人电脑经过最终处理后，280万台将在国内再利用，364万台将作为国内回收资源利用，35万台将被扔进废弃物填埋场，215万台将出口到海外再利用，308万台将作为预留资源储备。

虽然没有手机回收金属的详细分类，但有包括手机在内的小型电器的统计数据。2015财年（2015年4月至2016年3月）的数据总结见表3-5。

表3-5 电子废弃物和回收电器

A组：源于收集的小型电器的产量（金属、塑料等）	
项目	质量/t
收集的小型电器总量	57260
加工后回收的金属	36567①
回收塑料	2550
焚烧塑料	13612
再利用的电器	149
残差	4298
B组：小型电器产生的电子废弃物估计量		

项目	回收数量	质量/t
电动剃须刀、壳、电锅等	61368572	185179
移动电话、固定电话等	47842169	16053
扬声器（车载）、数码相机、DVD	90400559	132750
电脑、打印机、显示器等	22868114	140290
灯泡、电气照明设备	795062951	110055
相机	91057	37
时钟	82431127	12384
台式游戏机、便携式游戏机	13223334	12916
电子计算器、数字词典	10273500	1129
电子体温计、血压计等	22229256	20576

续表 3-5

B 组：小型电器产生的电子废弃物估计量		
项目	回收数量	质量/t
电子键盘、电吉他等	1089299	4459
手持游戏机和移动玩具	1128449	186
电钻等	6633000	14100
交流适配器、控制器等	2109710	427
总计	1156751096	650539

①回收金属总量中收集的各种金属：

铁的量/t	26326	不锈钢和黄铜的量/t	148
铝的量/t	2023	金、银和钯的量/t	2798
铜的量/t	1469	其他金属的量/t	6573

资料来源：作者根据 Japanese Ministry of Environment（2012）的公开信息整理。

表 3-6 显示，回收和处理来自小型家电、个人电脑和移动电话的电子废弃物会产生大量有价值的金属。这一发现促使 2020 年东京奥运会和残奥会组委会决定，东京奥运会获胜者的奖牌将由从手机中提取的金属制成，并呼吁日本地方政府和当地邮局收集这些电子废弃物进行回收利用。

表 3-6　使用过的小型电器和电子产品中包含的金属　　　　　（t）

金属	合计：小型电器	手机	个人电脑
铁（Fe）	230105	418	16845
铝（Al）	24708	50	3914
铜（Cu）	22789	1001	2730
铅（Pb）	740	19	220
锌（Zn）	649	44	70
银（Ag）	68.9	10.5	21.1
金（Au）	10.6	1.9	4.5
锑（Sb）	117.5	2.3	43.5
钽（Ta）	33.8	3.2	14.9
钨（W）	33.0	27.1	1.1
钕（Nd）	26.4	18.9	—
钴（Co）	7.5	2.2	—
铋（Bi）	6.0	0.7	0.8
钯（Pd）	4.0	0.5	2.1

资料来源：作者根据 Japanese Ministry of Environment（2012）的公开信息整理。

3.3.1 回收终端产品对供应链的影响：上游供应商使用的资源减少

众所周知，这里考虑的所有电气和电子产品都是制造产品，其生产过程包括来自上游供应商的许多阶段的投入。这些上游投入中有许多是基本金属和贵金属，它们作为相关供应链的产出留在最终产品中。因此，重要的不仅是要关注最终产品电子废弃物的行为，还要关注供应链上游生产过程中使用的许多电子元件（电子商品）的投入。由于这些原因，我们认为电子废弃物由供应链供应商在整个上游阶段产生的有毒和无毒废弃物组成。

例如，表3-7的第一组和第三组数据分别显示了生产价值100万日元的个人电脑和价值100万日元的手机所产生的工业废弃物量。这些产生的37种废弃物形成于供应链的上游阶段，且均来自自身和其他工业部门。表3-7列出了五大工业类别的废弃物产量，以及每种电子产品产生的工业废弃物总量。表3-8列出了回收工艺处理后产生的最终废弃物填埋量。例如，表3-8的第一组数据显示，价值100万日元的个人电脑经过回收和处理后，产生7.8kg的残留物需要填埋。

表3-7　单位生产电子商品直接和间接产生的工业废弃物　　　　（kg）

特定行业产品的 I-O		
每生产价值 100 万日元的个人电脑		产生废弃物
工业废弃物来源	电	23.1
	其他电子元件	22.9
	生铁	20.7
	纸张	10.1
	印刷、制版和装订	8.3
	总计	156.2
每生产价值 100 万日元的电子计算设备（附属设备）		产生废弃物
工业废弃物来源	电子计算设备（附属设备）	65.9
	电	28.5
	生铁	26.4
	其他电子元件	21.6
	粗钢（转炉）	10.6
	总计	247.6
每生产价值 100 万日元的手机		产生废弃物
工业废弃物来源	生铁	28.2
	电	26.8
	其他电子元件	22.5

续表 3-7

特定行业产品的 I-O		
每生产价值 100 万日元的手机		产生废弃物
工业废弃物来源	铜	17.0
	塑料产品	14.5
	总计	218.7
每生产价值 100 万日元的电工测量仪表		产生废弃物
工业废弃物来源	生铁	35.9
	其他电子元件	25.4
	电工测量仪表	24.2
	电	23.1
	粗钢（转炉）	14.8
	总计	201.5
每生产价值 100 万日元的液晶元件		产生废弃物
工业废弃物来源	液晶元件	48.4
	电	42.0
	生铁	16.2
	其他电子元件	10.2
	印刷、制版和装订	8.8
	总计	216.2

资料来源：由作者计算，所使用的方法和数据见 Hayami（2015），更多详细资料也可见 Asakura 等（2001）、Hayami 和 Nakamura（2007）、Hayami 等（2008）、Japanese Ministry of Internal Affairs and Communications（2017）。

表 3-8 填埋量：回收处理电子废弃物后产生的（直接和间接）废弃物 （kg）

每生产价值 100 万日元的个人电脑		处理后产生的 废弃物：填埋量
工业废弃物来源	印刷、制版和装订	1.3
	纸张	0.9
	其他有色金属	0.8
	电	0.8
	铜	0.5
	总计	7.8
每生产价值 100 万日元的电子计算设备（附属设备）		处理后产生的 废弃物：填埋量
工业废弃物来源	印刷、制版和装订	1.1

续表 3-8

每生产价值 100 万日元的电子计算设备（附属设备）		处理后产生的废弃物：填埋量
工业废弃物来源	电	1.0
	电子计算设备（附属设备）	0.9
	其他有色金属	0.8
	纸张	0.7
	总计	9.3
每生产价值 100 万日元的手机		处理后产生的废弃物：填埋量
工业废弃物来源	铜	2.2
	印刷、制版和装订	1.3
	纸张	1.0
	铅和锌（公司再生铅）	0.9
	塑料产品	0.9
	总计	11.4
每生产价值 100 万日元的电工测量仪表		处理后产生的废弃物：填埋量
工业废弃物来源	其他有色金属	1.0
	印刷、制版和装订	1.0
	电	0.8
	纸张	0.7
	铜	0.7
	总计	8.6
每生产价值 100 万日元的液晶元件		处理后产生的废弃物：填埋量
工业废弃物来源	其他有色金属	1.4
	电	1.4
	印刷、制版和装订	1.4
	液晶元件	0.8
	纸张	0.7
	总计	10.0

资料来源：由作者计算，所使用的方法和数据见 Hayami 等（2015），更多详细资料也可见 Asakura 等（2001）、Hayami 和 Nakamura（2007）、Hayami 等（2008）、Japanese Ministry of Internal Affairs and Communications（2017）。

3.3.2 回收电子废弃物减少的温室气体排放

温室气体通常以二氧化碳（CO_2）当量来衡量，单位为 t。温室气体是供应商使用电力和金属等生产投入的供应链上大多数生产过程的副产品。因此，可以分析可能减少温室气体产生的电子废弃物的回收利用。分析电子废弃物回收对减少供应链上温室气体排放的影响可以采用投入产出法，使用投入产出表和在前面3.3.1节中使用的一些相关数据来完成。为了节省篇幅，在此只提供一些总结结果，说明电子废弃物的回收如何减少温室气体的排放，从而有助于解决全球变暖问题。

特别值得关注的是衡量以下政府政策驱动的电子废弃物回收形式对减少生产过程中产生的温室气体排放（以二氧化碳当量计，单位为t）的影响。在此，具体要分析的政府政策被称为生态政策。如果旧一代家用电器的用户回收它们并购买具有同等功能的更新的、更节能的家用电器，该政策将给予一些（并非微不足道的）奖励。[例如，参见 Japanese Ministry of Environment（2011），Japan Environmental Management Association for Industry（2013，2017）和 Hotta 等（2014），以了解该政策的细节。]

对购买新一代家电给予一定程度的补贴作为奖励。根据这个社会实验的实际执行情况，许多（但不是所有）拥有旧节能电器的消费者选择回收旧电器，并使用奖励购买新的电器。该生态政策在2009年5月至2011年3月期间执行。这个项目涉及的电器包括空调、冰箱和电视机。Japanese Ministry of Environment（2011）报告的分析分为3个时间段，即2009年5月至2010年3月、2010年4月至2010年12月和2011年1月至2011年3月。考虑到最初拥有特定家电的消费者，他们中的一些人会选择用新产品替换旧产品，这些消费者受益于生态政策，他们的信息显示为"置换购买"。一些没有特定家电的消费者可能会选择购买新的家电，因此其信息显示为"新单位购买"。在最后一个时间段，即2011年1月至2011年3月，生态政策调整后不再允许置换，因此只有"新单位购买"发生。根据其他地方估计的新旧家电的二氧化碳排放量和耗电量，计算出消费者购买新家电减少的温室气体排放量，如表3-9所示。这3个时间段的二氧化碳当量排放量总共约减少4317774t，这些减少量被认为是生态政策对这3种电器的影响。

3.3.3 电子废弃物回收成本由谁承担的问题

上文指出，废弃电气电子设备的回收率普遍较低（在日本，大多数低于可回收电子废弃物的30%，见表3-2）。同时也指出，电子废弃物回收的相关成本，包括回收费用、运输和废料清除的成本，很大程度上是由消费者承担，且总体上相对较高。日本关于电子废弃物回收的政策讨论也提出了有关确定电子废弃物回收成本缺乏透明度的问题（Recycling Working Group，2007）。

表3-9 减少温室气体排放量（CO_2当量）：日本的生态政策实验（2009—2011年）

项目	台数	置换购买（回收率）/%	置换购买（数量）	旧产品购买年份	旧产品用电量/(kW·h)·a⁻¹	新产品用电量/(kW·h)·a⁻¹	减少用电量/(kW·h)·a⁻¹	预计二氧化碳排放总量/t·(kW·h)⁻¹	减少二氧化碳排放量/t·a⁻¹	减少二氧化碳排放总量/t
\multicolumn{11}{l}{2009年5月至2010年3月（置换购买）}									
空调	2668000	47.6	1269968	1995	1396	1138	258 (18%)	0.000561	183813	
冰箱	2838000	70.6	2003628	1995	822	343	479 (58%)	0.000561	538413	948045
电视机	14347000	65.5	9397285	1998	151	122	29 (19%)	0.000561	152884	
总计	19853000		12670881						875110	
\multicolumn{11}{l}{2009年5月至2010年3月（新单位购买）}									
空调	2668000	52.4	1398032	1996	1193	1138	55 (5%)	0.000561	43136	
冰箱	2838000	29.4	834372	1996	377	343	34 (9%)	0.000561	15915	
电视机	14347000	34.5	4949715	1999	127	122	5 (4%)	0.000561	13884	
总计	19853000		7182119						72935	
\multicolumn{11}{l}{2010年4月至2010年12月（置换购买）}									
空调	6507000	44.8	2915136	1996	1373	1046	328 (24%)	0.000561	536408	
冰箱	3529000	73.1	2579699	1996	783	318	465 (59%)	0.000561	672593	1587688
电视机	20185000	68.3	13786355	1999	143	96	47 (33%)	0.000561	363505	
总计	30221000		19281190						1572866	
\multicolumn{11}{l}{2010年4月至2010年12月（新单位购买）}									
空调	6507000	55.2	3591864	1996	1048	1045	3 (5%)	0.000561	6045	
冰箱	3529000	26.9	949301	1996	321	318	3 (1%)	0.000561	1598	
电视机	20185000	31.7	6398645	1999	98	96	2 (2%)	0.000561	7179	
总计	30221000		10939810						14822	
\multicolumn{11}{l}{2011年1月至2011年3月（仅限新单位购买）}									
空调	233000	45.6	106248	1996	1373	873	400 (29%)	0.000561	23842	
冰箱	272000	72.0	195840	1996	783	270	513 (66%)	0.000561	56361	1782041
电视机	5054000	67.1	3391234	1999	143	83	60 (42%)	0.000561	114149	
总计	5559000		1693322						194352	

2009年5月至2011年3月，由于生态政策，CO_2排放总量减少了4317774t

资料来源：作者根据 Japanese Ministry of Environment（2011）和 JLCA（2013）的公开信息整理。

3.3 使用投入产出表的生命周期政策分析:日本手机和个人电脑的回收及其供应链

电子废弃物与欧盟: 与日本法律所考虑的4类电子废弃物(即空调、电视机、冰箱和冰柜、洗衣机和烘干机)不同,欧盟的废弃电气电子设备指令规定了10类电子废弃物:(1)大型家用电器;(2)小型家用电器;(3)信息技术设备;(4)消费设备(电视机等);(5)照明设备;(6)电动工具;(7)玩具、休闲器材、运动器材;(8)医疗设备;(9)监控仪器;(10)自动售货机和自动柜员机。

欧盟电子废弃物管理与日本做法不同的另一个领域是收集责任的分配和费用的分配。例如,生产者对自己的新产品负责,但当消费者丢弃已经在市场上的产品时,所有生产者应共同承担成本。直到2011年(大型白色家电为2013年),生产商被允许在新产品的价格中单独增加废弃物处理费(可见费用)。

总的来说,欧盟的法规与日本的法规有很多不同之处。欧盟的法律涵盖产品范围较为广泛,将责任和成本分配给生产者,确定收集目标和回收率,并限制危险物质的使用(Yoshida et al., 2010)。正如OKOPOL(2007)所指出的,欧盟的政策目标是建立一个系统,通过这些手段,分别回收废弃的电气和电子设备,而不是将其作为城市固体废弃物处理。值得注意的是,市政当局是欧盟废弃电气电子设备回收系统的重要利益相关者。

然而,从效果上来看,欧盟的整体回收率与日本相比并不高。根据表3-10,Yoshida等(2010)观察到,尽管2005年欧盟的人均回收量为5.31kg(日本4种类型电器的人均回收量为3.5kg),但欧盟已经超额实现了4kg的目标;然而,个别国家之间仍有相当大的差异,如瑞典回收了12.20kg,英国回收了9.95kg,而东欧的捷克共和国只回收了0.33kg。

表3-10 2005年按类别分列的欧盟国家和日本的收集情况

国家	类别编号										合计
	1	2	3	4	5	6	7	8	9	10	1~10
日本	2.58	n.d.	n.d.	0.82	n.d.	n.d.	n.d.	n.d.	n.d.	n.d.	NA
挪威	8.15	0.46	2.68	2.01	—	—	0.04	0.06	—	0.01	13.41
瑞士	4.19	1.40	3.52	2.17	0.12	0.04	0.01	0.00	0.00	0.00	11.44
奥地利	2.00	0.3	0.1	0.2	0.1	Inc2	Inc2	Inc2	Inc2	Inc2	2.77
比利时	2.99	1.12	1.16	1.64	0.20	0.14	0.00	0.00	0.02	0.00	7.26
捷克共和国	0.14	0.00	0.12	0.05	0.00	0.00	0.00	0.01	0.00	0.01	0.33
爱沙尼亚	0.48	0.00	0.04	0.10	n.d.	n.d.	n.d.	n.d.	n.d.	n.d.	0.63
芬兰	4.75	0.28	1.44	1.30	0.27	0.03	0.00	0.02	0.01	0.00	8.10
匈牙利	0.91	0.04	0.09	0.22	0.01	0.00	0.000	0.00	0.00	0.00	1.27
爱尔兰	6.68	0.28	0.43	0.67	0.09	0.07	n.d.	n.d.	0.00	n.d.	8.22

续表3-10

国家	类别编号										合计
	1	2	3	4	5	6	7	8	9	10	1~10
荷兰	2.59	0.53		1.18	0.03	0.06	0.03	0.00	0.00	0.02	4.44
斯洛伐克	0.35	0.04	0.05	0.20	0.00	0.00	0.00	0.00	0.00	0.00	0.66
瑞典	5.01	1.41	2.54	2.36	0.74	0.11	0.02	0.02	n.d.	n.d.	12.20
英国	7.17	0.54	0.59	1.10	0.04	0.35	0.16	0.00	0.00	0.00	9.95
I=NO=CH平均值	4.97	0.93	3.10	1.67	0.06	0.02	0.02	0.03	0.00	0.01	10.80
欧洲平均值	3.11	0.42	0.65	0.88	0.14	0.08	0.02	0.01	0.00	0.00	5.31

注：1. 表里的数字显示了按国家和类别分列的人均废弃物收集量（kg）。
2. 有关所用类别的（1, 2, …, 10）详细信息，请参阅来源。1~10代表总计。
3. n.d. 无数据；Inc2 包含在第2类中；NA 未获得数值。

资料来源：United Nations University and AEA Technology（2007）。

从10个类别产品的收集率来看，冰箱和空调占27%，大型家用电器占40%，信息技术设备占28%，阴极射线管CRT电视机占30%，监控仪器占65%（United Nations University and AEA Technology, 2007）。根据最近的废弃电气电子设备论坛2007年的数据，人均回收量近7.80kg，11个国家合计回收量超过4.0kg。

根据Makela（2009）的估计，在欧盟收集的用于处理的废弃电气电子设备中，只有33%得到了处理，13%被妥善填埋在欧盟，而54%的处理并不达标。

3.4 结 束 语

在本章中，我们考虑了各种各样的因素，包括法律、统计、经济和组织因素，这些因素会影响日本和其他国家废弃电气电子设备的回收，或者更广泛地说，影响一般电子废弃物的回收。

尽管各级政府和其他利益相关方做出了巨大努力，但电子废弃物的收集、回收和处理仍然是一项艰巨的任务。一般来说，随着人均国内生产总值的增加，电子废弃物将持续增加。这种增长不仅在发达国家很显著，在发展中国家也是如此。这必然意味着，将电子废弃物从发达国家运往发展中国家不再是一种可行的电子废弃物处理方式。

构成电子废弃物的物质中含有宝贵资源，但也不乏一些有毒成分，因此不能以简单地扔进废弃物填埋场等方式进行处理。我们总结了在生产和废弃物管理系统方面的发现，该系统被广泛地称为环境管理系统，需要以综合的方式进行重新设计。

（1）设计产品时应尽量减少电子废弃物，同时保持产品功能不变。同时，在设计产品时，要使产品能够轻松地完成最终的回收。

（2）设计能够有效回收过程中的有价值金属和其他资源的相关设施。

（3）基于电子废弃物回收政策利益相关者各自的激励机制，设计一个在利益相关者之间分配责任的系统。

（4）准确估计收集、回收和处理电子废弃物的替代方法的相关成本和效益是很重要的。这些成本和收益如何在符合各自经济激励的利益相关者之间进行分配也很重要。

（5）在制定电子废弃物回收和处理政策时，必须考虑制造供应链。明确哪些上游供应商对电子废弃物的特定成分负责是很重要的。

（6）另一个重要的政策问题是决定国家回收电子废弃物的主要目标。是通过尽量减少使用产生电子废弃物的金属和其他材料来减少生产过程中排放的温室气体？或者仅仅是为了减少进入填埋场的废弃物数量？

电子废弃物的环境管理需要政府决策者以及其他利益相关者（包括消费者、生产者、其他私营部门和公共部门）考虑以上诸多问题，甚至其他未提及问题。

参 考 文 献

ASAKURA K, HAYAMI H, MIZOSHITA M, et al., 2001. The input-output table for environmental analysis (Kankyo Bunsekiyo Sangyo Renkanhyo in Japanese) [M]. Tokyo：Keio University Press.

BALDÉ C P, WANG F, KUEHR R, et al., 2015. The global electronic waste monitor 2014 [Z]. Bonn：United Nations University.

ENECHANGE, 2016. Recycling costs of home appliances (in Japanese) [Z]. Tokyo. https：//enechange.jp/articles/kaden-rycycle-cost-list.

Eurostat, 2017. Waste statistics-electrical and electronic equipment [Z]. http：//ec.europa.eu/eurostat/statistics-explained/index.php/Waste_statistics_-_electrical_and_electronic_equipment.

HAYAMI H, NAKAMURA M, 2007. Greenhouse gas emissions in Canada and Japan：Sector-specific estimates and managerial and economic implications [J]. J Environ Manag, 85 (2)：371-392.

HAYAMI H, NAKANO S, NAKAMURA M, et al., 2008. The input-output table for environmental analysis and applications [M]. Tokyo：Keio University Press.

HAYAMI H, NAKAMURA M, NAKAMURA A, 2015. Economic performance and supply chains：The impact of upstream firms' waste output on downstream firms' performance in Japan [J]. Int J Prod Econ, 160：47-65.

HOTTA Y, SANTO A, TASAKI T, 2014. EPR-based electronic home appliance recycling system under home appliance recycling act of Japan [Z]. Tokyo. https：//www.oecd.org/environment/waste/EPR_Japan_HomeAppliance.pdf.

Japan Electronics and Information Technology Industries Association (JEITA), 2017. Shipment of cellular phones [Z]. Tokyo. https：//www.jeita.or.jp/japanese/stat/cellular/2017/index.htm.

Japan Environmental Management Association for Industry (JEMAI), 2013, 2017. Recycle data book

[Z]. Tokyo. http://www.cjc.or.jp/data/databook.html.

Japan Times, 2015. Electronic waste recycling still falling short [Z]. Tokyo.

Japanese Ministry of Economy, Trade and Industry (METI), 2017. FY 2016 enforcement status of the home appliances recycling law and recycling statistics for manufacturers and importers [DS]. Tokyo.

Japanese Ministry of Environment, 2001. Laws: Waste and recycling [A]. http://www.env.go.jp/en/laws/recycle/06.pdf.

Japanese Ministry of Environment, 2011. Eco policy and effects, (in Japanese) [Z]. http://www.env.go.jp/policy/ep_kaden/pdf/effect.pdf.

Japanese Ministry of Environment, 2012. Central environment committee 31 January 2012 [Z]. http://www.env.go.jp/press/files/jp/19123.pdf.

Japanese Ministry of Internal Affairs and Communications, 2017. Input-output table for Japan [Z]. Tokyo. http://www.soumu.go.jp/english/dgpp_ss/data/io/index.htm.

Japanese Ministry of Justice, 2017. Tokyo [Z]. http://www.japaneselawtranslation.go.jp/?re=02.

KUSCH S, HILLS C D, 2017. The link between electronic waste and gross domestic cproduct: New insights from data from the Pan-European region [J]. Resources, 6 (2): 15.

LCA Society of Japan (JLCA), 2013. LCA database. Life Cycle Assessment Society of Japan [DB]. http://lca-forum.org/database.

MAKELA T, 2009. The waste electrical and electronic equipment directive-business generation [C]. Proceedings of IERC 2009, Salzburg: 183-190.

Mobile Recycle Network (MRN), and also Japan Environmental Management Association for Industry (JEMAI) (2018) [Z]. http://www.mobile-recycle.net.

OKOPOL (Okopol GmbH Institute for Environmental Strategies), IIIEE (The International Institute for Industrial Environmental Economics, LundUniversity), RPA (Risk & Policy Analysts), 2007. The producer responsibility principle of the waste electrical and electronic equipment directive, final report [R]. Hamburg.

PC3R Promotion Association, 2017. Tokyo [Z]. http://www.pc3r.jp.

Recycling Working Group, Industrial Structure Council Environment Subcommittee, Japanese Ministry of Economy, Trade and Industry, 2007. Lowering and making transparent of the recycling prices and recycling costs (in Japanese) [Z]. Tokyo. http://www.meti.go.jp/committee/gizi_1/14.html#meti0003770.

United Nations University and AEA Technology (2007) 2008 Review of Directive 2002/96 on Waste electrical and electronic equipment (WEEE), final report [R]. Bonn: United Nations University.

YOSHIDA F, YOSHIDA H, 2010. Japan, the European Union, and waste electronic and electrical equipment recycling: Key lessons learned [J]. Environ Eng Sci, 27 (1): 21-28.

4 电子废弃物管理新技术

穆罕默德·阿布加利，霍萨姆·A. 加巴尔

摘　要：电气和电子工业每年从废弃和过时的设备中产生超过 5000 万吨的电子废弃物。根据美国环境保护署（EPA）的数据，每年有 700 万吨电子设备被淘汰，这使得电子废弃物成为世界上增长最快的废物流。电子废弃物通常含有有害物质以及锌、铜和铁等基本金属，在冰箱、洗衣机和电视等电子废弃物产品中，锌、铜和铁的含量最高可达 60.2%。全球立法法规在电子废弃物回收战略中发挥着重要作用，覆盖了 66% 的电子工业实践；其中最重要的是废弃电气电子设备（WEEE）指令、有害物质限制（RoHS）指令和化学品的注册、评估、授权和限制（REACH）指令法规。

废弃电气电子设备（WEEE）通常分为 4 类，WEEE 包括光伏（PV）板、阴极射线管（CRT）、液晶显示器（LCDs）和发光二极管显示器（LED）、计算机、笔记本电脑以及手机。光伏板是一种常见的硅基电子设备，回收率为 65%。回收过程从玻璃和铝回收开始，然后在 650℃ 下进行热处理。另一类液晶显示器和发光二极管显示器消耗了全球 70% 的铟产量，其回收分别需要人工分选分离、溶剂萃取和酸浸。此外，由于手机设计紧凑、生产率高，导致其特有的回收复杂性，以致手机的回收率最低。锂被认为是手机和智能电池中最有价值的可回收材料。在可行的电子废弃物热处理方面，热等离子体在火法冶金和湿法冶金回收过程中的能耗均为 2kW·h/kg。由于其具有较高的能量密度、气体通量温度和提高反应活性的电离作用，因此在回收重金属如银、金、铅和铜中起着重要作用。

关键词：电子废弃物管理；污染物；材料组成；电子废弃物法规；废弃物产生；金属回收；冶金回收；电子废弃物中的热塑性塑料；电子回收的危害；回收层次结构

[缩写]

ABS：丙烯腈丁二烯苯乙烯

Cd：镉

Cu：铜

DC：直流电

ELV：报废车辆指令

EOL：报废电子产品

EPA：美国环境保护署

GDP：国内生产总值

HIPS：高抗冲聚苯乙烯

Ni：镍
Pb：铅
PC：聚碳酸酯
PPO：聚苯醚
REACH：化学品的注册、评估、授权和限制
RF：射频
RoHS：有害物质限制指令
Sn：锡
WEEE：废弃电气电子设备
Zn：锌

4.1 引　　言

废弃电气电子设备（WEEE）是由电路和电磁场组成的废弃设备，这些设备由于无法提供预期性能或超过其使用寿命而被丢弃（Tanskanen，2013）。本章将讨论报废回收的挑战，影响工业化国家为避免环境排放而实施的废弃物管理战略和利用有用重金属和可回收成分。电气和电子设备（EEE）在数量和材料多样性方面日益增长，被认为是全球增长最大的制造活动之一（Buekens et al.，2014）。电子废弃物在全球范围内急剧增加，超过 6770 万部手机，全球超过 50%的家庭接入互联网，91%的家庭拥有电视，99%的家庭拥有冰箱（Tuba，2015）。电子废弃物主要来源于废弃的电视机、电脑、手机、打印机、电子产品、家用电器、制造业和汽车业使用的设备（Sthiannopkaoa et al.，2013）。另外，电子废弃物管理的快速社会和经济发展正在成为一个主要问题，特别是在工业化国家和发展中国家（Mukhtar et al.，2016）。

回收利用需要可持续的电子废弃物管理，电子废弃物量在 2014 年迅速增长到约 4000 万吨（Cao et al.，2016）。电子废弃物的指数级增长促使制造业和政府关注电气和电子材料的回收，以便更好地管理可再生和不可再生资源。电子废弃物回收设施中常用的回收和分类策略如图 4-1 所示（Hai et al.，2017）。

在废弃电气电子设备回收中，丙烯腈丁二烯苯乙烯（ABS）、高抗冲聚苯乙烯（HIPS）、聚苯醚（PPO）、聚碳酸酯（PC）、聚氯乙烯（PVC）和聚丙烯（PP）等热塑性塑料最为常见，具有较高的生产价值。计算机制造设施中电气和电子废弃物的塑料成分如图 4-2 所示（Hester et al.，2009）。

（1）高抗冲聚苯乙烯（HIPS）在电视和屏幕面板、音响和风扇中的用量急剧增加。

（2）聚丙烯（PP）在风扇中的用量急剧增加。

（3）聚甲基丙烯酸甲酯（PMMA）在真空吸尘器中的用量急剧增加。

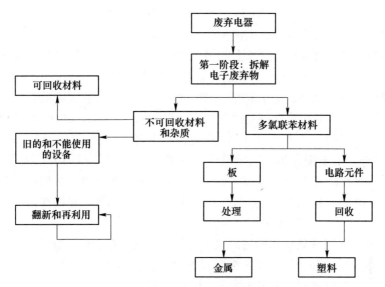

图 4-1 全球电子废弃物分类和回收策略示意图

[资料来源:Hai 等（2017）]

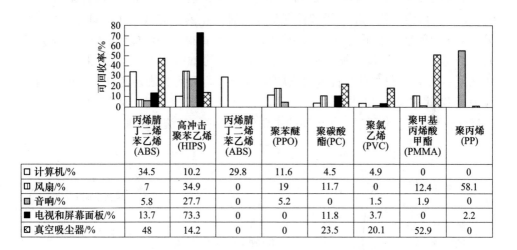

图 4-2 按电子废弃物不同类型划分的塑料成分

[资料来源:Hester 和 Harrison（2009）]

(4) 丙烯腈丁二烯苯乙烯（ABS）在计算机和真空吸尘器中的用量急剧增加。

4.1.1 问题规模

由于工业国家的快速发展,产生的电子废弃物也越来越多,其中大部分产生于北美和东亚（Veit et al.，2015a）。电子废弃物的可持续管理被认为是 21 世纪的主要挑战之一。研究发现，国内生产总值（GDP）高的国家产生更多的电子废弃物，这源于工业废弃物的产生随着时间的推移呈指数增长（Kusch et al.，2017）。如果采用适当的技术，电子废物流中存在的贵金属可以为回收工业保留重大的经济利益。此外，电子废弃物的回收利用可以防止有害物质存在于废弃物填埋场，从而减少对土壤和栖息地的危害（Seeberger et al.，2016）。目前全球产生的电子废弃物量估计约为 4100 万吨，每年增长 3%～5%（Kumar et al.，2017）。此外，电子废弃物立法覆盖了全球 66% 的地区，但仍被认为是无效的。因此，需要更准确的电子废弃物政策，以实现更可靠的回收、数据收集和废物管理。以下是电子废弃物原料回收设施的两个主要环境问题，建议在回收前进行预处理（Kiddee et al.，2013）：

（1）来自非回收处置和原始回收工艺的有毒物质造成的土壤污染。

（2）铅、汞、砷、铜、钡和铬等有害物质的污染对在电子废弃物回收领域从事劳动的工人和雇员产生直接影响，导致健康问题。

电子废弃物中的有害物质在处理过程中会影响人类健康和居住环境。电子废弃物和电子设备中（如冰箱、洗衣机、空调和电视中）的金属含量可达到 60.2%，被认为是铝、铜、铅和锌等基本金属的主要来源（Veit et al.，2015b）。另一个主要问题是在不受控制的环境中，由于有毒材料的燃烧或回收活动而产生有毒烟雾。这包括铁、铜、铝和金，构成了约 60% 的电子废弃物（Widmer et al.，2005）。不仅如此，社区需求的增加和人们生活的改善使电气和电子行业成为现代世界经济和技术关注的中心，易导致产生更多的废弃物（Öztürk，2015）。不同类别电子废弃物产品的主要生态环境问题流程图如图 4-3 所示。

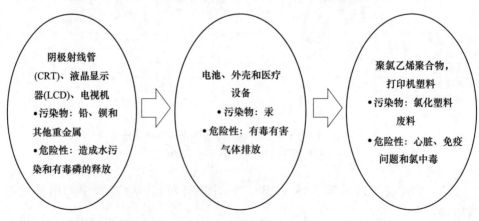

图 4-3　电子废弃物产品中的污染物

此外，以下是电子废弃物回收设施面临的主要挑战：

（1）高电子废弃物量：由于电子工业的快速增长和对新技术的高需求，预计到 2030 年将达到峰值（van Santen et al.，2010），因此产生了高电子废弃物量。这些废弃物增加了处置和储存的成本，鼓励废弃物产生者寻求诸如焚化和堆填等回收方法，从而增加了对环境的影响。

（2）"糟糕"的设计和复杂的集成电子废弃物系统：电子废弃物复杂的设计带来了许多挑战，包括混合不同的不可回收材料，以及螺栓和螺钉，增加了手机和液晶显示器（LCD）等紧凑型产品回收过程的复杂性。这导致回收更加密集和复杂，从而降低了过程效率并增加了成本。

（3）缺乏电子废弃物管理和回收法规：在管理和回收方面缺乏可有效执行的准确的电子废弃物法规。许多地区缺乏足够的和准确的法规，导致电子废弃物管理程序无效。

4.1.2 电子废弃物的收集方法

欧盟（EU）的电子废弃物回收率最高，占全球的 60%~80%，其次是日本（Zimring et al.，2012）。然而，大部分电子废弃物被丢弃在一般废物流中，或非法出口到亚洲大型电子废弃物进口国，如中国、印度和巴基斯坦。这些非法回收行为的动机是提取并回收有价值物质，如铜、铁、硅、镍和金等（Zhang et al.，2012）。目前，中国的电子废弃物约占全球总量的 70%，约为每年 2800 万吨（Perkins et al.，2014）。以下是对有效工业电子废弃物回收策略的一些建议：

（1）有效分析电子废弃物产生，包括经济和人口数据，以建立人口密度等各种因素与废弃物产生和人均废弃物回收之间的相关性（Kumar et al.，2017）。

（2）通过电气和电子设备的销售趋势和预估其寿命来分析电子废弃物系统的未来趋势。

（3）提高对回收的认识和理解，包括对电子废弃物的分析和其中存在的回收材料的重要性，以及保护环境免受有害金属和非金属成分的影响。

（4）实施流程化软件，并在生产链中使用物料跟踪，以识别生产链中的瓶颈。

（5）在各省实施高水平的废弃物收集回收，防止废弃物出口到发展中国家（Kumar et al.，2017）。

（6）考虑出口商和进口商隐藏的商业信息，获得准确的废弃物产生和回收数据（Tran et al.，2018）。

（7）全球电子废弃物回收区域的准确分类及电子废弃物有害物质法规的发展（包括 1000 种不同的物质）如图 4-4 所示。值得注意的是，美国废弃物填埋场中超过 70% 的重金属来自电子废弃物（Widmer et al.，2005）。

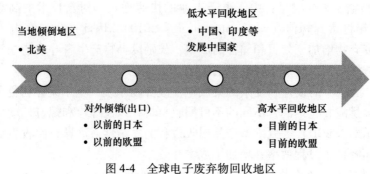

图 4-4　全球电子废弃物回收地区

[资料来源：Singh 等（2016）]

4.1.3　电子产品回收的挑战与影响

电子回收行业在收集、化学分析、运输和电子回收设施等不同工业阶段面临的挑战如下：

(1) 由于拆解困难，较小的可穿戴电子产品难以回收。这可以在设计阶段解决，以避免在生命周期结束的加工阶段切碎（Ceballos et al., 2016）。

(2) 在回收原料中识别材料的化学分析成本高，这限制了所有有用的可回收材料的提取。

(3) 缺乏在回收过程中保护员工健康的环境法规。

(4) 更新回收电子产品中危险化学品的过时职业接触限值。

(5) 由于旧设备的使用和火法冶金过程的排放，回收设施的烟气排放控制不佳（Ceballos et al., 2016）。

4.1.4　回收层次结构和可回收市场

根据美国环境保护署（EPA），电子废弃物层次结构是一个串联过程，包括减少、再利用和回收电子废弃物，如图 4-5 所示（Parajuly et al., 2017）。最可取的电子废弃物回收方法是通过在新产品设计时使用耐用和可回收材料来减少其产生（Matsumoto et al., 2016）。电子废弃物回收时含有许多需要特殊处理的重金属，如镉（Cd）、镍（Ni）、铜（Cu）、铅（Pb）和热塑性塑料（Zhang et al., 2015a）。电子废弃物回收利用的优点包括：最大限度地减少污染，减少填埋空间，防止对土壤和栖息地的长期破坏，避免电子废弃物出口。据估计，发达国家产生的 5000 万吨电子废弃物，有 80%以上被出口到发展中国家（Perkins et al., 2014）。

此外，将家庭产生的电子废弃物分为 3 类，如图 4-6 所示。全球近 70%的电子废弃物没有被报道或来源不明，这体现了电子废弃物回收法规的重要性（Ongondo et al., 2011）。

4.1 引 言

图 4-5　电子废弃物回收策略的层次结构

［资料来源：Parajuly 和 Wenzel（2017）］

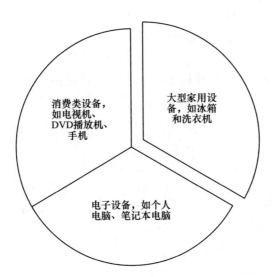

图 4-6　回收设施中电子废弃物的主要分类

［资料来源：Perkins 等（2014）］

4.1.5　废弃电气电子设备管理和控制条例

尽管许多国家都有自己的电子废弃物管理和控制条例，但大多数发展中国家却依赖发达国家的管理和控制条例（Awasthi et al.，2017）。美国环境保护署（EPA）被认为是制定电气和电子废弃物制造、处理和回收法律法规最著名的组织之一（Veit et al.，2015a）。欧盟（EU）在电子产品的收集、回收和堆积等方面对电子产品制造商施加了如下具体指令（Bai et al.，2016）：

(1) 限制使用某些有害物质（RoHS）。

(2) 废弃电气电子设备（WEEE）法规。

(3) 报废车辆（ELV）法规（European Communities，2000）。

如上所示,所有制造商在制造、再利用、维修、回收和处置废弃电气电子设备过程中,必须遵守环境保护署(EPA)有关内部材料和产品法规的相关规定。

4.2　废弃电气电子设备中的物质成分

废弃电气电子设备(WEEE)是增长最快的堆积废弃物之一,预计2018年将达到5000万吨(Baldé et al., 2015)。WEEE可分为以下几类(Zhang et al., 2016):

(1) 空调设备。
(2) 洗衣机、洗碗机及烹饪设备。
(3) 电视机和显示器。
(4) 家用设备、信息技术和电信设备。
(5) 照明设备。

从电子废弃物回收过程中回收组件的基本特征包括如图4-7所示的3个工业阶段。

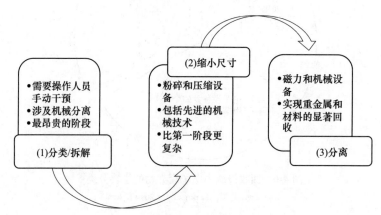

图4-7　废弃电气电子设备(WEEE)中组件分离的工业阶段
[资料来源:Dalrymple等(2007)]

4.3　当前和未来的电子废弃物管理技术

科学界和政府认为,改善废弃物管理可以获得更好的经济、环境和社会效益。这可以通过更好地管理和分离废物流以及更好地估计废物成分来实现(Cucchiella et al., 2015)。以下是在电气和电子废弃物中选定废物流材料的分类。

4.3.1 光伏板

光伏板是一种普通的电气设备,其预期寿命为20年,由90%的硅基组件以及少量的镉、碲、铟和镓等关键金属组成(Drouiche et al., 2014)。在此类废弃设备回收处理过程中,回收商和制造商从未获得经济优势,这促使其常采用废弃物填埋和焚烧等方式进行最终处理。开发更先进的回收技术有助于将回收率提高到90%以上。2016年,光伏板的收集和回收率都达到了65%(Granata et al., 2014)。此外,与其他废弃电气电子材料相比,回收光伏板的碳排放和能源成本相对较低。光伏板中最常见的材料是单晶或多晶硅、碲化镉(CdTe)、非晶硅或硒化铜铟(CIS)(Granata et al., 2014)。光伏板回收的操作阶段如图4-8所示。

图4-8 光伏板产业化回收的运行阶段

4.3.2 阴极射线管显示器、液晶显示器和发光二极管显示器

在过去的20年里,液晶显示器(LCD)取代了阴极射线管显示器(CRT),成为最重要的电子设备之一,占计算机和电子产品销售的80%(Bhakar et al., 2015)。这些显示器含有苯、氰基、氯和其他有毒物质,以及印刷电路板(PWB)中的金(Au)、银(Ag)和铅(Pb)等重金属,因此在电子废弃物管理过程中需要小心处理。液晶显示屏中,最有价值的材料是铟,因为它的稀缺性和生产中的高消耗(占全球铟产量的70%)(Zhang et al., 2015b)。

废弃液晶显示器回收中最常见的回收技术包括拆解,其中涉及去除有害物质,然后去除铟和有价值物质。从液晶显示屏中分离铟沉淀物的推荐工业流程如图4-9所示(Ruan et al., 2012)。

4.3.3 计算机

计算机电子废弃物处理的进展表明,计算机的数量随着时间的推移而减少,这导致计算机类电子废弃物的减少,但反而增加了金属提取的复杂性(Ravi, 2012)。电脑的平均寿命为3年。此外,铜被认为是废弃计算机印刷线路板(PWBs)中最有价值的金属之一,其分离过程包括破碎、研磨和颗粒级筛选,工艺效率超过80%(Li et al., 2015)。计算机产生的电子废弃物量占每年产生的电

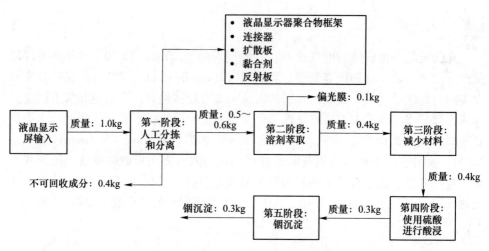

图 4-9 液晶显示器铟回收的质量平衡

子废弃物总量的 38% 以上，由于其金属含量高，因此是最有价值的一类电子废弃物（Petridis et al.，2016）。

4.3.4 手机

手机废弃物占电子废弃物的近 17%，而全球只有 3% 的手机废弃物被回收（Li et al.，2017）。锂离子是智能手机电池中最有价值的材料（Li et al.，2014）。手机的使用寿命相对较短，回收商面临着设计紧凑而难于处理和回收过程中释放到环境中的废物的问题（Soo et al.，2014）。手机回收的流程如图 4-10 所示。此外，以下是与手机废弃物管理有关的重要事项（Sarath et al.，2015）：

（1）手机废弃物产生的统计。
（2）消费者行为研究。
（3）手机回收阶段的经济学。
（4）手机部件的毒性评估，包括新材料替换评估。
（5）材料鉴定和回收方法。

4.3.5 热等离子体技术在电子废弃物回收中的应用

10 多年来，热等离子体的高温和高能量密度被用于固体废弃物处理，将高碳含量的废弃物转化为合成气体和无用产品，如氧化物或炉渣（Mitrasinovic et al.，2011）。热等离子体技术常用于提取电子废弃物中有价值的重金属，如银（Ag）、金（Au）、铅（Pd）和铜（Cu）（Khaliq et al.，2014）。由于电子废弃物被列为有害物质，因此采用不同的工艺路线提取金属，包括火法冶金工艺、电法冶金工艺和湿法冶金工艺。用于湿法冶金和火法冶金工艺中金属分离的化学过程流程图分别见图 4-11 和图 4-12（Torres et al.，2016）。

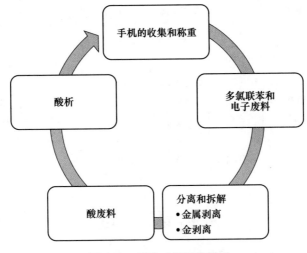

图 4-10　手机工业回收循环

[资料来源：Kaya（2016）]

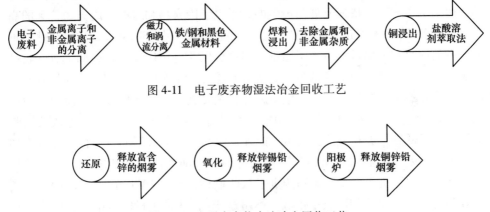

图 4-11　电子废弃物湿法冶金回收工艺

图 4-12　电子废弃物火法冶金回收工艺

热等离子体具有高能量密度，该离子的存在增加了反应性，高离子/等离子体喷射气体温度证明了其优异的热剖面，因此它可以作为一种极好的火法冶金工艺热源（Rath et al.，2012）。在分离非金属杂质后，直流（DC）或射频（RF）热等离子体通常需要 1400~1600℃ 来熔化金属。在早期阶段，金属碎块（粒径：10~15cm）在等离子体反应器中沉积之前，应通过机械拆解过程将其与塑料和非金属杂质分离。使用热等离子体处理电子废弃物的平均能耗为 2kW·h/kg（Rath et al.，2012），可将铜、铁、铝和镍等金属分离开来。热等离子体火法冶金工艺流程如图 4-13 所示。

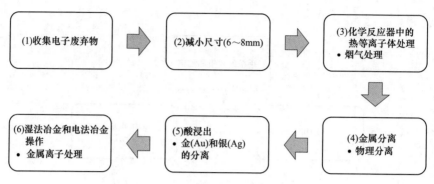

图 4-13 热等离子体火法冶金工艺

4.4 结 论

本章对电子废弃物的分离和回收策略进行了定义和分类,并提到了电子废弃物管理的重要性和电子废弃物指数增长的统计数据。电子废弃物分为三大类,每一类都能提取有价值金属和污染物。此外,电子废弃物回收面临的主要挑战包括:由于电子工业的快速发展而产生的大量电子废弃物和对电子废弃物管理的高需求(预计 2020 年将达到 500 亿美元)。不仅如此,电子产品设计的复杂性给不同材料的回收和分离过程带来了困难,但这可以通过替代设计和内部工业回收来克服。电子废弃物管理法规的缺乏,如允许电子废弃物生产者进行填埋和焚烧,阻碍了有效的回收利用。此外,电子废弃物主要类别包括光伏板,其使用寿命最长可达 20 年,由 90% 的硅基产品组成。与其他主要电子产品相比,光伏板回收的优点包括低碳排放和低能源成本。此外,液晶显示器(LCD)面板含有有毒物质,需要预处理才能回收重金属,特别是铟,而铟被认为是其中最有价值的材料。另外,计算机类电子废弃物侧重于从印刷线路板(PWBs)中提取铜,其工艺效率为 80%。手机的回收率很低,不超过 3%,锂是手机电池中最有价值的材料。由于手机寿命短、设计紧凑,在分离和拆解以及金属的酸性废料方面都面临困难。

热等离子体由于具备高能量密度和提高反应活性的能力,被用于湿法冶金和火法冶金化学过程中重金属的提取;常被用于在 1400~1600℃ 的温度下提取银和金等金属。热等离子体反应器需要将金属预先粉碎到 10~15cm 的颗粒大小,能量强度达到 2kW·h/kg。

参 考 文 献

AWASTHI A K, LI J H, 2017. An overview of the potential of ecofriendly hybrid strategy for metal recycling from WEEE [J]. Resour Conserv Recycl, 126: 228-229.

BAI C Z W, GAO L, KANG S, 2016. Optimization research of RoHS compliance based on product life cycle [J]. Int J Adv Manuf Technol, 84: 1777-1785.

BALDÉE C P, KUEHR R, BLUMENTHAL K, et al., 2015. Guide lines on classifications, reporting and indicators [M]. Bonn: United Nations University.

BHAKAR V, AGUR A, DIGALWAR A K, et al., 2015. Life cycle assessment of CRT, LCD and LED monitors [J]. Procedia CIRP, 29: 432-437.

BUEKENS A, YANG J, 2014. Recycling of WEEE plastics : a review [J]. J Mater Cycles Waste Manag, 16 (3): 415-434.

CAO J, CHEN Y, SHI B, et al., 2016. WEEE recycling in Zhejiang province, China: Generation, treatment, and public cawareness [J]. J Clean Prod, 127: 311-324.

CEBALLOS D M, DONG Z, 2016. The formal electronic recycling industry: Challenges and opportunities in occupational and environmental health research [J]. Environ Int, 95: 157-166.

CUCCHIELLA F, D'ADAMO I, KOH S C L, et al., 2015. Recycling of WEEEs: An economic assessment of presentand futuree-wastes treams [J]. Renew Sust Energy Rev, 51: 263-272.

DALRYMPLE I, WRIGHT N, KELLNER R, et al., 2007. An integrated approach to electronic waste (WEEE) recycling [J]. Circuit World, 33 (2): 52-58.

DROUICHE N, CUELLAR P, KERKAR F, et al., 2014. Recovery of so largrad silicon from kerf loss slurry waste [J]. Renew Sust Energ Rev, 32: 936-943.

European Communities, 2000. Directive2000/53/ EC of the European Parliament and of the Council of 18 September 2000 on end of life vehicles [A]. Off J Eur Commun, 269: 34-42.

GRANATA G, PAGNANELLI F, MOSCARDINI E, et al., 2014. Recycling of photo voltaic panels by physical operations [J]. Sol Energy Mater Sol Cells, 123: 239-248.

HAI H T, HUNG H V, QUANG N D, 2017. A overview of electronic waste recycling in Vietnam [J]. J Mater Cycles Waste Manage, 19: 536-544.

HESTER R E, HARRISON R M, 2009. Electronic waste management, design and analysis application [M]. Cambridge: RSC Publishing.

KAYA M, 2016. Recovery of metals from electronic waste by physical and chemical recycling processes [J]. Int J Chem Mol Nucl Mater Metall Eng, 10: 259-270.

KHALIQ A, RHAMDHANI M A, BROOKS G, et al., 2014. Metal extraction processes for electronic waste an dexisting industria lroutes: Areview and Australian perspective [J]. Resources, 3 (1): 152-179.

KIDDEE P, NAIDU R, WONG M H, 2013. Electronic waste management approaches: An overview [J]. Waste Manage, 33: 1237-1250.

KUMAR A, HOLUSZKO M, ESPINOSA D C R, 2017. E-waste: An overview on generation, collection, legislation and recycling practices [J]. Resour Conserv Recycl, 122: 32-42.

KUSCH S, HILLS C D, 2017. The link between E-waste and GDP new insights from data from the Pan-European region [J]. Resources, 6 (15): 110.

LI X, HUANG W, 2015. Process for copper recovery from E-waste: Printed wiring boards in obsolete computers [J]. Nat Environ Pollut Technol, 14: 145-148.

LI L, ZHAI L, ZHANG X, et al., 2014. Recovery of valuable metals from spent lithium-ion batteries by ultrasonic-assisted leaching process [J]. J Power Sources, 262: 380-385.

LI J, GE Z, LIANG C, et al., 2017. Present status of recycling waste mobile phones in China: A review [J]. Environ Sci Pollut Res, 24: 16578-16591.

MATSUMOTO M, MASUI K, FUKUSHIGE S, et al., 2016. Sustainability through innovation in product lifecycle design [M]. Singapore: Springer.

MITRASINOVIC A, PERSHIN L, WEN J Z, et al., 2011. Recovery of Cuand valuable metals from E-waste using thermal plasma treatment [J]. J Miner Met Mater Soc, 63: 24-28.

MUKHTAR E M, WILLIAMS I D, SHAW P J, et al., 2016. A tale of two cities: The emergence of urban waste systems in a developed and a developing city [J]. Recycling, 1: 254-270.

ONGONDO F O, WILLIAMS I D, CHERRETT T J, 2011. How are WEEE doing? A global review of the management of electrical and electronic wastes [J]. Waste Manag, 31 (4): 714-730.

ÖZTÜRK T, 2015. Generation and management of electrical electronic waste (E-waste) in Turkey [J]. J Mater Cycles Waste Manag, 17: 411-421.

PARAJULY K, WENZEL H, 2017. Product family approach in E-waste management: A conceptual framework for circular economy [J]. Sustainability, 9 (768): 1-14.

PERKINS D N, DRISSE M N B, NXELE T, et al., 2014. E-waste: A global hazard [J]. Ann Glob Health, 80 (4): 286-295.

PETRIDIS N E, STIAKAKIS E, PETRIDIS K, et al., 2016. Estimation of computer waste quantities using forecasting techniques [J]. J Clean Prod, 112: 3072-3085.

RATH S S, NAYAK P, MUKHERJEE P S, et al., 2012. Treatment of electronic waste to recover metal values using thermal plasma coupled with acid leaching-a response surface modeling approach [J]. Waste Manag, 32: 575-583.

RAVI V, 2012. Evaluating overall quality of recycling of E-waste from end-of-life computers [J]. J Clean Prod, 20: 145-151.

RUAN J, GUO Y, QIAO Q, 2012. Recovery of indium from scrap TFT-LCDs by solvent extraction [J]. Proc Environ Sci, 16: 545-551.

SARATH P, BONDA S, MOHANTY S, et al., 2015. Mobile phone waste management and recycling: Views and trends [J]. Waste Manag, 46: 536-545.

SEEBERGER J, GRANDI R, KIM S S, et al., 2016. E-waste management in the United States and public health implications [J]. J Environ Health, 79 (3): 8-16.

SINGH N, LI J, ZENG X, 2016. Global responses for recycling waste CRTs in E-waste [J]. Waste Maange, 57: 187-197.

SOO V K, DOOLAN M, 2014. Recycling mobile phone impact on life cycle assessment [J]. Procedia CIRP, 15: 263-271.

STHIANNOPKAOA S, WONG M H, 2013. Handling E-waste in developed and developing countries: Initiatives, practices, and consequences [J]. Sci Total Environ, 463-464: 1147-1153.

TANSKANEN P, 2013. Management and recycling of electronic waste [J]. Acta Mater, 61:

1001-1011.

TORRES R, LAPIDUS G T, 2016. Copper leaching from electronic waste for the improvement of gold recycling [J]. Waste Manag, 57: 131-139.

TRAN C D, SALHOFER S P, 2018. Analysis of recycling structures for E-waste in Vietnam [J]. J Mater Cycles Waste Manag, 20: 110-126.

TUBA O, 2015. Generation and management of electrical electronic waste (E-waste) in Turkey [J]. J Mater Cycles Waste Manag, 17 (3): 411-421.

VAN SANTEN R A, KHOE D, VERMEER B, 2010. 2030: Technology that will change the world [M]. New York: Oxford University Press.

VEIT H M, BERNARDES A M, 2015a. Electronic waste: Generation and management [M]. Cham: Springer.

VEIT H M, BERNARDES A M, 2015b. Electronic waste: Recycling techniques [M]. Cham: Springer.

WIDMER R, OSWALD-KRAPF H, SINHA-KHETRIWAL D, et al., 2005. Global perspectives one waste [J]. Environ Impact Asses Rev, 25: 436-458.

ZHANG L, XU Z, 2016. A review of current progress of recycling technologies for metals from waste lectrical and electronic equipment [J]. J Clean Prod, 127 (20): 19-36.

ZHANG K, SCHNOOR J L, ZENG E Y, 2012. E-waste recycling: where does it go from here? [J]. Environ Sci Technol, 2 (46): 10861-10867.

ZHANG Z, YU M L, ZHANG J H, et al., 2015a. Distribution characteristics of heavy metals in E-waste recycling sites [J]. Nat Environ Pollut Technol, 14: 137-140.

ZHANG K, WU Y, WANG W, et al., 2015b. Recycling indium from waste LCDs: A review [J]. Resour Conserv Recycl, 104: 276-290.

ZIMRING C A, RATHJE W L, 2012. Encyclopedia of consumption and waste: The social science of garbage [M]. Los Angeles: SAGE.

5 从消费品到电子废弃物的回收挑战：发展中国家的视角

帕特里夏·奥涅里，卢西奥·卡马拉·e·席尔瓦，

露西亚·海伦娜·泽维尔，

吉赛尔·洛林·迪尼兹·查维斯

摘　要： 当今世界，回收利用和可持续发展的相关问题日益重要。在发展中国家有许多非正规回收活动，且少有规范废弃物管理的环境立法，因此此类问题在发展中国家更为突出。本章从发展中国家的视角，讨论了采用电子废弃物逆向物流所面临的回收挑战。本章从联合国环境规划署和全球电子废弃物监测等国际数据库和报告中发表的论文中收集信息，从而获得了美洲国家（巴西、阿根廷、智利和墨西哥）、南非和亚洲国家（中国、印度、俄罗斯、印度尼西亚、土耳其、巴基斯坦、韩国、泰国和新加坡）的可用数据。作为主要发现，电子废弃物回收壁垒可分为金融/经济、环境、市场相关、法律、政策相关、管理、知识相关、技术相关。本章的主要贡献为：（1）提供发展中国家电子废弃物回收挑战相关的信息汇编；（2）确定克服这些障碍的一些解决方案和行动，可供该领域从业者和研究人员参考。

关键词： 循环经济；发展中国家；电子废弃物；电子残留物；翻新；回收挑战；逆向物流；残留物再定价；城市矿山；废弃物管理

5.1 引　言

当今世界，回收利用和可持续发展的相关问题越来越重要（de Oliveira et al., 2012）。在过去的几十年里，在发展中国家出现了许多专注于废物管理的立法（Kumar et al., 2017; Nnorom et al., 2008; Appelbaum, 2002），然而逆向物流和废物管理实践在这些国家依然处于起步阶段，意味着在此方面面临着巨大的挑战（Sasaki et al., 2013; Abdulrahman et al., 2014; Bouzon et al., 2015; Ferri et al., 2015）。

废弃电气电子设备或电子废弃物是一种有价值且世界上增长最快的废弃物类别（Awasthi et al., 2018）。根据文献，重点评价欧盟（Appelbaum, 2002）、北美以及发展中国家和新兴国家（Ongondo et al., 2011）对电子废弃物管理的评

估。然而，由于法规或经济原因，电子废弃物的管理模式一般会有所不同。尽管巴西、中国和印度实施了联邦电子废弃物条例，但在这些国家仍可以观察到许多与电子废弃物有害物质和职业健康有关的问题。在此背景下，有必要分析全球电子废弃物管理行为，为高效决策提供合适的政策、战略和可持续的解决方案。

影响电子废弃物管理的一个重要驱动是在废弃电气电子设备中发现的材料的经济价值，如铜、金和银等有价值金属，以及钨、铌和钴等关键材料。因此，必须考虑处理过程中的潜在危险——利益相关者和政府面临着劳动力基建设施自动化程度低这关键问题。

然而，在20世纪90年代初，由于废弃电气电子设备（电子废弃物）和某些危险物质限制指令已经发布，许多组织已经开始设想处理电子废弃物的二次产品。这类组织专注于循环商业模式，并面临着如何在严格意义上实现可持续发展的挑战。因此，在过去的20年里，一些大国建立了回收电子废弃物中关键要素的战略，这可能是废弃物管理史上最新的案例。关于"可持续性"，Awasthi等（2018）指出，这是一种理想和道德上的妥协，需要在废弃物管理方面作出社会承诺，尤其在发展中国家，因为在这些国家，只有废弃物收集者在行动，而不是特定机构。

一般来说，废弃物管理的回收工具似乎是根据需求和可用的技术资源提供的，实施闭环工艺是最佳实践的长期导向。然而，对原始电子废弃物回收进行投资是对健康和环境质量的有害替代方案（Jiang et al., 2017）。

为了满足可持续的要求，利益相关方必须面对电子废弃物管理的一些关键障碍。在此背景下，本章的目的是分析发展中国家与电子废弃物管理相关的主要回收挑战。为此，讨论了发展中国家采用电子废弃物逆向物流的主要障碍，并指出了一些解决方案。

作为本研究的主要发现，可以将这些障碍分为金融/经济类、环境类、市场类、法律类、政策类、管理类、知识类及技术类。此外，本章汇编了发展中国家电子废弃物回收挑战的相关信息，并确定了克服这些障碍的一些解决方案和行动，可供该领域从业者和研究人员参考。

5.2 理论背景

5.2.1 电子废弃物逆向物流

逆向物流的定义是由世界各国法规、标准或技术研究中提出的不同方法组成的。美国逆向物流执行理事会的提案（Rogers et al., 1998）考虑了逆向订单（从消费到原产地）的物流管理步骤，增加了适当的回收目标和其回收价值作为主要目的。Guide 和 van Wassenhove（2009）在对逆向物流的定义中，强调了价值最大化、物流步骤和产品生命周期。

逆向物流的概念以前是作为欧洲环境指令中采用的回收系统提出的，其中每个成员国都制定了具体的法规，如《报废汽车指令（2000/53/欧洲共同体）》《电池指令（2006/66/欧洲共同体）》《废弃电气电子设备指令（2012/96/欧洲共同体）》和《限制某些危险物质指令（2011/65/欧洲共同体）》等，这些指令用于对电子废弃物和其他类别的消费后产品进行处理。

如今，逆向物流概念融合了闭环供应链的提案（Govindan et al.，2017），甚至可以被理解为循环经济概念的工具之一。同样，城市矿山概念也作为所提出的循环概念的衍生品而出现。这一概念有助于减少对自然资源的开采，并优先考虑产品和材料的使用和再利用。城市矿山成为从电子废弃物的二次资源中获取投入资源（贵金属）的替代方案。

最新的电子废弃物数据库发表在《全球电子废弃物监测》上（Baldé et al.，2017）。该报告指出，2016 年亚洲产生了超过 18t 的电子废弃物，其次是欧洲（12.3t）、美洲（11.3t）、非洲（2.2t）和大洋洲（0.7t）。因此，当务之急是需要特别关注亚洲国家的环境监管。事实上，发展中国家普遍缺乏管制和防止电子废弃物处理造成的负面环境影响的行动（Kumar et al.，2017）。

表 5-1 列出了发展中国家电子废弃物逆向物流和管理的主要相关研究。

表 5-1 发展中国家电子废弃物逆向物流和管理的主要相关研究

国家	强调的主要方面	作者
中国	非正式电子废弃物管理与严重的环境和健康影响、正规回收商不足及再制造电子产品的安全问题	Chi 等（2014）
土耳其	分析了 Nigde-Aksaray 省消费者对电子废弃物的精选水平。必须为土耳其的电子废弃物制定一个具有经济激励和适应性的大规模回收计划	Gök 等（2017）
土耳其	提出了一个土耳其电子废弃物逆向物流系统，并模拟了 10 个场景。尽管受益于文献中的通用模型，但所提出的数学模型与现有模型仍具有主要区别，其考虑了每个产品类别的回收率	Kilic 等（2015）
土耳其	基于文献综述和从电气电子设备制造商以及市政当局采访收集的信息，为土耳其建立了一个概念性的电子废弃物管理模型	Camgöz-Akdag 和 Aksoy（2014）
土耳其	解释了土耳其人的技术熟悉程度和他们的技术产品占有量以及相关的电子废弃物生产潜力，并估算了逐年增加的电子废弃物量	Öztürk（2015）
泰国	开发了基于调查数据的电子废弃物预测模型，并将其用于预测泰国的电子废弃物量	Chirapat 等（2012）
巴基斯坦	巴基斯坦电子废弃物情况的证据表明了主要的电子废弃物回收地点、当前和未来国内电子废弃物的产生、电子废弃物的隐藏流动或进口，并讨论了电子废弃物管理的各种挑战	Iqbal 等（2015）

续表 5-1

国家	强调的主要方面	作者
巴西	通过部门协议探讨了巴西电子废弃物逆向物流的结构问题。作者使用发展分析和战略选择，以考虑利益相关者的冲突观点，并提出行动建议	Guarnieri 等（2016）
	在巴西废弃物管理政策和部门协议实施的背景下，研究了电子废弃物的逆向物流信用。作者提出了一个碳信用的类比	Caiado 等（2017）
	提出了一个封闭循环模型，以评估巴西与固体废弃物管理有关的公共政策对废弃物拾取者社会包容的影响。通过动态仿真模型研究了这些法律激励因素以及协会和合作社的议价能力对电子废弃物回收过程中拾取者有效正规化的影响	Ghisolfi 等（2017）
印度	基于计划行为和炫耀性消费理论，提出了印度城市"公众对电子废弃物及其处置的理解"的新概念框架。在班加罗尔市进行了一项案例研究，以测试该框架	Borthakur 和 Govind（2017）
	建立了产品退货预测模型，以印度移动制造企业为例，对该模型进行了验证。通过图形评估和评审技术，利用公司进行的调查和以前的研究结果，对概率和产品生命周期进行了数据收集	Agrawal 等（2014）
	探讨了印度的电子废弃物管理及其影响，并提出了一个管理模型，其考虑了非正式部门对回收的财务依赖。该模型初始化了一个相互依赖的回收系统，从而使参与回收过程的每个相关方都能从中获利	Shirodkar 和 Terkar（2017）

5.2.2 废弃电气电子设备（电子废弃物）逆向物流实施的阻碍

虽然 Achillas 等（2010）试图强调考虑逆向网络发展的重要性，但有一些研究已经涉及在发达国家实施逆向物流的阻碍。一般来说，电子废弃物回收备选方案的阻碍有其不同方面的根源，如经济、政治或技术问题，并根据每个国家的特殊性进行管理。

Abdulrahman 等（2014）研究了中国逆向物流的阻碍并发现了 4 种类别：管理、财务、政策和基础设施。Bouzon 等（2016）研究了巴西的逆向物流发展，查明了 36 个阻碍，并将其分为 7 类：技术和基础设施、治理和供应链流程、经济、知识、政策、市场和竞争对手、管理。同样，Prakash、Barua 和 Pandya（2015）发现了印度电子行业实施逆向物流的 28 个阻碍，它们被分为战略、经济、政策、基础设施和市场相关。在这些阻碍中，可以发现逆向物流的发展缺乏协调/协作、客户对逆向物流的认知、具体的政策和激励、基础设施和知识以及监测退货的系统。

此外，联合国环境规划署（United Nations Environment Programme，2009）的研究指出，南非、摩洛哥、哥伦比亚、墨西哥和巴西在电子废弃物可持续回收技术转移方面存在阻碍，包括缺乏对电子废弃物的具体监管、技术潜力低、缺乏投资和商业模式。巴西颁布了《废弃物管理政策》，以规范公共和私营领域的废弃物管理，该法规定了电子废弃物和其他类别危险废弃物（如除草剂、润滑油、灯具、电池、轮胎及产品包装）的逆向物流标准。与技术壁垒相关的是，收集与回收过程集中在高附加值的部件和材料（如电路板和不锈钢），其他元器件则被低估，进而被丢弃在不适当的地方。在上述国家，电子废弃物的回收似乎不是一个高度优先事项；除此之外，电子废弃物回收所产生的额外费用也非常不受欢迎。

Yacob 等（2012）指出了马来西亚微小型企业逆向物流实践的阻碍，认为其缺乏最低限度的基础设施，如退货产品的存储地点、收集或接收点的运输网络和产品回收结构等，直接影响了逆向物流的实施和执行。必须指出，建立足够的基础设施来收集最终消费者的产品需要大量的投资，这被微型企业和小型企业视为障碍（Yacob et al., 2012）。

还需要强调的是，电子废弃物的回收商在数量和质量方面都面临不确定性。此外，他们必须通过与电子废弃物来源相关的某种形式的动态过程来调整决策（Nagurney et al., 2005）。然而，公司的政策和组织结构往往是阻碍，使其难以转变为一个可持续的愿景。假使符合逆向物流，也缺乏一个清晰的过程视图来证实其增长。例如，一些公司的生产基于原始材料，因此不会处理退回的产品，也不会回收这些产品的价值（Ravi et al., 2005）。

总体而言，发展中国家在废弃物回收方面拥有可用劳动力，但基础设施薄弱，电子废弃物的处理方式也很原始（Kumar et al., 2017）。另外，欧洲关于电子废弃物而制定的法规是领域内的先驱，被认为是其他国家制定相关政策的参考基础（限制某些危险物质和废弃电气电子设备指令）。然而，Herat 和 Agamuthu（2012）指出，向发展中国家转让适当的技术以管理其电子废弃物问题是一个挑战。对于法规制定来说，应该考虑发展中国家的经济、社会和环境底线。

同时 Gomes 等（2011）强调了电子废弃物逆向物流发展中需要考虑的主要成本，包括运费、加工成本（运输、回收和处置）、存储成本和非收集成本，这重申了经济问题在这一背景下的重要性，而政治成熟度揭示了对社会和环境问题的承诺水平。在环境方面，其退化和资源枯竭是选择可持续发展的主要原因。然而，发展中国家的特殊性仍然主导着最终的决策。非洲国家的电子废弃物产生率最低，欧洲国家最高，而亚洲国家除中国是电子废弃物产生大国外，其他国家几乎都处于中间水平（Baldé et al., 2017）。

综上所述，Abdulrahman 等（2014）认为，逆向物流作为循环经济的重要工具，其益处在新兴经济中尚未得到实践，一些步骤还有待实现，如实体结构、信息技术、税收问题等。

5.3 方法程序和技术

本章是在有关发展中国家电子废弃物管理实践的文献综述和分析的基础上，采用定性方法进行的具有描述性和探索性的研究。

本章参考了 Science Direct、Emerald、Taylor and Francis、Elsevier 和 Web of Science 等科学数据库中过去 10 年发表的论文。此外，综合了联合国环境规划署等组织的研究报告，包括代表电子工业的协会和发展中国家政府网站。这些文件提供了有关电子废弃物的统计数据、程序和立法的相关信息。

通过 Bardin(1977) 提出的内容分析技术，对从论文、报告、统计数据和立法中收集的数据进行分析，以确定其中的相似之处，并将它们分为先验和/或后验两种类别。该分析技术基于 3 个阶段，即预分析、对材料的探索和对由其推论和解释组成的结果的处理（Bardin，1977）。本章中，将其定义为后验类别。

按照分类列出了如下发展中国家的相关数据：亚洲国家（中国、印度、俄罗斯、巴基斯坦、土耳其、印度尼西亚、泰国和新加坡）、美洲国家（巴西、智利、阿根廷和墨西哥）和南非。由于缺乏一些国家的相关数据和论文，对这些国家的研究并非面面俱到。

5.4 结果展示

5.4.1 发展中国家电子废弃物逆向物流的相关做法

就全球电子废弃物产生而言，在北美，美国以年产量 940 万吨位居第一；在亚洲，中国以年产量 730 万吨而位居榜首；在欧洲，德国以年产量 190 万吨领先；在南美洲，巴西以年产量 150 万吨领先；在大洋洲，澳大利亚以年产量 57 万吨领先；在非洲大陆，南非以年产量 34 万吨领先（Araujo et al.，2015）。表 5-2 列出了主要发展中国家电子废弃物的产生情况。

表 5-2 2016 年发展中国家电子废弃物产生量

国　　家	电子废弃物产生量/kt	电子废弃物规章已生效
阿根廷	368	否
巴西	1534	否
智利	159	是
中国	7211	是
印度	1975	是
俄罗斯	1392	是

续表 5-2

国　家	电子废弃物产生量/kt	电子废弃物规章已生效
南非	321	否
韩国	665	是

资料来源：Baldé 等（2017）。

在使用阶段，可以重新引入经翻新或再制造后的废弃电气电子设备。在生命周期结束阶段，对产品和各材料进行处理，以去除或净化所有有害化合物，可以回收安全部件或回收有价值的材料（Bakhiyi et al.，2018）。

发达国家妥善处置电子废弃物所需的高昂成本促使其向发展中国家出口电子废弃物（E-waste）。主要电子废弃物接收地点有卡拉奇（巴基斯坦）、贵屿（中国）和孟买、艾哈迈达巴德和马德拉斯（印度），而中国台湾和新加坡分别是日本、韩国和北美、欧洲的电子废弃物出口的集散地（Imran et al.，2017）。电子废弃物的越境转移导致了责任和冲击相互交织在一起的情况发生。根据 Ongondo 等（2011）的研究发现，不同国家的电子废弃物管理存在一些特殊性，但有些特征在一些国家之间是共同的，因此可以将他们分组分配。

在发达国家，电子废弃物主要由私营公司与市政当局联合管理，而废弃物收集者的作用几乎为零（Xavier et al.，2014）。Ardi 和 Leisten（2016）解释了印度电子废弃物管理系统中的非官方处理部门增多的原因。除了俄罗斯和巴西外，其他发展中国家似乎在电子废弃物管理方面表现出一种根据其国家所处大洲而进行分类的行为模式。

5.4.1.1　美洲国家

A　巴西

巴西电子行业运营产生 2%~4% 的废弃物，但不幸的是，根据巴西官方的劳动力市场统计，产生的电子废弃物中只有不到 1% 得到了适于环境的处理（FEAM，2013）。

巴西的电子废弃物回收在全国范围内都普遍存在，主要是分布在东南部地区，那里有几家公司专门从事高综合价值材料（印刷线路板、不锈钢、含铜组件）回收业务（United Nations Environment Programme，2009）。这些公司在对零件进行拆解处理后，将其出售给比利时和日本等国家以回收贵金属。

在巴西，就像在其他发展中国家一样，废弃物收集者参与电子废弃物的逆向物流（Guarnieri et al.，2015；Ferri et al.，2015），在可回收材料的收集和回收中起到一定作用（Franco et al.，2011；Guarnieri et al.，2016）。发展中国家的另一个特殊性是废品经销商的存在，也可以称之为中间人，他们在设备回收阶段采取行动，拆解从技术援助和翻修中心收到的材料，然后将零件卖给回收和再循环公司。回收厂商从拾废者和废品经销商那里获得零件，以用于组装新设备（Franco et al.，2011）。

发展中国家在进行逆向物流的过程中的另一个典型参与者是非政府组织（Guarnieri et al.，2016）。在巴西，非政府组织在逆向物流过程中充当中间人角色，因为并不是所有废弃物收集者都拥有处理电子废弃物的许可证和一些基础设施。这些实体组织收到来自消费者和公共或私营公司的多次捐赠或赠送后将这些电子废弃物分类、翻新，并最终出售给消费者，或仍然由非政府组织捐赠给慈善机构或学校（Guarnieri et al.，2016）。

联合国环境规划署（United Nations Environment Programme，2009）的研究表明，对于代表大多数信息和通信技术生产或组装行业的协会来说，电子废弃物似乎并不是优先事项。此外，附加回收费用的电子废弃物系统似乎非常不受欢迎，因为巴西的税收制度已经给生产者和消费者带来了沉重的负担（United Nations Environment Programme，2009）。但这种情况似乎在2010年巴西废弃物管理政策批准后有所改变。

这项政策引入了"共同责任"原则，涉及生产商、进口商、零售商、政府和最终消费者，根据"污染者付费"原则实施电子废弃物的逆向物流（Brazil，2010）。在巴西，包括电子废弃物及其组成部分在内的废弃物管理政策是相关法律的里程碑（Campos，2014）。

这一实践共同责任原则和逆向物流的法律工具是"部门协议"（Brazil，2010）。然而，电子废弃物的部门协议仍在谈判中；2013年，政府收到并斟酌了环境部呼吁的提案，其中包括要求退还所有电子产品交易份额的17%（Brazil，2013）。由于难以确定逆向物流活动的责任，通过部门协议确定正规法律的进程已被推迟（Ghisolfi et al.，2017）。因此，巴西在电子废弃物回收方面的正规化进程仍然缓慢。缺乏议价能力是确保有效纳入废弃物收集者非正式电子废弃物管理的关键因素。

Guarnieri等（2016）使用一种名为战略选择和发展分析的结构化方法，研究了巴西电子废弃物部门协议问题的结构，指出了电子产品供应链中与逆向物流实施有关的一些利益相关者的矛盾观点，并发现了一些需要在战略、环境、经济和社会问题方面进一步采取的行动。

此外，Caiado等（2017）研究了在巴西电子废弃物管理背景下，实施逆向物流信用设想的远景。将逆向物流信用与碳信用进行比较后发现，根据电子供应链的一些利益相关者的意见，巴西逆向物流信用市场仍然没有任何法律来支持工作的开展，没有组织来控制和审计该市场，也没有政府的支持。然而，尽管实施起来困难重重，但这可以被认为是各公司响应要求达成一项部门协定的一种替代办法。

B 阿根廷

尽管阿根廷在 2005 年和 2006 年分别启动了一项国家电子废弃物综合管理计划和一个电子废弃物具体立法项目，该项目涵盖欧洲指令规定的 10 类电子废弃物（Ongondo et al., 2011），但仅有少数公司执行了电子废弃物（如电视、电脑和移动电话）回收计划。

2007 年，当产生了超过 2 万吨信息技术废弃物时，第三个立法项目应运而生，为从事电子废弃物管理的公司建立了指导原则。然而，这些建议尚未得到其有效实施所需的政治支持（Boeni et al., 2008）。因此，大量的电子废弃物最终仍是被丢弃在城市废弃物场，而消费者并未意识到电子废弃物对环境的影响（Protomastro, 2007）。

C 智利

智利拥有大量铜矿产资源，铜是其重要战略物资之一。智利是世界上最大的产铜国，其铜矿开采量占全球 33%（Lagos et al., 2018），锂资源（高科技组件的原材料之一）占全球 55% 以上（Zhang et al., 2017）。由于铜和锂在全球市场上的经济重要性，两者均被列为关键材料。

然而，铜矿石的品位正在下降，为了维持铜的生产水平，就必须要开采更多的矿石，这就导致了更多废弃物的产生和水的消耗。因此，必须考虑可持续的替代方案来提供铜资源，如电子废弃物材料回收。

据估计，2010 年智利将生产 10000t 电脑（Steubing et al., 2010），但关于这个问题的最新报告显示，智利在该时期产生的电子废弃物为 15.9 万吨。即使考虑到初次估计受限，报告的数值与初次估计相比似乎过高，反之亦然。这种情况说明了不同数据库提供的数据缺乏可靠性。

Baldé 等（2017）的研究结果显示，阿根廷在 2016 年产生了 36.8 万吨电子废弃物，智利产生了 15.9 万吨。然而，智利和阿根廷仅仅分别收集了 0.07 万吨（0.4%）和 0.11 万吨（3%）电子废弃物。在智利观察到的低效收集率可被认为是电子废弃物管理的阻碍之一。

D 墨西哥

Estrada-Ayub 和 Kahhat（2014）报道，从美国到墨西哥，有一个动态二手产品商业，其中感知价值和地理位置决定了计算机的丢弃率以及其产品和材料的浪费或商业化的机会。

因此，在国家层面，克服在电子废弃物管理计划实施阶段确定的一些障碍是一项挑战（Cruz-Sotelo et al., 2017），其中包括：（1）不同联邦实体在排放许可证、运输和收集程序方面的批准标准，行业必须遵守这些标准，以避免废弃物管理中存在低效和差距；（2）需要加强监管结构，以确定利益相关者、利益相关者群体的角色和责任（废弃物法中确立的共同责任原则）；（3）改变将电子废弃物与城市废物流混合处理的做法；（4）获得电子废弃物的精确估计，与这一贸易有关的数据很少，主要是由于所涉及公司的非正式性和数量；（5）技术变革，在这种情况下，有必要制定政策来应对这种多样性，可以避免不可预见的问题并激发解决办法（Cruz-Sotelo et al., 2017；Estrada-Ayub et al., 2014）。

关于最后一项，Cruz-Sotelo 等（2017）强调，一些主要问题是：（1）缺乏基础设施，特别是在电子废弃物的预处理和处理过程中；（2）缺乏创新设施和技术；（3）缺少投资；（4）管理成本高；（5）社会和安全问题。即便如此，Alcántara-Concepción 等（2016）强调，墨西哥正在努力制定一项管理报废计算机的战略计划，其中包括禁止使用露天废弃物场、避免在废弃物填埋场处置报废计算机、经济激励、开发回收流程和/或引进金属回收新技术，构建一个国家层面的计划用于收集和运送报废电脑到退役和回收中心并与所有利益相关者共同制定国家收集目标。

5.4.1.2 非洲国家

南非：通过 Bob 等（2017）的研究可以发现，在南非，政府部门和机构有很高的电子废弃物库存量，全国的电子废弃物都在不断积累。

在某种程度上，人们认识到电子废弃物既带来了威胁，也提供了机会。就后者而言，如果管理得当，电子废弃物可以解决创造就业、贫困和不平等这三大挑战。另外，在安全有效地管理报废产品方面存在许多障碍（Widmer et al., 2005）。

因此，由于缺乏符合国际标准的政策、可靠的数据、安全回收电子废弃物的正规部门，以及不良实践管理模式，南非在可持续回收电子废弃物方面仍存在一系列重大问题（Herat et al., 2012；Widmer et al., 2005）。

在此意义上，根据文献（Finlay et al., 2008；Widmer et al., 2005）提出了一些建议：加大在技术和技能方面的投资、充实政策和立法、加强电子废弃物管理以确保所有利益相关者遵守相关规定，以及确保商业和金融方面的激励措施。

5.4.1.3 亚洲国家

亚洲国家正在采取基本的管理措施来处理由国内生产或从工业化国家进口的大量电子废弃物（Herat et al., 2012）。印度、中国、菲律宾、中国香港、印度尼西亚、斯里兰卡、巴基斯坦、孟加拉国、马来西亚、越南和尼日利亚是最受欢迎的电子废弃物处理目的地。Herat 和 Agamuthu（2012）指出，有充分文件证明，在这些国家开展的电子废弃物处理活动正在造成重大的环境和健康影响。据报道，大量含有有害物质的电子废弃物被倾倒在开阔的土地上和水道中。

根据 Baldé 等（2017）的研究，西亚地区产生了 2t 的电子废弃物，该地区由高收入和中等收入国家组成，但其中只有 3 个国家制定了国家电子废弃物立法（塞浦路斯、以色列和土耳其)。据报道，该地区只有6%的电子废弃物被收集和回收，主要是在土耳其。其他一些国家或私营公司也意识到电子废弃物回收的重要性，据报道，一个年处理量达3.9万吨的电子废弃物回收设施正在建设中。

应该对马来西亚的公司施压，以改善其运营中的逆向物流，遵守外国引入的立法或指令。然而，由于采用水平较低，这种压力不足以激励制造商投资逆向物流（Abdullah et al.，2015）。

A 中国

中国以其巨大的电子废弃物产生量（Baldé et al.，2017）和通过非正式处理场所进行电子废弃物管理（Tang et al.，2015）而被熟知。Habuer 等（2014）强调了中国电子废弃物管理对环境和健康的潜在负面影响，以及通过城市矿山技术从电子废弃物中回收材料以替代自然资源短缺的实施压力。

Wang 等（2013）研究发现，中国是从世界各地以消费后产品形式进口电子废弃物的主要抵达站之一。尽管这一程序受到1989年巴塞尔公约的限制，但中国仍在处理大量电子废弃物。有报道称在中国贵屿地区，包括儿童在内的居民大量接触有毒物质（Wong et al.，2007；Liu et al.，2018）。

中国的一些结构性限制因素导致早期电子废弃物处理的延续，例如廉价的劳动力、庞大的人口基数和环境监管的松懈（Habuer et al.，2014）。Eugster 和 Fu（2004）指出，中国的电子废弃物回收是由非官方部门支持的，除了效率低下外，还会导致一些职业健康风险（Steubing et al.，2010）。

一些学者探讨了官方与非官方相兼容的中国电子废弃物管理模式的可行性，该模式优先考虑拆解和回收（正式）及收集（非正式）（Chi et al.，2014；Yu et al.，2010）。

在当今的国际环境下，尽管中国的电子废弃物管理仍然面临着许多重大挑战，但不得不承认的是，中国在规范电子废弃物产生的有害影响信息管理方面取得了显著进展（Scruggs et al.，2016）。

B 韩国

自1992年以来，韩国（大韩民国）引入了资源节约与回收法案，建立了行业收费和押金制度，以促进不同产品的回收利用（Rhee，2016）。2003年，韩国制定了一项强制性的电子废弃物回收计划，其中包括11类消费后产品（Kim et al.，2013），但自2013年以来，只有5类，其中包括27种电子废弃物（Rhee，2016）。该计划基于生产者责任扩展原则，2006年开始，韩国的几种产品限制使用溴化阻燃剂。有报道根据8个类别估算了电子废弃物的产生量，并提出到2020年将有超过7000万的手机用户，手机的平均使用寿命为2.5年，预计2020年会产生2000万部废旧手机（电子废弃物）。Park 等（2014）研究发现，韩国有7个电子废弃物处理回收中心。有报道分析了阻燃化合物（如多溴二苯醚）在韩国使用、处置和回收生命周期阶段的排放情况。尽管这些化合物在斯德哥尔摩举行的缔约方第四次会议上被禁止使用，但其仍然存在于不同的电子废弃物组件中。Park 等（2014）证实塑料回收工厂排放了大量多溴二苯醚。研究结果表明，2000 年以前的旧电视设备中多溴二苯醚的含量是 2000 年以后生产的电视设备的 10 倍，而且露天区域的储存也表明其排放的影响更大。

在规定电子废弃物管理百分比的定义方面，出现了两难选择。一项提案根据每年投放到市场上的电气和电子设备的数量规定其百分比，另一项提案试图根据每年产生的电子废弃物的数量确定百分比（Kim et al.，2013）。

从 2003 年到 2007 年，韩国产生的电子废弃物略有增加，但在 2009 年，由于经济萧条而处于停滞不前状态（Rhee，2016）。据报道，韩国在 2013 年收集了近 1.6 亿吨电子废弃物，其中超过 60%是由生产商通过逆向物流系统收集的，超过 25%是由回收公司收集的。

2001 年在韩国开发的 Allbaro 系统完成了废弃物监测，包括危险废弃物的越境转移（进口和出口），这可以被认为是为电子废弃物管理提供支持的创新举措。

C 印度

在印度城市区域，考虑到对人类健康和环境的损害，主要问题之一是对电子废弃物进行负责任的管理（Borthakur et al.，2017）。印度城市人口从 1901 年的 11.4%增长到 2011 年的 31.16%，导致废弃物产生量惊人地增加（Yadav et al.，2016）。除此之外，印度、非洲和中国一直是发达国家产生的电子废弃物的主要抵达站（United Nations Environment Programme，2009；Agoramoorthy et al.，2012）。

由于非法进口，印度国内电子废弃物总量激增，据估计，印度百万吨电子废物中有 90%被非正式回收商用基本方法处理后丢弃（Shirodkar et al.，2017）。

Agrawal 等（2014）指出，印度工业联合会估计，印度电子工业的市场规模为 650 亿美元，预计到 2020 年将达到 4000 亿美元。

印度工业依赖进口电子硬件，2010—2011 年的商业交易约为 186.1 亿美元。由于这个原因，制造商没有技术和机构来回收或修复许多零部件。此外，将其送回供应商处会产生额外费用，从成本上分析是不可行的（Agrawal et al.，2014）。

印度工业联合会在 2011 年估计，印度每年产生的电子废弃物总量约为 14.6 万吨，并且每年平均增长 10%（Agrawal et al.，2014）。与此同时，印度很少或根本没有关于电子废弃物管理的法规或法律（Shirodkar et al.，2017）。

Agoramoorthy 和 Chakraborty（2012）对印度电子废弃物产生地区进行了排名，其中 65 个城市产生了印度 70%的电子废弃物。马哈拉施特拉邦排名第一，其次是泰米尔纳德邦、安得拉邦、北方邦、西孟加拉邦、德里、卡纳塔克邦、古吉拉特邦、中央邦和旁遮普邦。在这些城市中，孟买排名第一，其次是德里和班加罗尔。

D　俄罗斯

俄罗斯人口超过1.4亿，每年产生约140万吨电子废弃物，2016年人均电子废弃物产生量为9.7kg（Baldé et al.，2017）。自2015年1月起，一项法规生效，规定生产商和进口商有义务收回部分产品和包装，建立：（1）自己的废弃物管理基础设施；（2）管理废弃物的集体组织；（3）与区域运营商签订合同；（4）根据每种产品的收集、运输和处置的平均成本支付环境费。

在联邦法律修正案列出的36个类别中，有10类被确定为电子废弃物，具体如下：

——（24）计算机和外围设备。
——（25）通信设备。
——（26）消费电子产品。
——（27）光学设备和摄影设备。
——（30）电动照明设备。
——（31）家用电气设备。
——（32）非电气家用设备。
——（33）电动辅助手工工具。
——（34）工业制冷和通风设备。
——（35）不属于其他类别的通用机械设备。

八国集团由加拿大、法国、德国、意大利、日本、俄罗斯（暂停）、英国和美国组成。八国集团的3Rs倡议（减少、再利用和回收）是日本在2004年6月的八国集团峰会上提出的。2006年11月在东京举行的亚洲3Rs会议上，20个亚洲国家、6个八国集团国家和8个国际组织参加了会议，讨论了亚洲地区电子废弃物无害环境管理的进展和相关问题，来自亚洲国家的代表和专家就电子废弃物管理的案例研究进行了介绍（United Nations Centre for Regional Development，2011）。

E　土耳其

土耳其有7897万居民，2016年产生约62.3万吨电子废弃物，相当于人均7.9kg（Baldé et al.，2017）。2011年报道的监管影响分析（Regional Environmental Center of Turkey，2011）指出，预计电子废弃物的平均增长率约为每年5%。然而，据Baldé等（2017）研究估计的2020年人均电子废弃物产量已经超额。这一数字却远未达到2019年要实现的人均20kg的目标。根据Gök等（2017）的说法，在土耳其从事电子废弃物逆向物流的公司很少，仅有两家公司收集和处理电子废弃物，这些公司用特殊的容器和有许可证的运输车在工作场所收集废弃物。此外，收集的电子废弃物被分成塑料和金属部分，并转入回收过程。这些公司没有能力回收所有累积的电子废弃物，因此荧光墨盒和电容器等运送至其他国家进行回收利用，而不能回收的废弃物则被送往处理设施（Gök et al.，2017）。

土耳其于2012年实施了电子废弃物的生产者责任扩展原则，即所谓的《废弃电气电子设备控制条例》，28300号。有了这项规定，大多数产生的电子废弃物由不同的运营商收集，从而最大限度地减少了在城市废弃物填埋场的不正确处置。2014年，市政当局正在制定一项电子废弃物管理计划，其中包括关于电子废弃物收集方案和电子废弃物收集的公共信息。环境与城市规划部应对该计划的符合性进行评估（Camgöz-Akdag et al.，2014）。

由于土耳其还不是欧盟成员国，所以其还未使用欧盟的立法，但土耳其电子废弃物数量的大幅增长和加入欧盟的愿望推动了该国对电子废弃物的监管。Kilic等（2015）指出了执行该指令的以下问题：

（1）与欧洲国家相比，土耳其的电子废弃物数量较少。
（2）全国各地的电子废弃物数量各不相同。
（3）没有单独的收集基础设施。
（4）没有适合处理冷却和冷冻设备的设施。
（5）电子废弃物回收行业由非正式废料经销商主导。
（6）仍然没有适当收集和处理电子废弃物的意识。
（7）技术和金融方面的知识不足。

Camgöz-Akdag和Aksoy（2014）也指出了土耳其在改善其电子废弃物逆向物流系统方面所面临的挑战，并提出了一些改进建议。

F　印度尼西亚

由于经济的高速增长和技术的快速发展，印度尼西亚产生的电子废弃物量预计将大幅增加（Andarani et al.，2014）。因此，有迹象表明，目前正在出现大量的再利用流程，对印度尼西亚而言，电子废弃物的有效库存和管理仍然是一项重大挑战（Rochman et al.，2017）。

除此之外，印尼政府还面临两大问题：一是电子废弃物以用户设备的形式走私入境；二是大量来源不明的二手设备在该国流通而不受控制（Panambunan-Ferse et al.，2013）。在某种程度上，这可能是因为印尼由数千个岛屿组成，因此在监测与控制港口和船只方面存在困难。此外还有一级和二级市场的长链，以及管理这种废弃物的非正式和正式渠道（Rochman et al.，2017），使得电子废物流的映射相当复杂。因此，印度尼西亚被怀疑通过非法进口接收了大量此类废弃物（Anderson，2010）。

因此，从文献中可以看出（Panambunan-Ferse et al.，2013；Rochman et al.，2017），印尼电子废弃物管理的问题是缺乏信息系统和基础设施来量化、监控和处理电子废弃物，以及缺乏强有力和有效的法律法规。作为缓解这些问题的行动，采用了单元回收的激励制度，将非正式行为者纳入法规的制定和电子废弃物的适当管理，因为其代表了当前废弃物回收系统的重要组成部分，而此项业务利润率低且面临风险。

G 泰国

2016年，泰国有6898万居民且该国产生了约50.7万吨电子废弃物，相当于人均7.4kg（Baldé et al.，2017）。Chirapat等（2012）指出了与电子废弃物相关的几个问题，如国内收集和拆解系统效率低下、产品质量低、电子废弃物管理法规不足及专业知识和技术有限。Herat和Agamuthu（2012）以及Baldé等（2017）补充提到，该国缺乏对电子废弃物的普遍认识以及与这类废弃物相关的数据库和清单不够完整。然而，作为逆向物流的重要驱动力，缺乏国家监管是一个重大挑战。

泰国政府于2007年7月通过了《电子废弃物综合管理国家战略计划》（E-waste Strategic Plan），但该计划于实施上存在问题。根据Chirapat等（2012）的研究，政府批准了一套针对全国实施电子废弃物管理计划的指导方针，包括让生产商和进口商对电子废弃物管理负责，实施预防原则和污染者付费原则；执行减少、再利用和回收国产和进口产品的规定；建立激励和促进电子废弃物管理的经济、融资和营销机制；环保生产技术研发；行政当局能力建设和其他行动。

泰国政府在2014年提出了绿色产业项目，Kamolkittiwong和Phruksaphanrat（2015）调查了该项目在泰国公司取得成功的关键驱动因素。在研究的全部确定的绿色供应链管理驱动因素中，发现监管是最重要的驱动因素，这一结果明确了监管执法对改善电子废弃物管理的重要性。

H 新加坡

新加坡有559万居民，2016年产生约10万吨电子废弃物，相当于人均17.9kg（Baldé et al.，2017）。新加坡是全球电子废弃物贸易和交通网络的一个关键节点。《控制危险废物越境转移及其处置巴塞尔公约》将所有国家分为两类。其中一类附件七缔约方（包括发达国家），向非附件七缔约方出口危险废弃物会被指控（Lepawsky et al.，2016）。新加坡是非附件七缔约方，是亚洲其他国家电子废弃物的主要转运中心（Connolly，2012）。Lepawsky和Connolly（2016）强调，除其他设施外，外国商人被吸引到新加坡是因为那里存在着大量被丢弃的高质量电子产品；作为非附件七缔约方，巴塞尔公约中没有任何规定禁止该国向其他非附件七国家出口电子废弃物。

I 巴基斯坦

根据Iqbal等（2015）和Baldé等（2017）的研究，该国目前没有关于电子废弃物产生、进口、回收或倾倒的可靠数据。据估计，该国产生约30.1万吨电子废弃物，相当于人均1.6kg（Baldé et al.，2017）。巴基斯坦从美国和欧洲等发达国家接收了数千吨电子废弃物（由新加坡或中国台湾重新分配），因为其电子废弃物回收非常便宜。卡拉奇接收了大部分进口到巴基斯坦的电子废弃物（估计占总量的89.39%），其次是拉合尔（Imran et al.，2017）。

为了避免电子废弃物进入巴基斯坦，政府严令禁止电子废弃物的进口。巴基斯坦同时也是巴塞尔公约的签署国，并在电子废弃物进口方面有自己的相关立法：《巴基斯坦环境保护法》（1997年）、《巴基斯坦国家环境政策》（2005年）和《巴基斯坦进口政策法令》（2016年）。然而，仍然有着进口二手物品或非法进口的情况。据估计，非法进口量每年平均为95.4万吨，主要由计算机和相关产品构成（Imran et al.，2017）。

该国没有登记在册的回收设施，且回收方法比较不安全，如物理拆解、露天焚烧、酸洗和使用喷灯在露天或小作坊作业。包括十几岁的儿童在内的数百名工人从事拆解和提取有价材料工作。虽然有害的做法被用于电子废弃物的回收，但官方和非官方组织没有致力于解决这一问题（Iqbal et al.，2015）。Imran 等（2017）也指出其回收工作是在没有防护设备的情况下纯手工完成的。

为了改善这种情况，Iqbal 等（2015）建议首先执行现有法律，如巴塞尔公约，然后制定具体的国家电子废弃物立法。但 Imran 等（2017）说明，现有立法不足以应对当前所面临的挑战，建议有必要在进口、环境管理（处理、储存、分类和运输废弃物品）方面建立控制措施，控制非法进口及改善电子废弃物处理工人的健康条件，以便更好地支持制造商、雇员和其他利益相关者。

5.4.2 结果讨论

在分析了发展中国家电子废弃物管理的主要特点之后，将有可能阻碍这一进程效率的障碍进行分类，分析引用的文章见表5-3。

表5-3 发展中国家采用逆向物流的主要障碍分类

障碍分类	障碍描述	作者（年份）	地区
金融和经济障碍	有限的资金对有毒废弃物的有效管理造成重大阻碍	Andarani 和 Goto（2014）	印度尼西亚
	缺乏财政资源	Aydin Temel 等（2018）	土耳其
法律障碍	需要立法：进口、环境管理（处理、储存、分类和运输废弃物品）控制，控制非法进口、合适的电子废弃物处理工人健康条件	Imran 等（2017）	巴基斯坦
市场相关的障碍	进口到该国的二手电气和电子设备的数量有所增加，给企业和当地经济带来了不同的后果	Amankwah-Amoah（2016）	墨西哥
	缺乏相关响应支持电子废弃物逆向物流网络实施的典范	Guarnieri 等（2016）和 Caiado 等（2017）	巴西
环境障碍	粗糙的电子废弃物处理导致环境和健康影响	Wong 等（2007） Liu 等（2018）	中国

续表 5-3

障碍分类	障碍描述	作者（年份）	地区
环境障碍	电子废弃物处理时，有毒物质暴露	Pascale 等（2016）	南美
	简单的电子废弃物管理	Habuer 等（2014）	中国
	在印度尼西亚，通常很难找到倾倒在官方最终处理地点或废弃物填埋场的电子废弃物	Andarani 和 Goto（2014）	印度尼西亚
	大量的电子废弃物仍然最终在城市废弃物场，消费者没有敏锐地意识到电子废弃物的环境后果	Protomastro（2009）	阿根廷
政策障碍	监管是改善泰国电子废弃物逆向物流的最重要挑战。即使有一些法律或项目，也需要强制执行，以促进电子废弃物的管理	Kamolkittiwong 和 Phruksaphanrat（2015）Chirapat 等（2012）	泰国
	政府对控制电子废弃物问题和投资这一领域的研究缺乏兴趣	Imran 等（2017）	巴基斯坦
	电气和电子设备及电子废弃物错误和无效的数据收集、物流散布，也是发展中国家需要克服的障碍	Osibanjo 和 Nnorom（2007）	非洲
	南非没有专门的法律来处理电子废弃物	Lombard（2004）	南非
	没有关于电子废弃物的具体规章；因此，国家法规没有确定电子废弃物术语	Andarani 和 Goto（2014）	印度尼西亚
	在监测巴西固体废弃物管理的合规性方面缺乏有效性	Guarnieri 等（2016）和 Caiado 等（2017）	巴西
	政策不充分，缺乏政治优先事项，当局之间协调不力	Aydin Temel 等（2018）	土耳其
管理相关的障碍	电子废弃物管理的劳动力廉价	Habuer 等（2014）	中国
	缺乏电子废弃物管理方面的数据	Ongondo 等（2011），Kim 等（2013）和 Steubing 等（2010）	发展中国家
			韩国
	数据可靠性不足	Steubing 等（2010）	发展中国家
	在电子废弃物管理领域，拥有专业知识的人很少	Imran 等（2017）	巴基斯坦
	半正式回收电子废弃物；缺乏关于电子废弃物产生的数据	Osibanjo 和 Nnorom（2007）	南非
	利用有效的技术和设施进行电子废弃物的正式回收是罕见的	Andarani 和 Goto（2014）	印度尼西亚
	回收电脑和获取回收材料的基础设施有限	Alcántara-Concepción 等（2016）	墨西哥
	没有对每个部分的职能进行分配，没有规定为这些活动设立基金，也没有规定为管理报废计算机和其他电子废弃物负责经济贡献的各方	Alcántara-Concepción 等（2016）	墨西哥

续表 5-3

障碍分类	障碍描述	作者（年份）	地区
管理相关的障碍	设备的生命周期显著延长。处理电子废弃物的正式机制不足。农村地区缺乏对电子废弃物的管理。生产商没有承担更多的责任	Cruz-Sotelo 等（2016）	墨西哥
	目前电子废弃物回收商的能力被认为不足以承受潜在的电子废弃物数量，储存的退役技术设备是否应该释放到废物流中	Finlay（2005）	南非
知识相关的障碍	缺乏关于进口到该国的电子废弃物数量的第一手知识。巴基斯坦法规禁止巴塞尔公约限制的所有危险物品，但没有具体说明"电子废弃物、电气和电子设备废弃物"的术语。进口商品的数据没有提到这一点	Imran 等（2017）	巴基斯坦
	公众普遍缺乏对电子废弃物的认识	Finlay（2005）	南非
	缺乏关于电子废弃物生产、管理和回收的信息	Baldé 等（2017）	全球
技术障碍	印刷电路板等含有贵金属、稀土金属和重金属的高附加值部件的回收利用技术不足。如今回收这些材料的可行性依赖于高物流成本，加上在其他国家回收的成本	Ghisolfi 等（2017）	巴西
	技术资源薄弱，基础设施落后	Aydin Temel 等（2018）	土耳其

在我们的研究中，最突出的阻碍是那些与管理和政治有关的问题。近年来，其他研究人员也发表了一些与采用逆向物流阻碍相关的研究。

Baldé 等（2017）强调了在国家层面缺乏可靠的电子废弃物数据。这一点在 2017 年全球电子废弃物监测的研究中得到验证，据报道，世界上只有 41 个国家收集电子废弃物的国际统计数据。

Abdulrahman 等（2014）研究了中国逆向物流的障碍，发现有 4 类：管理、金融、政策和基础设施。此外，Prakash 和 Barua（2015）在研究印度电子废弃物逆向物流相关的阻碍时发现了类似的结果，并将这些阻碍分为法律、组织、经济、管理、技术、基础设施和市场相关等类。

Bouzon 等（2016）研究确定了巴西实施逆向物流的 36 个阻碍，可以将其分为：（1）技术和基础设施相关问题；（2）治理和供应链过程相关问题；（3）经济相关问题；（4）知识相关问题；（5）政策相关问题；（6）市场和竞争对手相关问题；（7）管理相关问题。需要强调的是，作者还使用了多标准决策辅助方法来确定阻碍的优先级。

另外，Prakash 和 Barua（2015）应用多标准决策辅助方法，以期找到可以克服这些阻碍的替代方案。他们从相关文献和专家意见中收集了 20 个解决方案，见表 5-4。

表 5-4 采用逆向物流克服障碍的解决方案

(1)	最高管理层的意识和支持	(11)	从退货中回收价值
(2)	平衡成本效率和客户响应	(12)	控制周转时间
(3)	简化和标准化流程	(13)	提高公众对环境问题和保护环境的意识
(4)	详细了解成本和性能	(14)	执行环保法例、规例及指令
(5)	跨职能的合作	(15)	发展基础设施支持
(6)	与逆向链合作伙伴的战略协作	(16)	推行电子产品的环保措施
(7)	一致的政策和流程	(17)	创造、发展和投资逆向物流技术
(8)	战略重点在于避免退货	(18)	进行电子协作，实现供应链成员之间快速有效的协调
(9)	将退货视为不耐久的商品	(19)	整合逆向物流，形成闭环供应链
(10)	逆向物流作为可持续发展计划的一部分	(20)	制定回收和收集报废产品的外包策略

Guarnieri 等（2016）通过一种称为战略选择和发展分析的问题结构化方法，研究了巴西电子废弃物逆向物流的实施问题，与 Bouzon 等（2016）类似，同样发现了如图 5-1 所示的可以克服部分阻碍的方法。

因此，事实证明，一些发展中国家正在提出克服这些阻碍的措施。例如 2017 年全球电子废弃物监测报告发现，尽管电子废弃物所面临的挑战正在加剧，但越来越多的国家正在通过电子废弃物立法。Baldé 等（2017）指出，国家电子废弃物管理法律覆盖了 66% 的世界人口，相比 2014 年的 44% 有所增加。考虑到本研究涉及的拉丁美洲国家中只有巴西有完整立法，即《巴西固体废弃物政策》（Brazil, 2010），所以显而易见，拉丁美洲在电子废弃物可持续化管理方面面临的主要挑战便是如何有效推进立法进程。

世界上主要的电子废弃物接收国收集的废弃电子产品主要是送往回收行业，但其中只有 2% 被重复使用（Imran et al., 2017）。为了避免这类问题，斯里兰卡制定了一项鼓励进口高质量的产品和材料的政策，以尽量减少电子废弃物，其国内有完整的回收废弃物设施。中国在这方面有限制法律准则，自 2000 年以来已禁止许多电子产品的进口（Imran et al., 2017）。

在电子废弃物产量方面处于领先地位的中国，开始在最大限度地减少电子废弃物进口和改变传统回收活动（也称为后台回收）的障碍方面脱颖而出。中国同时采用生产者责任延伸制度，鼓励制造商收回、回收和处理废弃物（Chung et

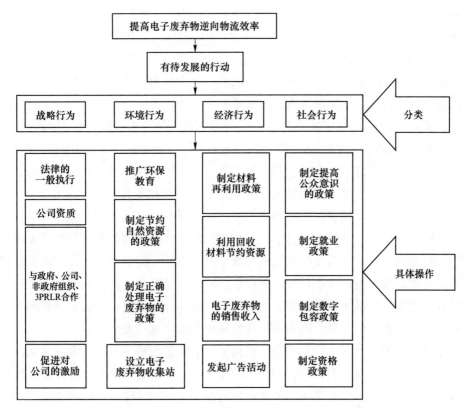

图 5-1 为克服采用电子废弃物逆向物流的障碍而应采取的行动
[资料来源：Guarnieri 等（2016）]

al.，2011）。然而，要克服所指出的所有挑战，仍然需要做大量的工作。因此，可以指出的是，在发展中国家实施监管是实现这一目标的最重要行动。

5.5 结　论

本章从发展中国家的视角，讨论了电子废弃物逆向物流在回收利用方面的挑战和主要阻碍，以及克服这些阻碍的可能解决方案。为此，从国际数据库发表的论文和报告（如联合国环境规划署和全球电子废弃物监测）中收集了美洲国家（巴西、阿根廷、智利和墨西哥）、南非和亚洲国家（中国、印度、俄罗斯、印度尼西亚、土耳其、巴基斯坦、韩国、泰国和新加坡）的相关数据。

经分析研究，可以将所面临的阻碍分为金融/经济类、环境类、市场类、法律类、政策类、管理类、知识类和技术类。Bouzon 等（2016）以巴西为背景，也进行了类似的分类；Prakash 和 Barua（2015）进行了一项建模研究；Abdulrahman 等（2014）研究了中国在电子废弃物回收处理方面的内容。本章的内容均是基于几个发展中国家的现实情况而论述的，发现最突出的阻碍是与管理和政治问题相关的壁垒。这些阻碍或挑战可以作为找到克服现状的行动或替代方案的意见，也为具体实施解决方案提供了有利机会。

需要强调的是，本章研究与联合国环境规划署报告（2009）、Abdulrahman 等（2014）、Prakash 和 Barua（2015）、Bouzon 等（2016）、Guarnieri 等（2016）及全球电子废弃物监测（2017）的研究有所不同，因为关注点是发展中国家，而不是特定国家，也不是基于全球视角（包括发达国家和发展中国家）。

另外，本章研究发现，逆向物流的概念可以理解为退货管理，包括残余物的分类、收集、储存、仓储和交付过程，相关信息使回收、翻新和再制造活动成为可能。逆向物流也被认为是循环经济的重要组成部分，提供电子残余物的重新评估，将其重新投入新的生产过程。循环经济的理念是将废弃物作为原材料进行无限循环。此外，有必要强调城市矿山的概念，因为这涉及通过回收贵金属和电子产品以回收其有价值部分，而不是从自然环境中提取这些贵金属。

本章探讨的 3 个概念相互补充，提供了一个完整的解决方案，考虑了从产品的设计到重新投入生产周期中再次产生的残余。本章研究的主要局限性与无法获得发展中国家电子废弃物管理相关的数据有关，这一问题已在全球电子废弃物监测（2017）和联合国环境规划署的报告（2009）中报道。还必须强调一点，本章基于文献综述和文献分析，不包含任何实证结果。

然而，这些限制可以为进一步研究电子废弃物逆向物流和管理提供机会。第一，可以在发展中国家进行国家层面的实证研究。第二，应根据实证结果进行研究，比较发展中国家的阻碍和解决办法。第三，研究发达国家电子废弃物逆向物流在管理、技术、法律、基础设施、金融经济、知识和市场等方面的最佳实践，作为提出新型模式的基础，以克服发展中国家的相关阻碍。第四，可以利用问题结构化和多标准方法进行研究，以确定障碍的结构和优先次序，并制定有效行动以克服发展中国家所面临的阻碍。

本章的贡献有两个方面。首先，收集了发展中国家电子废弃物回收挑战的相关信息，并根据阻碍类型进行了分类。其次，确定了一些解决方案和行动来克服这些壁垒，以便为从业者和研究人员提供一定参考基础和支撑。管理者可以利用这些信息进行更好的决策，政府可以制定一些与指出的障碍和解决方案相关的公共政策，研究人员可以深化与本章强调的差距相关的研究。

致谢：作者感谢国家科学技术发展委员会的支持（进程号：406263/2016-7）。

参 考 文 献

ABDULLAH N A H N, YAAKUB S, 2015. The pressure for reverse logistics adoption among manufacturers in Malaysia [J]. Asian J Bus Account, 8 (1): 151-178.

ABDULRAHMAN D, GUNASEKARAN A, SUBRAMANIAN N, 2014. Critical barriers in implementing reverse logistics in the Chinese manufacturing sectors [J]. Int J Prod Econ, 147 (Part B): 460-471.

ACHILLAS C H, VLACHOKOSTAS C H, AIDONIS D, et al., 2010. Optimising reverse logistics network to support policy-making in the case of electrical and electronic equipment [J]. Waste Manag, 30: 2592-2600.

AGORAMOORTHY G, CHAKRABORTY C, 2012. Environment: Control electronic waste in India [J]. Nature, 485 (7398): 309.

AGRAWAL S, SINGH R K, MURTAZA Q, 2014. Forecasting product returns for recycling in Indian electronics industry [J]. J Adv Manag Res, 11 (1): 102-114.

ALCÁNTARA-CONCEPCIÓN V, GAVILÁN-GARCÍA A, GAVILÁN-GARCÍA I C, 2016. Environmental impacts at the end of life of computers and their management alternatives in México [J]. J Clean Prod, 131: 615-628.

AMANKWAH-AMOAH J, 2016. Global business and emerging economies: Towards a new perspective on the effects of E-waste [J]. Technol Forecast Soc Chang, 105: 20-26.

ANDARANI P, GOTO N, 2014. Potential E-waste generated from households in Indonesia using material flow analysis [J]. J Mater Cycles Waste Manag, 16 (2): 306-320.

ANDERSON M, 2010. What an E-waste [J]. IEEE Spectrum, 47 (9): 72.

APPELBAUM A, 2002. Europe cracks down on E-waste [J]. IEEE Spectrum, 46-51.

ARAUJO M V F, OLIVEIRA U R, MARINS F A S, et al., 2015. Cost assessment and benefits of using RFID in reverse logistics of waste electrical & electronic equipment (E-waste)[J]. Proc Comp Sci, 55: 688-697.

ARDI R, LEISTEN R, 2016. Assessing the role of informal sector in E-waste management systems: A system dynamics approach [J]. Waste Manag, 57: 3-16.

AWASTHI A K, CUCCHIELLA F, D'ADAMO I, et al., 2018. Modelling the correlations of E-waste quantity with economic increase [J]. Sci Total Environ, 613: 46-53.

AYDIN TEMEL F, KONUK N, TURAN N G, et al., 2018. The SWOT analysis for sustainable MSWM and minimization practices in Turkey [J]. Global NEST J, 20 (1): 83-87.

BAKHIYI B, GRAVEL S, CEBALLOS D, et al., 2018. Has the question of E-waste opened a Pandora's box? An overview of unpredictable issues and challenges [J]. Environ Int, 110: 173-192.

BALDÉ C P, FORTI V, GRAY V, et al., 2017. The global E-waste monitor-2017 (Z). United Nations University (UNU), International Telecommunication Union (ITU) & International Solid

Waste Association (ISWA). Bonn/Geneva/Vienna. https://www.itu.int/en/ITU-D/Climate-Change/Pages/Global-E-waste-Monitor-2017.aspx.

BARDIN L, 1977. Análise de conteúdo [Z]. Lisboa.

BOB U, PADAYACHEE A, GORDON M, et al., 2017. Enhancing innovation and technological capabilities in the management of E-waste: Case study of South African government sector [J]. Sci Technol Soc, 22 (2): 332-349.

BOENI H, SILVA U, OTT D, 2008. E-waste recycling in Latin America: Overview, challenges and potential [Z]. Focus 11: 1-10. http://ewasteguide.info/files/2008_Keynote_Boeni_REWAS.pdf.

BORTHAKUR A, GOVIND M, 2017. Public understandings of E-waste and its disposal in urban India: From a review towards a conceptual framework [J]. J Clean Prod, 172: 1053-1066.

BOUZON M, GOVINDAN K, RODRIGUEZ C M T, 2015. Reducing the extraction of minerals: Reverse logistics in the machinery manufacturing industry sector in Brazil using ISM approach [J]. Resour Policy, 46: 27-36.

BOUZON M, GOVINDAN K, RODRIGUEZ C M T, et al., 2016. Identification and analysis of reverse logistics barriers using fuzzy Delphi method and AHP [J]. Resour Conserv Recycl, 108: 182-197.

Brazil, 2010. Law 12, 305, of 2 august 2010. Institutes the National Policy on Solid Waste [A]. The Official Gazette, Brasília, Brazil.

Brazil, 2013. Edital 01/2013 de chamamento de acordos setoriais para a logística reversa de resíduos de equipamentos eletroeletrônicos (Proclamation 01/2013 calling for the development of sectorial agreement for the implementation of reverse logistics of consumer electronics products and their components) [EB]. http://www.abras.com.br/pdf/editaleletroeletronicos.pdf.

CAIADO N, GUARNIERI P, XAVIER L H, et al., 2017. A characterization of the Brazilian market of reverse logistic credits (RLC) and an analogy with the existing carbon credit market [J]. Resour Conserv Recycl, 118: 47-59.

CAMGÖZ-AKDAG H, AKSOY H M, 2014. Green supply chain management for electric and electronic equipment: Case study for Turkey [C]. Proceedings of the international annual conference of the American Society for Engineering Management. American Society for Engineering Management (ASEM).

CAMPOS H K T, 2014. Recycling in Brazil: Challenges and prospects [J]. Resour Conserv Recycl, 85: 130-138.

CHI X, WANG M Y L, REUTER M A, 2014. E-waste collection channels and household recycling behaviors in Taizhou of China [J]. J Clean Prod, 80: 87-95.

CHIRAPAT P, KITTINAN A, KIATTIPORN W, et al., 2012. Development of forecasting model for strategically planning on E-waste management in Thailand [C]. Electronics Goes Green 2012+ (EGG), IEEE.

CHUNG S S, LAU K Y, ZHANG C, 2011. Generation of and control measures for, E-waste in Hong

Kong [J]. Waste Manag, 31 (3): 544-554.

CONNOLLY C P, 2012. Singapore is a gold mine: Re-orienting international flows of secondhand electronics [D]. St John's: Memorial University of Newfoundland. http://research.library.mun.ca/2327/.

CRUZ-SOTELO S, OJEDA-BENíTEZ S, VELÁZQUEZ-VICTORICA K, et al., 2016. Electronic waste in Mexico-challenges for sustainable management [M]//E-waste in transition-from pollution to resource. https://doi.org/10.5772/64449.

CRUZ-SOTELO S, OJEDA-BENíTEZ S, JÁUREGUI SESMA J, et al., 2017. E-waste supply chain in Mexico: Challenges and opportunities for sustainable management [J]. Sustainability, 9 (4): 1-17.

DE OLIVEIRA C R, BERNARDES A M, GERBASE A E, 2012. Collection and recycling of electronic scrap: A worldwide overview and comparison with the Brazilian situation [J]. Waste Manag, 32 (8): 1592-1610.

ESTRADA-AYUB J A, KAHHAT R, 2014. Decision factors for E-waste in Northern Mexico: To waste or trade [J]. Resour Conserv Recycl, 86: 93-106.

EUGSTER M, FU H, 2004. E-waste assessment in PR China-A case study in Beijing [J]. Swiss E-waste programme, Empa-Materials Science and Technology, St. Gallen, Beijing.

FEAM-Fundação Estadualdo Meio Ambiente (Foundation of Environment of Minas Gerais), 2013. Diagnóstico da Geração de Resíduos Eletroeletrônicos no Estado de Minas Gerais (Diagnosis of Electrical and Electronic Waste Generation in the Minas Geraus State) [Z]. http://ewasteguide.info/files/Rocha_2009_pt.pdf.

FERRI G L, CHAVES G L D, RIBEIRO G M, 2015. Reverse logistics network for municipal solid waste management: The inclusion of waste pickers as a Brazilian legal requirement [J]. Waste Manag, 40: 173-191.

FINLAY A, 2005. E-waste challenges in developing countries: South Africa Case Study [A]. APC Issue Papers. Association for Progressive Communications.

FINLAY A, LIECHTI D, 2008. E-waste assessment South Africa [Z]. eWASA, Johannesburg.

FRANCO R G F, LANGE L C, 2011. Estimativa do fluxo dos resíduos de equipamentos elétricos e eletrônicos nomunicípio de Belo Horizonte, Minas Gerais, Brazil. (Estimation of the flow of waste electrical and electronic equipment in the city of Belo Horizonte, Minas Gerais, Brazil) [J]. Engenharia Sanitária Ambiental, 16 (1): 73-82.

GHISOLFI V, CHAVES G D L D, SIMAN R R, et al., 2017. System dynamics applied to closed loop supply chains of desktops and laptops in Brazil: A perspective for social inclusion of waste pickers [J]. Waste Manag, 60: 14-31.

GÖK G, TULUNŞ, GÜRBÜZ O A, 2017. Consumer behavior and policy about E-waste in Aksaray and Niğde Cities, Turkey [J]. Clean Soil Air Water, 45: 1500733.

GOMES M I, BARBOSA-POVOA A P, NOVAIS A Q, 2011. Modelling a recovery network for E-waste: A case study in Portugal [J]. Waste Manag, 31 (7): 1645-1660.

GOVINDAN K, SOLEIMANI H, 2017. A review of reverse logistics and closed-loop supply chains: A journal of cleaner production focus [J]. J Clean Prod, 142: 371-384.

GUARNIERI P, CERQUEIRA-STREIT J A, 2015. Implications for waste pickers of Distrito Federal, Brazil arising from the obligation of reverse logistics by the National Policy of Solid Waste [J]. Lat Am J Manag Sustain Dev, 2 (1): 19-35.

GUARNIERI P, E SILVA L C, LEVINO N A, 2016. Analysis of electronic waste reverse logistics decisions using strategic options development analysis methodology: A Brazilian case [J]. J Clean Prod, 133: 1105-1117.

GUIDE V D R Jr, VAN WASSENHOVE L N, 2009. OR FORUM-the evolution of closed-loop supply chain research [J]. Oper Res, 57: 10-18.

HABUER, NAKATANI J, MORIGUCHI Y, 2014. Time-series product and substance flow analyses of end-of-life electrical and electronic equipment in China [J]. Waste Manag, 34: 489-497.

HERAT S, AGAMUTHU P, 2012. E-waste: A problem or an opportunity? Review of issues, challenges and solutions in Asian countries [J]. Waste Manag Res, 30 (11): 1113-1129.

IMRAN M, HAYDAR S, KIM J, et al., 2017. E-waste flows, resource recovery and Improvement of legal framework in Pakistan [J]. Resour Conserv Recycl, 125: 131-138.

IQBAL M, BREIVIK K, SYED J H, et al., 2015. Emerging issue of E-waste in Pakistan: A review of status, research needs and data gaps [J]. Environ Pollut, 207: 308-318.

JIANG L, CHENG Z, ZHANG D, et al., 2017. The influence of E-waste recycling on the molecular ecological network of soil microbial communities in Pakistan and China [J]. Environ Pollut, 231 (1): 173-181.

KAMOLKITTIWONG A, PHRUKSAPHANRAT B, 2015. An analysis of drivers affecting green supply chain management implementation in electronics industry in Thailand [J]. J Econ Bus Manag, 3 (9): 864-869.

KILIC H S, CEBECI U, AYHAN M B, 2015. Reverse logistics system design for the waste of electrical and electronic equipment (E-waste) in Turkey [J]. Resour Conserv Recycl, 95: 120-132.

KIM S, OGUCHI M, YOSHIDA A, et al., 2013. Estimating the amount of E-waste generated in South Korea by using the population balance model [J]. Waste Manag, 33: 474-483.

KUMAR A, HOLUSZKO M, ESPINOSA D C R, 2017. E-waste: An overview on generation, collection, legislation and recycling practices [J]. Resour Conserv Recycl, 122: 32-42.

LAGOS G, PETERS D, VIDELA A, et al., 2018. The effect of mine aging on the evolution of environmental footprint indicators in the Chilean copper mining industry 2001-2015 [J]. J Clean Prod, 174: 389-400.

LEPAWSKY J, CONNOLLY C A, 2016. Crack in the facade? Situating Singapore in global flows of electronic waste [J]. Singap J Trop Geogr, 37: 158-175.

LIU L, ZHANG B, LIN K, et al., 2018. Thyroid disruption and reduced mental development in children from an informal E-waste recycling area: A mediation analysis [J]. Chemosphere, 193: 498-505.

LOMBARD R, 2004. E-waste assessment in South Africa. Case study of the Gauteng Province [R]. Draft report.

NAGURNEY A, TOYASAKI F, 2005. Reverse supply chain management and electronic waste recycling: A multitiered network equilibrium framework for e-cycling [J]. Transp Res E, 41 (1): 1-28.

NNOROM I C, OSIBANJO O, 2008. Overview of electronic waste (E-waste) management practices and legislations, and their poor applications in the developing countries [J]. Resour Conserv Recycl, 52 (6): 843-858.

ONGONDO F O, WILLIAMS I D, CHERRETT T J, 2011. How are E-waste doing? A global review of the management of electrical and electronic wastes [J]. Waste Manag, 31 (4): 714-730.

OSIBANJO O, NNOROM I C, 2007. The challenge of electronic waste (E-waste) management in developing countries [J]. Waste Manag Res, 25 (6): 489-501.

ÖZTÜRK T, 2015. Generation and management of electrical-electronic waste (E-waste) in Turkey [J]. J Mater Cycles Waste Manag, 17 (3): 411-421.

Pakistan Environmental Protection Act(PEPA)[A]. 1997.

Pakistan Import Policy Order [A]. 2016. http://www.commerce.gov.pk/wp-content/uploads/pdf/IPO-2016.pdf.

Pakistan National Environment Policy [A]. 2005. https://www.mowr.gov.pk/wpcontent/uploads/2018/05/National-Environmental-Policy-2005.pdf.

PANAMBUNAN-FERSE M, BREITER A, 2013. Assessing the side-effects of ICT development: E-waste production and management. A case study about cell phone end-of-life in Manado, Indonesia [J]. Technol Soc, 35 (3): 223-231.

PARK J E, KANG Y Y, KIM W I, et al., 2014. Emission of polybrominated diphenyl ethers (PBDEs) in use of electric/electronic equipment and recycling of E-waste in Korea [J]. Sci Total Environ, 470: 1414-1421.

PASCALE A, SOSA A, BARES C, et al., 2016. E-waste in formal recycling: An emerging source of Lead exposure in South America [J]. Ann Glob Health, 82 (1): 197-201.

PRAKASH C, BARUA M K, 2015. Integration of AHP-TOPSIS method for prioritizing the solutions of reverse logistics adoption to overcome its barriers under fuzzy environment [J]. J Manuf Syst, 37: 599-615.

PRAKASH C, BARUA M K, PANDYA K V, 2015. Barriers analysis for reverse logistics implementation in Indian electronics industry using fuzzy analytic hierarchy process [J]. Procedia Soc Behav Sci, 189: 91-102.

PROTOMASTRO G F, 2007. Estudio sobre los circuitos formales e informales de gestion de Residuos de Aparatos Eléctricos y Electrónicos en Argentina [Z]. e-srap, Ecogestionar-Ambiental del Sud SA: BuenosAires.

PROTOMASTRO G, 2009. Electronic scrap management in Argentina. Lechner P (ed) Prosperity waste and waste resources [C]//Proceedings of the 3rd BOKU waste conference. BOKU-University of Natural Resources and Applied Life Sciences, 113-122.

RAVI V, SHANKAR R, 2005. Analysis of interactions among the barriers of reverse logistics [J]. Technol Forecast Soc Chang, 72 (8): 1011-1029.

REC Turkey, 2011. Regulatory impact assessment of EU waste electrical and electronic equipment (E-waste) Directive (2002/96/EC) [A].

RHEE S W, 2016. Beneficial use practice of E-wastes in Republic of Korea [J]. Procedia Environ Sci, 31: 707-714.

ROCHMAN F F, ASHTON W S, WIHARJO M G M, 2017. E-waste, money and power: Mapping electronic waste flows in Yogyakarta, Indonesia [J]. Environ Dev, 2016 (24): 1-8.

ROGERS D S, TIBBEN-LEMBKE R S, 1998. Going backwards: Reverse logistics trends and practices [Z]. Reverse Logistics Executive Council, Reno.

SASAKI S, ARAKI T, 2013. Employer-employee and buyer-seller relationships among waste pickers at final disposal site in informal recycling: The case of Bantar Gebang in Indonesia [J]. Habitat Int, 40: 51-57.

SCRUGGS C E, NIMPUNO N, MOORE R B B, 2016. Improving information flow on chemicals in electronic products and E-waste to minimize negative consequences for health and the environment [J]. Resour Conserv Recycl, 113: 149-164.

SHIRODKAR N, TERKAR R, 2017. Stepped recycling: the solution for E-waste management and sustainable manufacturing in India [J]. Mater Today Proc, 4 (8): 8911-8917.

STEUBING B, ZAH R, WAEGER P, et al., 2010. Bioenergy in Switzerland: Assessing the domestic sustainable biomass potential [J]. Renew Sust Energ Rev, 14 (8): 2256-2265.

TANG W, CHENG J, ZHAO W, et al., 2015. Mercury levels and estimated total daily intakes for children and adults from an electronic waste recycling area in Taizhou, China: Key role of rice and fish consumption [J]. J Environ Sci, 34: 107-115.

United Nations Centre for Regional Development-UNCRD, 2011. The International partnership for expanding waste management services in local authorities (IPLA)[Z]. hkttp: //www. uncrd. or. jp.

United Nations Environment Programme-UNEP, 2009. Recycling-from E-waste to resources [Z]. UNEP. http: //www. greenbiz. com/sites/default/files/unep-ewaste-reoprt. pdf.

WANG F, KUEHR R, AHLQUIST D, et al., 2013. E-waste in China: A country report [R]. UNU-ISP (Institute for Sustainability and Peace, United Nations University). Prepared for StEP (Solving the E-waste Problem).

WIDMER R, OSWALD-KRAPF H, SINHA-KHETRIWAL D, et al., 2005. Global perspectives on E-waste [J]. Environ Impact Assess Rev, 25 (S5): 436-458.

WONG C S C, DUZGOREN-AYDIN N S, AYDIN A, et al., 2007. Evidence of excessive releases of metals from primitive E-waste processing in Guiyu, China [J]. Environ Pollut, 148 (1): 62-72.

XAVIER L H, CARVALHO T C M B, 2014. Introdução à Gestão de Resíduos de Equipamentos Eletroeletrônicos [M]//CARVALHO T C M B, XAVIER L H. Gestão de Resíduos Eletroeletrônicos: Uma abordagem prática para a sustentabilidade (in Portuguese). Rio de Janeiro: Elsevier.

YACOB P, BIN MOHAMAD MAKMOR M F, ZIN A W B M, et al., 2012. Barriers to reverse logistics practices in Malaysian SMEs [J]. Int J Acad Res Econ Manag Sci, 1 (5): 204-214.

YADAV V, KARMAKAR S, DIKSHIT A K, et al., 2016. A feasibility study for the locations of waste transfer stations in urban centers: A case study on the city of Nashik, India [J]. J Clean Prod, 126: 191-205.

YU J, WILLIAMS E, JU M, et al., 2010. Managing E-waste in China: Policies, pilot projects and alternative approaches [J]. Resour Conserv Recycl, 54 (11): 991-999.

ZHANG S, DING Y, LIU B, et al., 2017. Supply and demand of some critical metals and present status of their recycling in E-waste [J]. Waste Manag, 65: 113-127.

6 用于清洁燃料生产中的电子废弃物化学回收

杰亚西兰·阿伦，坎纳潘·潘查莫西·戈皮纳特

摘　要：电子废弃物是引起全球研究人员关注的主要废物流，其不当的回收和处置技术严重影响了大气和公众福祉。本章介绍了用于电子废弃物管理的系统方法。电子废弃物管理将是实现能源生产和金属回收的理想创业平台，其回收途径设计要充分考虑当前的工业现实和设计策略。化学回收是热解、催化裂解/改质、气化和化学分解方法的综合。在催化裂解前对电子废弃物进行热解，可以得到高质量的油，该油可以进一步升级为清洁燃料。在将电子废弃物加工成清洁燃料的过程中，综合工艺（热解和催化改质）可以产生可观的经济和生态效益。

关键词：电子废弃物；化学回收；清洁燃料；能源；高值化学物质；塑料；水热；气化；燃烧；环境

6.1 引　言

现代化电子发明缩短了电子产品的使用寿命，使电子商务成为全球最主要的新兴行业，这也为每年产生大量废弃电气电子设备埋下了伏笔。发达国家和新兴国家在电子废弃物管理方面面临着严峻的挑战。废弃电气电子设备因其独特的特性、能源价值以及对环境和个人健康的影响而受到普遍关注（Ongodo et al.，2011；Perez-Belis et al.，2015）。电子废弃物的产生量以指数级的速度增长，是城市废弃物产生量的 3 倍（Rahmani et al.，2014）。考虑到社会的生态效益和能源需求，塑料废弃物回收利用的研究已经达到了显著水平。

电子废弃物在成分和设备组成方面具有非均质性和复合性。其与重金属一样有毒，因此需要安全使用和回收，以避免对人类和环境造成破坏性影响（Freegard et al.，2006；Song et al.，2015）。从废弃电气电子设备回收过程中可以回收各种材料（Widmer et al.，2005）。目前，处理废弃电气电子设备塑料的主要方法有：填埋法、焚烧法、机械回收法和化学回收法。除这 4 种方法外，许多国家还采用热解法生产碳氢化合物和化工产品。

尽管世界各地有各种回收技术，但由于技术能力差和收集方法不足，电子废弃物回收率仅为 13%（Jiang et al.，2012）。全球范围内，对于从电子废弃物中回

收有价值的化学品的研究，还远远没有形成高效处理闭环系统（Li et al.，2015）。废弃物回收利用的理论指导应借鉴前人经验，以及应对当前电子产品生产速度。此外，绿色环保设计有助于吸引消费者、回收商和制造商（Stevels et al.，2013）。

6.2 电子废弃物：一个商业平台

电子废弃物或废弃电气电子设备产生于所有者丢弃的大量且广泛的家用设备（冰箱、手机、空调等）和电子计算机（Nnorom et al.，2008a）。图6-1详细说明了全球各种商品产生的电子废弃物。废弃电气电子设备主要是由黑色金属、有色金属和塑料构成（图6-2）（Huisman et al.，2008）。据统计，2014年产生的电子废弃物含有1650万吨铁、190万吨铜和860万吨塑料，预计成本约为520亿美元（Baldé et al.，2015）。此外，有毒物质包括铅玻璃（220万吨）、电池（30万吨）和4400t消耗臭氧层的物质，如汞、镉和铬。由于这些成分的存在，废弃电气电子设备已成为一种重要二次资源。

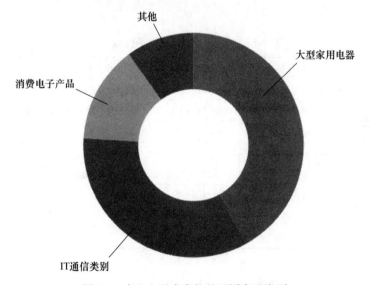

图6-1 产生电子废弃物的不同商品类别

电子废弃物是工业的收入来源，同时也为公众提供了新的就业机会。在印度，班加罗尔每年产生1.8万吨电子废弃物。表6-1详细说明了各种电子废弃物类型及其产生的设备来源。电子废弃物中存在的金、铂、铝、铜和其他金属足以实现再利用，并为工业带来巨大转变。电子废弃物中所含的塑料是热解过程和热化学处理过程的良好原料，其分解后回收的热解油可用作发电机中柴油的替代品。

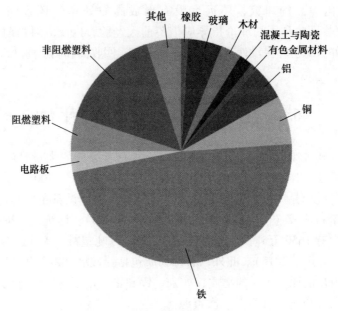

图 6-2　废弃电气电子设备构成

表 6-1　电子废弃物及其电子仪器来源

编号	废弃物分类	电子废弃物的来源
1	IT 和电信	局域网、手机、打印机、调制解调器
2	小配件	MP3 播放器、DVD 播放器、数码相机、电脑
3	主要家用产品	空调、冰箱、洗衣机、微波炉
4	小型家用产品	游戏机、电水壶、电视、研磨机
5	电气电子产品	晶体管、二极管、集成电路、电池、变压器、电阻器、电线
6	监测仪器	恒温器、微控制器、继电器
7	医疗设备	生物医学仪器、温度计
8	自动化工具	自动肥皂和水分配器等

6.2.1　电子废弃物中的塑料

塑料是从石油燃料中提取的石化产品的衍生物（OIL，2008），是由大分子复合材料组成的合成资源；也可以在适当的工艺参数下回收再利用其原始资源。如图 6-2 所示，塑料占废弃电气电子设备总量的近 20%，阻燃塑料占 5%，非阻燃塑料占 15%。废弃电气电子设备由聚酯、聚氨酯、丙烯腈-丁二烯-苯乙烯、聚乙烯、聚酰胺、聚丙二烯、聚苯乙烯、苯乙烯丙烯腈等 15 种以上塑料构成（Vilaplana et al.，2008）。

6.2.2 电子废弃物管理问题

发展中国家的技术创新和经济发展使其生产了大量的电气和电子设备（Hossain et al., 2015）。电子废弃物是作为二手产品产生或进口的，因此其管理是各国非常棘手的问题（Nnorom et al., 2008b）。由于低收益或中等收益，电子废弃物只能在脏乱的废弃物填埋场被处理。焚烧法回收电线里面的铜，酸浸法提取回收印刷电路板涂层中的金、铂、钯和银等。由于缺乏健康和环境保护的相关设施，诸如以上活动在中国、印度、巴基斯坦、尼日利亚和加纳等发展中国家随处可见（Leung et al., 2006；SEPA, 2011）。Seitz（2014）透露，电子废弃物对环境和公众健康的影响已成为发展中国家日益关注的问题。

6.2.3 全球电子废弃物的产生

化石燃料被大量开采，并作为一种廉价的能源使用。如果一直开采，它们将在不久的将来消耗殆尽，这为二次能源的出现创造了条件。2014 年，全球产生了 4180 万吨电子废弃物，预计 2018 年将以 5%的年增长率增加至大约 5000 万吨（Baldé et al., 2015）。中国是一个新兴经济体，也是最大的电子产品制造国，这使中国成为仅次于美国的第二大废弃电气电子设备产生国（McCann et al., 2015）。新兴国家产生的电子废弃物量是城市化国家的两倍，有些发达国家甚至将其电子废弃物堆放在发展中国家，导致问题更加严重。这给当地居民带来了严重的环境和健康问题。表 6-2 说明了不同发展中国家和发达国家地区产生的废弃物类型。

表 6-2 各地区产生的废弃物类型的文献综述

地 区	废弃物种类	文 献
约旦	电子废弃物	Ikhlayel（2017）
伊朗	城市生活废弃物	Abduli 等（2011）
意大利	城市生活废弃物	Buratti 等（2015）
巴西	电子废弃物	De-Souza 等（2016）
中国	电子废弃物	Hong 等（2015）、Bian 等（2016）
约旦	城市生活废弃物	Ikhlayel 等（2016）
越南	城市生活废弃物	Thanh 和 Matsui（2013）
中国澳门	电子废弃物	Song 等（2013）
土耳其萨卡里亚	城市生活废弃物	Erses-Yay（2015）

6.2.4 电子废弃物对环境和公众健康的影响

为了研究电子废弃物对环境的影响,有几种类型的研究正在进行中。Xue 等(2015)报道了印刷电路板的规范回收对环境的影响。Fujimori 等(2012)报道了电子废弃物的适当和不当回收对土壤中金属的增强因素、危险指标和浓度的影响。多数研究主要集中在废弃物回收不当所产生的排放上,也有一些研究评估了电子废弃物对健康的影响。

6.3 电子废弃物中的能源回收

塑料废弃物可以通过大量焚烧产生能量,由于高值聚合物的存在,它们可以作为替代燃料资源。通过满足排放法规和能源需求,在处理大量塑料的情况下,能源回收可能具有生态上的价值。图 6-3 阐述了从电子废弃物中回收能源的方法。

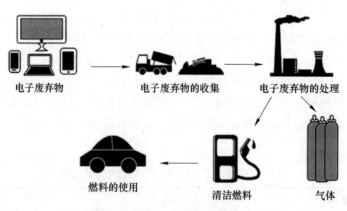

图 6-3 电子废弃物的能源回收

通过机械和化学方法回收塑料比填埋和焚烧方法更为重要。化学回收是一种经济可行的废弃电气电子设备处理技术,包括热解、水热处理和催化热解等方法,目的是将废弃电气电气设备塑料转化为化学品和高能燃料。

6.3.1 化学回收

塑料废弃物和电子废弃物被用作生产燃料和有价值产品的原料。在全球范围内,人们不仅对废弃物处理感兴趣,而且关注着一些生态友好产品的回收利用,如石油化工原料。这些原料具有比其他生物质更高的碳氢化合物含量。由于资本投资、原材料成本等,基础材料比化学回收的聚合物更便宜。在较高温度(180~280℃)和压力(20~40atm,1atm=1.01325×10^5Pa)下,用甲醇对聚对苯二甲酸乙二醇酯进行分解,得到对苯二甲酸二甲酯和乙二醇。表6-3描述了化学回收和机械回收工艺的优势和挑战。日本松下电器株式会社（Matsushita Electric Works, Ltd.）正在开发一种解聚方法,通过亚临界水的水解来处理阻燃聚合物。在该方法中,将阻燃聚合物中的热固性树脂回收为基本材料,其回收率达到70%。

表6-3 化学回收和机械回收工艺的优缺点

工艺	技术	优点	缺点
机械回收	浮选/分选	价格低廉	仅限两种混合物
	再加工	回收价值高	热机械分解过程
化学回收	化学分解	附加值化学品的合成	批量加工具有成本效益
	热解	易于操作	对PVC的耐受性差
	催化裂化	形成窄产品	催化剂不能重复使用
	加氢裂化	适用于塑料混合物	投资和运营成本高
	气化	形成合成气	送风和处理繁琐

6.3.2 机械化学处理

机械化学-机械和多相特性需要更高能量的磨机,该磨机需具有各种操作参数,如密度、剪切力和冲击力（Balaz et al., 2013）。图6-4显示了利用电子废弃物生产清洁燃料的机械化学处理方法。影响球磨实际操作的参数包括磨机类型、加工材料、球料比、填充室、加工速度和时间等（Balaz, 2008）。最近的研究表明,机械化学方法常被用于降解固体废弃物和回收塑料（Guo et al., 2010）。与传统方法相比,机械化学处理方法的优点是工艺简单、生态安全及产品可在亚稳定状态下回收。丙烯腈-丁二烯-苯乙烯聚合物和高抗冲聚苯乙烯-苯乙烯共聚物是聚合物复合材料中存在的多种类型的工程聚合物（占废弃电气和电子设备的16%）。而塑料的热化学回收在热解条件下产生单体和燃料（Grause et al., 2011）。

图6-4 利用电子废弃物生产清洁燃料

文献报道了一种从苯乙烯聚合物中去除溴的新方法（Grause et al., 2015）。在球磨反应器中,通过NaOH/乙二醇溶液在温和环境（150~190℃）中有效去除十溴二苯乙烷,该脱溴过程是通过取代氢氧化物或消除溴化氢来完成的。一旦十溴二苯乙烷被去除，残留物便适合机械回收。去除溴化有机化合物后，燃料产品的质量得到提高，其环境效应也同时降低。

在机械化学处理过程中，通过加入添加剂，可增强固体塑料的脱卤作用。一般采用碱金属氧化物（氧化钙、氢氧化钠）、铁粉和石英（二氧化硅）等添加剂作为催化吸附剂，但必须指出的是，这些材料是不可持续的。如果在机械化学处理过程中，加入可持续资源（如生物聚合物、生物废弃物、环保矿物）与塑料同时研磨，便可以开发出一种清洁燃料合成新方法，如图6-4所示。

6.3.3 水热法

废弃电气电子设备塑料的热传导是一种极具适用性的技术，它可以降解有机溴化合物，也可以原位并安全地将溴成分从石油产品中去除。超临界流体技术已成为一种潜在的塑料废弃物化学回收技术。在解聚、水解、氢化和脱氢的最佳条件下，超临界流体是一种更好的化学介质，具有低黏度、低介电常数、高传质系数和高扩散系数等特性（Shibasaki et al., 2004; Zhang et al., 2013）。

由于水热处理比生物质和污水废弃物的效率更高，因此水热处理是清洁燃料生产的首选方法（Shen et al., 2016; Yu et al., 2016）。唯一缺点就是反应器腐蚀和较高的能源利用率，选择合适的超临界流体和增强剂、价格和操作参数等是水热处理过程中面临的常见挑战（Guo et al., 2009）。

水热处理有两种主要类型：水热液化和水热气化。最终产品的质量取决于操作参数和环境（Yan et al., 2010）。近年来，有报道研究了用水热处理方法对塑料化合物进行脱卤处理（Starnes, 2012）。通过水热条件统一生物质，可以显著提高固体燃料的性能。

6.3.4 热解

与填埋和焚烧相比，热解是一种环保且经济可行的废弃电气电子设备塑料处理技术，排放到环境中的有毒气体少于焚烧处理（Bhaskar et al., 2002）。热解是一种对电子废弃物进行资源化利用的有效方法，可以在回收有价值化合物的同时，减少有毒有害物质的排放。塑料废弃物通过快速热解转化为燃料，成为保护环境免受这些不可降解塑料污染的一种具有前途的技术。在热解过程中，塑料在惰性气氛中于700~900K被热降解并还原为油、气体和碳化产物，该过程可产生溴含量和氯含量高的生物油（Lopez et al., 2011）。

热解是在封闭环境下进行的一步裂解过程。热解过程采用固定式、流化床和管式反应器，并根据工艺参数分为常规、快速和慢速热解三个主要过程（Wu et al., 2013）。流化床反应器作为一种较好的传热传质设备，可以产生薄层塑料，进而表明聚合物可降解。与传统热解相比，快速和慢速热解方法是将溴化阻燃塑料转化为清洁燃料和有价值产品的最佳途径。最近，一项研究表明，印刷电路板热解可以使溴、玻璃纤维和金属（铜）含量更高（Shen et al.，2018）。

6.3.4.1 热裂解

当废弃物在无氧环境下进行热解时，会产生焦炭、油和气态产物，这些产物会被进一步提纯并作为燃料使用。各种反应器中溴化阻燃塑料的热解研究报告显示（Hall et al.，2006；Jung et al.，2012；Miskolczi et al.，2008），在固定床反应器中，溴化高抗冲聚苯乙烯的热解可以提高油的回收率，热解油中含有甲苯、乙苯、苯乙烯和异丙苯。由于聚合物链的热稳定性较好，溴化高抗冲聚苯乙烯热解产生98%（质量分数）的油，其中含有61.7%（质量分数）的挥发性产物。溴化高抗冲聚苯乙烯每1g塑料热解产生的油约为500mg。相比之下，溴化丙烯腈-丁二烯-苯乙烯每1g塑料热解产生油为400mg。

6.3.4.2 共热解

共热解技术主要以两种或两种以上不同材料作为原料，以提高产油的质量和数量。共热解可以降低制造成本并解决废弃物管理中的一些问题。由于电子废弃物固有的复杂性，在其管理中出现了一些问题。共热解在没有任何催化剂或溶剂的情况下提高了热解油的质量和数量，这使得该方法成为工业应用中不可或缺的技术（Abnisa et al.，2014）。

6.3.5 燃烧法

化石燃料的燃烧被生物质和废弃物所取代，用于产生能量和热量。这一方法技术上可行，且可以减少有害温室气体（二氧化碳）的排放。然而，替代传统化石燃料最终会造成大量与灰分有关的问题（结渣、腐蚀和结垢）。研究发现，碱金属的使用可以克服这些问题（Hansen et al.，2000）。溴化燃料对钾、铁、铜、锌和铅等金属的挥发具有很好的效果（Vehlow et al.，2003）。卤素氢化物和小链卤代有机化合物是由有机卤代化合物分解产生的。通过燃烧法生产的主要产物为氯化塑料（废弃电气电子设备、聚氯乙烯、纺织品）和卤素混合物（氯化氢、溴化氢）（Wu et al.，2014）。

含溴化阻燃剂的废弃物在燃烧过程中生成多溴代二苯并二噁英和多溴代二苯并呋喃（Wang et al.，2012）。在热力条件下，它们也会参与回收过程。多溴二苯醚作为生产基质，如果燃烧过程不充分或过程紊乱会导致火灾事故、燃烧失控和气化。

6.3.6 气化工艺

高温热解产生具有更高热值的燃料（油、气）。电路板在800℃静态温度条件下热解产生的液体燃料含有溴代化合物,这使得其在没有进一步后阶段处理的情况下无法使用(William et al.,2007)。废弃电气电子设备塑料在高温(1200℃)下部分氧化,进而减少了气体产物中的溴化或氯化二噁英。尽管如此,气态产品中的卤素化合物不在允许用作燃料的范围内。溴化阻燃剂中的大部分有机溴化合物由于其基本成分,在较高温度下分解为溴化氢和溴(Jin et al.,2011)。使用氧化钙意在促进有机溴化合物中无机溴的形成。在高温下燃烧电路板可以有效地分解有机溴化合物。

由于在废弃电气电子设备塑料的回收中使用了碳酸盐,蒸汽气化成为一种具有发展前景的技术。废弃电气电子设备塑料中的卤化物以稳定有机盐的形式被回收(Zhang et al.,2013)。碳酸锂、碳酸钠和碳酸钾在温和的条件下被用作蒸汽气化的催化剂。在蒸汽气化过程中,碳酸盐或生物质不能导致卤素的排放,但加速了塑料中的焦油和焦炭转化为气体产品(Lopez et al.,2015)。

6.3.7 综合工艺

机械化学处理和水热处理等多种方法被用于去除塑料中的卤化物。在这种情况下,固体废弃物通过水热处理工艺得到了提质。表6-4阐述了废弃塑料回收脱卤工艺的优缺点。机械化学处理或水热处理工艺简单且环保,由于固体塑料用于能源(燃料、石油等)生产,因此能源利用率较高。需要针对这些处理工艺制定后阶段工艺。通过吸附和脱卤过程,只能去除产生的多溴二苯醚和印刷板(Huang et al.,2013;Zhuang et al.,2011)。在水热处理或机械化学处理过程中,低成本和持续加入添加剂可能最终会在热应用中产生协同效应。从工业角度来看,机械化学处理和水热处理工艺与催化热降解相结合是从电子废弃物中生产清洁燃料的理想方法。

表6-4 塑料废弃物脱卤的优缺点

方法	优　点	缺　点
热解	工艺简单,能耗低,生产高品质产品(燃料)	生成卤化物(二噁英),工艺昂贵
气化	工艺简单,生产合成气和燃料,产品提质更容易	生成卤化物(二噁英),塑料废弃物不能完全降解
燃烧	工艺简单,完全降解塑料废弃物	生成少量卤化物(二噁英),能耗高
水热	效率更高,省时	成本高,能耗高
机械化学	工艺简单,需加入添加剂	效率较低,能耗高

6.3.8 加氢裂化

加氢裂化工艺与固体塑料的催化提质工艺不同之处仅在于加氢裂化过程中氢

气的使用。该方法在 70atm（1atm＝1.01325×10^{5}Pa）和 375～400℃ 及催化剂存在条件下进行，氢气的使用提高了最终产品的质量（较高的氢碳比以及较少的芳香族化合物）。塑料混合物可以通过加氢裂化来生产高质量的石脑油，但这一工艺需要较高的操作压力和投资成本。

6.4 结　　论

废弃物管理部门需要综合思维和创新理念来解决现代社会的相关问题。由于安全废弃程序的缺乏和不当的回收设施，产生的电子废弃物的保存时间较短。通过机械化学或水热工艺进行预处理，可以消除塑料废弃物中的卤素。塑料废弃物的脱卤可以通过与可持续废弃物的联合研磨实现。通过机械化学处理或水热处理方法脱卤既方便又环保。从工业角度来看，机械化学处理或水热处理与催化热降解法相结合是利用电子废弃物生产清洁燃料的首选方法。

参 考 文 献

ABDULI M A, NAGHIB A, YONESI M, et al., 2011. Life cycle assessment (LCA) of solid waste management strategies in Tehran: Landfill and composting plus landfill [J]. Environ Monit Assess, 178: 487-498.

ABNISA F, DAUD W M A W, 2014. A review on co-pyrolysis of biomass: An optional technique to obtain high-grade pyrolysis oil [J]. Energy Convers Manag, 87: 71-85.

BALAZ P, 2008. Mechanochemistry in nanoscience and minerals engineering [M]. Berlin/Heidelberg: Springer.

BALAZ P, ACHIMOVIEOVA M, BALAZ M, et al., 2013. Hallmarks of mechanochemistry: From nanoparticles to technology [J]. Chem Soc Rev, 42: 7571.

BALDÉ C, WANG F, KUEHR R, et al., 2015. The global electronic waste monitor [Z]. United Nations University, IAS-SCYCLE, Bonn.

BHASKAR T, MATSUI T, KANEKO J, et al., 2002. Novel calcium based sorbent (Ca-C) for the dehalogenation (Br, Cl) process during halogenated mixed plastic (PP/PE/PS/PVC and HIPS-Br) pyrolysis [J]. Green Chem, 4: 372-375.

BIAN J, BAI H, LI W, et al., 2016. Comparative environmental life cycle assessment of waste mobile phone recycling in China [J]. J Clean Prod, 131: 209-218.

British Plastics Federation, 2008. Oil consumption: What happens to plastics when the oil runs out and when will it run out [Z]. http://www.bpf.co.uk/press/Oil_Consumption.aspx.

BURATTI C, BARBANERA M, TESTARMATA F, et al., 2015. Life cycle assessment of organic waste Management strategies: An Italian case study [J]. J Clean Prod, 89: 125-136.

DE-SOUZA R G, CLIMACO J C N, SANT'ANNA A P, et al., 2016. Sustainability assessment and prioritisation of electronic waste management options in Brazil [J]. Waste Manag, 57: 46-56.

ERSES-YAY A S, 2015. Application of life cycle assessment (LCA) for municipal solid waste management: A case study of Sakarya [J]. J Clean Prod, 94: 284-293.

FREEGARD K, TAN G, COGGINS-WAMTECH C, et al., 2006. Develop a process to separate brominated flame retardants from WASTE ELECTRICAL AND ELECTRONIC EQUIPMENTS polymers [R]. (Final Report). The Waste & Resources Action Programme, London.

FUJIMORI T, TAKIGAMI H, AGUSA T, et al., 2012. Impact of metals in surface matrices from formal and informal electronic-waste recycling around Metro Manila, the Philippines, and intra-Asian comparison [J]. J Hazard Mater, 221: 139-146.

GRAUSE G, KARAKITA D, ISHIBASHI J, et al., 2011. TGMS investigation of brominated products from the degradation of brominated flame retardants in high-impact polystyrene [J]. Chemosphere, 85: 368-373.

GRAUSE G, FONSECA J D, TANAKA H, et al., 2015. A novel process for the removal of bromine from styrene polymers containing brominated flame retardant [J]. Polym Degrad Stab, 112: 86-93.

GUO J, GUO J, XU Z M, 2009. Recycling of non-metallic fractions from waste printed circuit boards: A review [J]. J Hazard Mater, 168: 567-590.

GUO X, XIANG D, DUAN G, et al., 2010. A review of mechanochemistry applications in waste management [J]. Waste Manag, 30: 4-10.

HALL W J, WILLIAMS P T, 2006. Pyrolysis of brominated feedstock plastic in a fluidised bed reactor [J]. J Anal Appl Pyrolysis, 77: 75-82.

HANSEN L A, NIELSEN H P, FRANDSEN F J, et al., 2000. Influence of deposit formation on corrosion at a straw-fired boiler [J]. Fuel Process Technol, 64: 189-209.

HONG J, SHI W, WANG Y, et al., 2015. Life cycle assessment of electronic waste treatment [J]. Waste Manag, 38: 357-365.

HOSSAIN M, AL-HAMADANI S, RAHMAN R, 2015. Electronic waste: A challenge for sustainable development [J]. J Health Pollut, 5: 550-555.

HUANG Q, LIU W, PENG P, et al., 2013. Reductive debromination of tetra bromobisphenol a by Pd/Fe bimetallic catalysts [J]. Chemosphere, 92: 1321-1327.

HUISMAN J, MAGALINI F, KUEHR R, et al., 2008. Review of directive 2002/96 on waste electrical and electronic equipment (WASTE ELECTRICAL AND ELECTRONIC EQUIPMENTS) [A]. United Nations University, Bonn.

IKHLAYEL M, 2017. Environmental impacts and benefits of state-of-the-art technologies for electronic waste management [J]. Waste Manag, 68: 458-474.

IKHLAYEL M, HIGANO Y, YABAR H, et al., 2016. Introducing an integrated municipal solid waste management system: Assessment in Jordan [J]. J Sustain Dev, 9: 43.

JIANG P, HARNEY M, SONG Y, et al., 2012. Improving the end-of-life for electronic materials via sustainable recycling methods [J]. Procedia Environ Sci, 16: 485-490.

JIN Y, TAO L, CHI Y, et al., 2011. Conversion of bromine during thermal decomposition of printed circuit boards at high temperature [J]. J Hazard Mater, 186: 707-712.

JUNG S H, KIM S J, KIM J S, 2012. Thermal degradation of acrylonitrile-butadiene-styrene (ABS) containing flame retardants using a fluidized bed reactor: The effects of Ca-based additives on halogen removal [J]. Fuel Process Technol, 96: 265-270.

LEUNG A, CAI Z W, WONG M H, 2006. Environmental contamination from electronic waste recycling at Guiyu, Southeast China [J]. J Mater Cycles Waste Manage, 8: 21-33.

LI J, ZENG X, CHEN M, et al., 2015. "Control-Alt-Delete": Rebooting solutions for the electronic waste problem [J]. Environ Sci Technol, 49: 7095-7108.

LOPEZ A, DE MARCO I, CABALLERO B M, et al., 2011. Dechlorination of fuels in pyrolysis of PVC containing plastic wastes [J]. Fuel Process Technol, 92: 253-260.

LOPEZ G, EKIAGA A, AMUTIO M, et al., 2015. Effect of polyethylene co-feeding in the steam gasification of biomass in a conical spouted bed reactor [J]. Fuel, 153: 393-401.

MCCANN D, WITTMANN A, 2015. Solving the electronic waste problem (Step) green paper: E-waste Prevention, take-back system design and policy approaches [Z]. United Nations University/ StepInitiative, Germany.

MISKOLCZI N, HALL W J, ANGYAL A, et al., 2008. Production of oil with low organobromine content from the pyrolysis of flame retarded HIPS and ABS plastics [J]. J Anal Appl Pyrolsis, 83: 115-123.

NNOROM I C, OSIBANJO O, 2008a. Overview of electronic waste (electronic waste) management practices and legislations, and their poor applications in the developing countries [J]. Resour Conserv Recyc, 152: 843-858.

NNOROM I C, OSIBANJO O, 2008b. Sound management of brominated flame retarded (BFR) plastics from electronic wastes: State of the art and options in Nigeria [J]. Resour Conserv Recycl, 52: 1362-1372.

ONGONDO F O, WILLIAMS I D, CHERRETT T J, 2011. How are WASTE ELECTRICAL AND ELECTRONIC EQUIPMENTS doing? A global review of the management of electrical and electronic wastes [J]. Waste Manag, 31: 714-730.

PEREZ-BELIS V, BOVEA M, IBANEZ-FORES V, 2015. Anin-depth literature review of the waste electrical and electronic equipment context: Trends and evolution [J]. Waste Manag Res, 33: 3-29.

RAHMANI M, NABIZADEH R, YAGHMAEIAN K, et al., 2014. Estimation of waste from computers and mobile phones in Iran [J]. Resour Conserv Recycl, 87: 21-29.

SEITZ J, 2014. Analysis of existing electronic waste practices in MENA countries [Z]. The regional solid waste exchange of information and expertise network in Mashreq and Maghreb Countries (SWEEP-Net).

SEPA, 2011. Recycling and disposal of electronic waste: Health hazards and environmental impacts [Z]. Naturvårdsverket, Stockholm.

SHEN Y, ZHAO R, WANG J, et al., 2016. Waste-to-energy: De-halogenation of plastic-containing wastes [J]. Waste Manag, 49: 287-303.

SHEN Y, CHEN X, GE X, et al., 2018. Chemical pyrolysis of electronic waste plastics: Char characterization [J]. J Environ Manag, 214: 94-103.

SHIBASAKI Y, KAMIMORI T, KADOKAWA J, et al., 2004. Decomposition reactions of plastic model compounds in sub and super critical water [J]. Polym Degrad Stab, 83: 481-485.

SONG Q, LI J, 2015. A review on human health consequences of metals exposure to electronic waste in China [J]. Environ Pollut, 196: 450-461.

SONG Q B, WANG Z S, LI J H, 2013. Sustainability evaluation of electronic waste treatment based on emergy analysis and the LCA method: A case study of a trial project in Macau [J]. Ecol Indic, 30: 138-147.

STARNES W H, 2012. How and to what extent are free radicals involved in the nonoxidative thermal dehydrochlorination of poly (vinylchloride)? [J]. J Vinyl Addit Technol, 18: 71-75.

STEVELS A, HUISMAN J, WANG F, et al., 2013. Take back and treatment of discarded electronics: A scientific update [J]. Front Environ Sci Eng, 7: 475-482.

THANH N P, MATSUI Y, 2013. Assessment of potential impacts of municipal solid waste treatment alternatives by using life cycle approach: A case study in Vietnam [J]. Environ Monit Assess, 185: 7993-8004.

VEHLOW J, BERGFELDT B, HUNSINGER H, et al., 2003. Bromine in waste incineration: Partitioning and influence on metal volatilisation [J]. Environ Sci Pollut Res Int, 10: 329-334.

VILAPLANA F, KARLSSON S, 2008. Quality concepts for the improved use of recycled polymeric materials: A review [J]. Macromol Mater Eng, 293: 274-297.

WANG Y, ZHANG F S, 2012. Degradation of brominated flame retardant in computer housing plastic by supercritical fluids [J]. J Hazard Mater, 205-206: 156-163.

WIDMER R, OSWALD-KRAPF H, SINHA-KHETRIWAL D, et al., 2005. Global perspectives on electronic waste [J]. Environ Impact Assess Rev, 25: 436-458.

WILLIAM J H, PAUL T W, 2007. Separation and recovery of materials from scrap printed circuit boards [J]. Res Conserv Recycl, 51: 691-709.

WU C, WILLIAMS P T, 2013. Advanced thermal treatment of wastes for fuels, chemicals and materials recovery [M]//HESTER R E, HARRISON R M. Waste as are source. Cambridge: The Royal Society of Chemistry, 1-43.

WU H, SHEN Y, HARADA N, et al., 2014. Production of pyrolysis oil with low bromine and antimony contents from plastic material containing brominated flame retardants and antimony trioxide [J]. Energy Environ Res, 4: 105-118.

XUE M, KENDALL A, XU Z, et al., 2015. Waste management of printed wiring boards: A life cycle assessment of the metals recycling chain from liberation through refining [J]. Environ Sci Technol, 49: 940-947.

YAN W, HASTINGS J T, ACHARJEE T C, et al., 2010. Mass and energy balances of wet torrefaction of lignocellulosic biomass [J]. Energy Fuel, 24: 4738-4742.

YU J, SUN L, MA C, et al., 2016. Thermal degradation of PVC: A review [J]. Waste Manag, 48: 300-314.

ZHANG S, YOSHIKAWA K, NAKAGOME H, et al., 2013. Kinetics of the steam gasification of a phenolic circuit board in the presence of carbonates [J]. Appl Energy, 101: 815-821.

ZHUANG Y, AHN S, SEYFFERTH A L, et al., 2011. Dehalogenation of polybrominated diphenyl ethers and polychlorinated biphenyl by bimetallic, impregnated, and nanoscale zerovalent iron [J]. Environ Sci Technol, 45: 4896-4903.

7 欧盟国家废弃电气电子设备管理比较

伊莎贝尔·纳尔本-佩尔皮尼亚，迭戈·普莱尔

摘　要：在过去的几十年里，废弃电气电子设备（WEEE）数量的不断增加已成为一个全球关注的主要问题。欧洲已经制定了一项具体立法，以解决与适当管理废弃电气电子设备产生的环境问题（指令 2012/19/EU）。该指令为 WEEE 的再利用、再循环和回收提出了具体目标，欧洲国家应将其纳入国家政策。

　　本章根据欧盟废弃电气电子设备（WEEE）环境政策法规中设定的目标，旨在通过比较欧盟不同国家处理电子废弃物的表现，为 WEEE 管理提供综合文献资料。为此，本章首次使用传统非参数数据包络分析（DEA）来衡量技术效率。参照 2014 年 30 个欧洲国家的样本，对这些国家的电子废弃物处理效率水平进行了排名。结果表明，欧洲国家在执行 WEEE 指令和管理 WEEE 回收方面效率较高。然而，各国的 WEEE 效率由于各类别废弃物的性能不同而存在显著差异。总而言之，为实现回收小型设备、灯具、电气和电子工具以及医疗设备的更高效率水平，各国还需继续努力。

关键词：跨国比较；数据包络分析；效率测量；环境法规；环境挑战；欧洲指令；欧盟；电子废弃物；管理政策；非参数方法；废弃电气和电子设备

7.1 引　言

在过去几十年中，由于电气和电子设备（EEE）的技术创新和新应用的发展，EEE 已成为人类生存和日常生活的重要组成部分（Ylä-Mella et al., 2014），这使得全球 EEE 的销量呈指数增长（Pérez-Belis et al., 2015）。然而，随着 EEE 创新循环的扩张及旧设备更换速度的加快，EEE 成为快速增长的废弃物来源。因此，如果得不到妥善管理，EEE 将会在其寿命结束时产生大量的废弃电气电子设备（以下简称 WEEE 或电子废弃物），产生对环境和人类健康具有潜在毒性的污染问题（Townsend, 2011；Kiddee et al., 2013）。基于以上情况，有效和负责任地管理 WEEE 已成为全球主要关注的问题，成为需要优先监管的目标领域。

　　因此，为了解决与适当管理 WEEE 产生的环境问题并对其进行妥善处置，多国已经通过了一项具体的立法，其目标是保护环境和人类健康，并谨慎使用自然资源（Pérez-Belis et al., 2015）。WEEE 指令 2012/19/EU 在欧洲颁布，其主要目

标是：(1) WEEE 的预防；(2) 通过鼓励再利用、再循环或回收 WEEE 来减少废弃物量；(3) 有效利用资源和回收有价值二次原料。该指令寻求与电气和电子产品生命周期相关的所有人员的参与，即生产者、分销商、消费者以及直接参与收集和处理 WEEE 的人员。

为了实现欧盟环境政策的目标并监督各国的遵守情况，该指令基于产生的 WEEE（第 7 条）数量以及经过适当处理后单独收集的 WEEE 的再利用、再循环和回收（第 11 条）数量，建立了庞大的收集目标。具体而言，该指令在附录 V 中为不同类别的 WEEE 规定了具体的最低回收数量目标，且收集目标会随着时间的推移发生演变和增加，如表 7-1 所示。根据这一特点，成员国应调整其国家 WEEE 的管理政策，以符合收集要求并实现收集和回收目标。基于此，本书为了分析各欧盟成员国对 WEEE 的管理成效水平进行了一项研究，但此研究还有待进一步深入（在以下段落中将会说明）。

表 7-1 指令 2012/19/EU 附件 V 中按 WEEE 类别划分的最低回收目标

类别	2012 年 8 月 13 日至 2015 年 8 月 14 日		2015 年 8 月 15 日至 2018 年 8 月 14 日	
	回收	再循环	回收	再循环
大型家用电器	80%	75%	85%	80%
自动分配器				
信息技术和电信设备	75%	65%	80%	70%
消费类设备和太阳能光伏板				
小型家用电器	70%	50%	75%	55%
照明设备				
电气和电子工具				
玩具				
休闲和运动设备				
医疗设备和监控仪器				
气体放电灯	—	80%		80%

注：自 2018 年 8 月 15 日起，WEEE 类别发生变化，按类别划分的最低目标参照新分类，不具有可比性。

迄今为止，自 WEEE 产生的环境问题首次出现以来，许多研究人员从不同的角度和背景调查了 WEEE 的管理情况。事实上，可以找到大量涵盖不同领域的文献，如消费者对 WEEE 的行为［例如 Saphores 等（2006）、Chi 等（2014）、Colesca 等（2014）、Wang 等（2016）、Borthakur 和 Govind（2017）、Pérez-Belis 等（2017）］、立法要求的生产者立场［例如 Stevels 等（1999）、Goosey（2004）、

Yu 等（2006）]、WEEE 对环境和人类健康的影响［例如 Wang 和 Guo(2006)、Barba-Gutiérrez 等（2008）、Robinson（2009）、Wäger 等（2011）、Kiddee 等（2013）]，或回收和再利用的经济和环境可行性等［例如 Truttmann 和 Rechberger(2006)、Gregory 和 Kirchain（2008）、Kiatkittipong 等（2008）、Liu 等（2009）、Achillas 等（2013）、Cucchiella 等（2015）]。

此外，其他研究侧重于处理 WEEE 的不同管理实践［例如 Townsend(2011)、Kiddee 等（2013）、Shumon 等（2014）]或每个国家的立法和法规管理体系［例如 Ongondo 等（2011）、Khetriwal 等（2011）、Zeng 等（2013）、Li 等（2013）]及其有效应用［例如 De Oliveira 等（2012）、Torretta 等（2013）、Popescu（2014）、Ylä-Mella 等（2014）]。然而据调查，以前从未将环境法规设定的目标与不同国家的 WEEE 的有效管理进行定量比较。

从生产效率角度出发的关于衡量管理成效的替代方法已广泛应用于环境成效的一些领域。这些技术可以通过比较不同决策单位的相对管理成效，为管理者和决策者提供有用的信息，以便设计更好的管理战略和环境政策。

在此背景下，一些研究通过经济生态效率（通常称为生态效率）的概念来解决有关评估成效的问题。它指的是公共和私营组织生产商品和服务的能力，同时对环境的影响较小且消耗的自然资源较少［例如 Färe 等（1989）、Picazo-Tadeo 和 Prior(2009)、Picazo-Tadeo 等（2012）、Sueyoshi 和 Goto(2011)]。在此过程中，他们将环境外部性视为生产过程中的无用产出（或不良产出）。此外，其他研究侧重于几个经济主体在管理不同类型废弃物时的成效衡量，特别是城市固体废弃物［例如 Marques 和 Simões(2009)、Rogge 和 De Jaeger（2012）]或废水［例如 Abbott 和 Cohen(2009)、Sala-Garrido 等（2011）]。然而，在以前的文献中，这种成效分析并没有被应用于衡量 WEEE 或电子废弃物的管理中。

本章的目的是根据欧盟环境政策法规中设定的目标，通过比较不同欧盟国家的成效，为 WEEE 管理提供文献参考。为此，本章中首次使用传统的非参数数据包络分析（DEA）来衡量技术效率。参照 2014 年 30 个欧洲国家的样本，对这些国家的电子废弃物处理效率水平进行了排名。

结果表明，欧洲国家在实施 WEEE 方面效率很高。然而，考虑到不同废弃物类别的性能，我们观察到各国在 WEEE 效率方面存在显著差异。这意味着，在欧盟的框架内，需要对废弃物进行更有效的控制和监管。为了做到这一点，由于国家之间的多维比较不是一项容易的任务，非参数方法可以成为欧洲监管机构的有效工具。

本章结构如下：第 7.2 节概述了用于确定技术效率的方法，第 7.3 节详细描述了数据，第 7.4 节介绍并评论了最相关的结果，最后第 7.5 节概述了主要结论。

7.2 研究方法

生产力和效率是经济学和管理学文献中反复出现的概念。生产力是来自工程的一个指标。在最简单的定义中，生产力是通过生产的物理单元（产出）除以消耗要素的物理单元（投入）来计算的。因此，生产效率越高，单位投入的生产消耗就越多。因为要想实现充分高效，生产力水平必须尽可能高，因此对效率概念要求更高，换句话说，要估计生产效率，就需要将自己的生产力水平与其他生产商的生产力水平进行比较。一旦验证了没有其他生产商有能力以比你更好的生产力运营，那么就可以确认你是完全高效的。以上就是生产效率（或技术效率）的概念。当然还有其他定义，例如，当在产出和投入的物理单元中加入额外变量时，成本收入或利润效率主要是指产出和投入的价格。

Koopmans(1951)给出了一个有充分依据的技术效率定义：如果任何产量的增加需要减少至少一个其他产量或增加至少一个投入，并且如果任何投入的减少需要增加至少一种其他投入或减少至少一种产出，那么生产者在技术上是有效率的。

技术效率还有其他正式的定义。例如，Debreu(1951)和 Farrell(1957)引入了一个要求较低的技术效率指标，该指标指的是所有投入的最大径向（比例）减少，继续提供确定的产出水平。这意味着存在一个统一的分数用来识别技术效率。当情况并非如此时，那么低于统一的分数就表明存在技术效率低下的情况。Debreu-Farrell 的定义是基于投入收缩（也就是说，它是一个以投入为导向的指标）。反过来说，也可以通过保持投入不变来接受产出变量的扩展，从而定义一个以产出为导向的指标。

因此，与生产力不同的是，效率指标决定了产出和投入的确定水平与产出和投入的特定水平之间的存在距离，这些产出和投入是定义最佳组合所需的，以配置现有技术的最佳实践路线。如上所述，以投入为导向的指标显示出必要的投入减少以提高效率的同时，保持产出不变。相反，以产出为导向的指标显示出所需的产出扩展，但保持投入不变。还有其他扩展，即所谓的定向距离函数，该函数结合了投入和产出的变化。由于定向距离函数的形式定义更复杂，往往不会将其应用于实证工作中。

首先说明从实证工作中要遵循的效率（或生态效率）指标的定义过程。为了做到这一点，需要遵循 Farrell 通过假设生产端的边缘技术定义的技术效率指标。为了提供更多可能的方法选择，对这一初步定义进行了扩展：

（1）使用参数生产函数（DFA）进行确定性前沿分析，Aigner 和 Chu (1968) 在这一方向上进行了开创性工作。

(2) 随机前沿分析 (SFA) (Aigner et al., 1977; Meeusen et al., 1977)。该方法通过使用随机生产函数来估计效率。

(3) 数据包络分析 (DEA)，最初由 Charnes 等 (1978) 提出，通过使用数学优化方法测量相对于确定性非参数边界的效率。

从 Lovell (1996) 提供的综述中可以看出，这些方法都有其优点和缺点。特别是本章将使用的 DEA 估计方法，因为它需要对技术进行最低程度的假设。

现在我们定义了估计效率分数所需的数学模型。假设有 K 个观测值，特定单元 $k(k=1, \cdots, K)$ 通过消耗 $x_{kn}(n=1, \cdots, N)$ 个输入来产生给定数量的输出 $y_{km}(m=1, \cdots, M)$。假设知道 K 个单元的 M 个输出的矩阵 Y（这意味着输出矩阵具有 $K \times M$ 个维度）。假设已知对应于 K 个单元的 N 个观测输入的矩阵 X 的信息（这意味着输入是用维数 $K \times N$ 定义的）。有了这些信息，我们定义了在产生输出向量 (y_m) 时消耗的输入向量 (x_n)。假设已知允许将输入转换为输出的技术。如前所述，采用以产出为导向的效率估计版本。这项技术从输出集的定义开始。Shephard (1970) 已经证明，具有常见属性（正则性、单调性、凸性和规模报酬可变）的线性技术可以通过输出集来概括：

$$F(x) = \{y : (x, y)\} \tag{7-1}$$

输出集包括所有可能的输入和输出集合，即低效点和高效点。如果采取更苛刻的立场，等产量曲线提供了 Debreu-Farrell 的效率概念：

$$F(x) = \{y : y \in F(x), zy \notin F(x), z \in (1, +\infty)\} \tag{7-2}$$

其中 z 是强度矢量，$F(x_k)$ 包括产生输出矢量 y_k 所需的输入。从等产量曲线来看，现在可以实施 Debreu-Farrell 以产出为导向的技术效率衡量标准：

$$DF_o(x, y) = \max\{\theta : \theta \cdot y \in F(x)\} \tag{7-3}$$

已知 θ，很容易确定潜在的或最佳的输出水平（将观测到的单元 k 投影到有效边界上）：

$$\theta \cdot y_k, \theta \geq 1 \tag{7-4}$$

如果 $\theta = 1$，则 y_k 在有效边界上执行；而如果 $\theta > 1$，则需要增加输出矢量 y_k 的数量来找到有效边界。为了量化输出有效分数 θ，我们可以采用两种方法：使用前沿生产函数进行操作（参数方法）或在不施加任何函数形式的情况下进行操作（非参数 DEA 模型）。在这里应用非参数方法。在规模报酬可变 (VRS) 中，用于计算以产出为导向的效率系数（称为数据包络分析 (DEA)）的有效边界的线性规划问题如下：

$$DF_o(x^o, y^o) = \max_{\theta, z_k} \theta$$

服从

$$\sum_{K}^{k=1} z_k y_{km} \geq \theta y_m^o \quad m = 1, \cdots, M$$

$$\sum_{K}^{k=1} z_k x_{kn} \leq x_n^o \quad n = 1, \cdots, N$$

$$\sum_{K}^{k=1} z_k = 1$$

$$z_k \geq 0 \quad k = 1, \cdots, K \tag{7-5}$$

注意，式（7-5）中 $\sum_{K}^{k=1} z_k = 1$ 的限制对应于 DEA-VRS，这意味着该技术表现出规模报酬可变。

图 7-1 中，可以观察到单元 B_k 的低效率水平。这种低效率可用最佳实践输出边界与观察到的输出水平之间的垂直距离来表示。

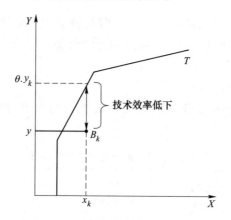

图 7-1 规模报酬可变技术的低效率

[该图表示了以规模报酬可变产出为导向的数据包络分析（DEA）模型。单元 B_k 的技术低效率水平用最佳实践输出边界与观察到的输出水平之间的垂直距离表示]

7.3 样本、数据和变量

本节对欧盟成员国和欧洲经济区（EEA）以及欧洲自由贸易联盟（EFTA）国家的样本进行了分析。关于投入和产出的信息来自欧盟统计局，即欧洲联盟的统计部门。具体而言，使用关于废弃电气电子设备（WEEE）的数据，其中包括各国在遵守规定对 WEEE 进行适当处理后可再利用、再循环和回收的最低定量目标的信息。上述数据是根据 2012 年 7 月 4 日欧洲议会和理事会的 2012/19/EU 指令收集的。该数据自 2005 年以来每年都会公布一次。然而，直到 2013 年，奥地利、保加利亚、捷克共和国、马耳他、荷兰和英国等国家才提供了某些异常或测量特定类别的方法变化的数据。因此，该年之前的数据不是对于所有国家都具有可比性。

本节的投入计量代表每个国家收集并妥善处理的 WEEE 质量（X_1，单位为 t）。产出变量有两种不同的衡量标准，即回收的 WEEE 质量（Y_1，单位为 t）和再利用或再循环的 WEEE 质量（Y_2，单位为 t）。此外，根据 2012/19/EU 指令中列出的类别，区分了 4 组不同的 WEEE。为 2012 年 8 月 13 日至 2015 年 8 月 14 日期间的 4 种不同类别的 WEEE 制定了具体的最低回收目标，见表 7-1。具体而言，分组定义如下：

A 类包括（1）大型家用电器和（2）自动分配器。

B 类包括（1）信息技术和电信设备，以及（2）消费类设备和太阳能光伏板。

C 类包括（1）小型家用电器，（2）照明设备（气体放电灯除外），（3）电气和电子工具，（4）玩具，（5）休闲和运动设备，以及（6）医疗设备和监控仪器。

D 类包括气体放电灯。

表 7-2 给出了 2014 年各 WEEE 类别的投入和产出的描述性统计数据以及 WEEE 的总值。

表 7-2 投入和产出的描述性统计

类别[①]	变量[②]	平均值	中位数	标准差
A	收集（X_1）	58445.80	29531.50	82368.93
A	回收（Y_1）	52350.87	25735.00	74860.14
A	再循环再利用（Y_2）	47933.67	24177.00	66999.95
B	收集（X_1）	42064.73	16464.00	65733.78
B	回收（Y_1）	37159.47	14399.50	60037.82
B	再循环再利用（Y_2）	34197.60	13562.00	54456.01
C	收集（X_1）	18031.70	6437.00	33320.08
C	回收（Y_1）	16129.53	5670.50	31755.08
C	再循环再利用（Y_2）	14564.90	5604.50	27463.60
D	收集（X_1）	1258.57	664.50	1732.77
D	再循环再利用（Y_2）	1117.83	588.50	1558.03
总计	收集（X_1）	119800.77	55180.00	176218.35
总计	回收（Y_1）	106765.80	48305.00	161418.90
总计	再循环再利用（Y_2）	97812.87	45752.00	144963.98

[①]类别是根据欧洲议会和理事会 2012 年 7 月 4 日指令 2012/19/EU 附件 V 定义的，该指令规定了按 WEEE 类别划分的最低回收目标。

[②]单位为 t。

7.4 结　果

通过应用前面描述的非参数效率方法估计了2014年30个欧洲国家的效率分数。表7-3列出了4种不同类别的WEEE的效率结果，以及所分析的每个国家的WEEE总值；还显示了每个类别的裁剪平均值，这是一种中心趋势的稳健统计度量，为避免异常值失真，提供了丢弃分布尾部后的均值估算。此外，还提供了小提琴图，以进一步解释结果。小提琴图包括分布的所有特征，并提供了关于如何将WEEE类别表现更全面的信息。如图7-2显示了A类WEEE的小提琴图和WEEE总量。

表7-3　不同类别废弃电气电子设备（WEEE）的效率结果

国家	A类	B类	C类	D类	总计
奥地利	1.029	1.075	1.044	1.140	1.048
比利时	1.124	1.106	1.184	1.112	1.115
保加利亚	1.007	1.238	1.131	1.259	1.051
塞浦路斯	1.137	1.358	1.066	1.000	1.159
捷克共和国	1.036	1.079	1.153	1.152	1.031
德国	1.000	1.000	1.000	1.000	1.000
丹麦	1.172	1.000	1.011	1.085	1.046
爱沙尼亚	1.268	1.137	1.067	1.256	1.122
希腊	1.094	1.032	1.066	1.434	1.059
西班牙	1.139	1.064	1.198	1.350	1.108
芬兰	1.028	1.019	1.001	1.118	1.000
法国	1.000	1.042	1.026	1.091	1.043
克罗地亚	1.000	1.000	1.000	1.487	1.000
匈牙利	1.041	1.039	1.000	1.221	1.017
爱尔兰	1.069	1.092	1.072	1.177	1.063
冰岛[①]	1.000	2.030	9.887	—	1.308
意大利	1.000	1.069	1.100	1.080	1.028
立陶宛	1.159	1.326	1.190	1.321	1.196
卢森堡	1.126	1.206	1.152	1.143	1.087
拉脱维亚	1.154	1.266	1.089	1.209	1.093
马耳他[①]	1.000	1.000	1.000	—	1.000
荷兰	1.000	1.001	1.009	1.084	1.000

续表 7-3

国家	A 类	B 类	C 类	D 类	总计
挪威	1.014	1.081	1.030	1.131	1.029
波兰	1.010	1.743	1.067	1.135	1.160
葡萄牙	1.113	1.201	1.113	1.325	1.122
罗马尼亚	1.000	1.137	1.081	1.066	1.033
瑞典	1.017	1.004	1.112	1.000	1.017
斯洛文尼亚	1.047	1.226	1.076	1.000	1.066
斯洛伐克	1.000	1.073	1.028	1.164	1.019
英国	1.000	1.054	1.003	1.090	1.047
调整后的平均效率分数[②]	1.054	1.131	1.070	1.159	1.063

[①] 冰岛和马耳他都不收集 D 类废弃物。
[②] 调整后的平均效率分数即截断平均值或裁剪平均值是集中趋势的稳健统计度量，涉及在丢弃分布的两个尾部后的均值估算。

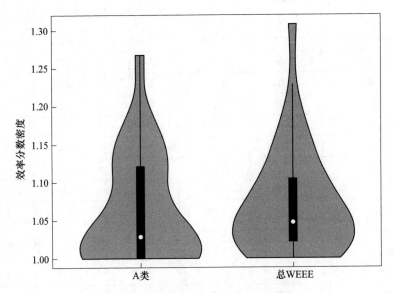

图 7-2　A 类和总 WEEE 小提琴曲线图

结果显示，各 WEEE 类别中所有欧洲国家的平均技术效率分数为 1.063，表明各成员国对 WEEE 都进行了适当的管理，但收集和处理用于回收和再循环的 EEE 总量仍可提高 6.3%。总的来说，不同国家的效率分数还存在一定差异。

德国的 WEEE 管理始终走在世界前列，其在所有类别中的效率分数都为 1。此外，克罗地亚和马耳他在除 D 类外的所有 WEEE 类别中都是高效的，两国在 D 类中的效率很低。尽管在 D 类的管理非常糟糕，但这两个国家整体上被认为是相当高效的。这是因为 D 类的废弃物在 WEEE（以 t 为单位）的总量中所占的比重较小。最后，荷兰和芬兰等一些国家在大多数类别中都有一定的改进空间，但总的来说是高效的。相比之下，冰岛和立陶宛在大多数类别中的效率都很低，两国表现最差。此外，波兰、塞浦路斯和爱沙尼亚对 A 类和 B 类（WEEE 总集合中最重要的，按 t 计算）的管理不善，使得其整体效率非常低。

另外，对于不同类型的 WEEE，我们观察到一些类别比其他类别管理得更好。A 类，即大型家用电器和自动分配器是平均效率水平最高的类别。事实上，许多国家在这一类别中完全高效，如德国、克罗地亚、马耳他、荷兰、斯洛伐克、意大利、罗马尼亚、法国、英国和冰岛。这一特定类别的良好性能部分解释了整个 WEEE 类别的高效率水平。图 7-2 可以支持描述性分析，类别 A 显示了双峰结构，其中多数有更大的概率统一集中，并且显示的高效单元数量比 WEEE 总量图更多。

B 类是继 A 类之后最重要的类别，包括信息技术和电信设备、消费类设备以及太阳能光伏板。B 类的平均效率分数是 1.131。此效率水平可以用一些国家的糟糕表现来解释，包括冰岛、波兰、塞浦路斯、立陶宛和拉脱维亚，这些国家的效率水平可以提高 25% 以上。只有德国、克罗地亚、马耳他和丹麦在这一类别中效率较高。此外，冰岛在 C 类中的表现极其糟糕。虽然其他国家的效率水平不算太低，但西班牙、立陶宛、比利时和卢森堡等国的低效率分数超过 15%。因此，这些特定国家必须做出更大的努力，以进一步完善对 C 类废弃物进行管理的国家政策。

最后，与气体放电灯相对应的 D 类，代表更低的平均效率水平（1.159）。此外，我们必须注意到马耳他和冰岛这两个国家没有管理这一特定类别的废弃物。在这一类别中表现最差的国家是克罗地亚和希腊，低效率水平超过 40%，其次是西班牙、葡萄牙、立陶宛、保加利亚、爱沙尼亚、匈牙利和拉脱维亚，低效率水平在 20%~35%。因此，总体而言，这些国家在这一特定类别的 WEEE 管理方面仍有大量工作要做。

7.5 结　论

在过去的几十年里，废弃电气电子设备（WEEE）已成为全球关注的一个主要问题。由于电气和电子设备的高消耗率、短生命周期，而增加了 WEEE 的产生率。在这种情况下，许多国家制定了具体的法规来应对管理这一环境问题的挑战。在欧洲，指令 2012/19/EU 制定了 WEEE 管理框架。其主要目标是促进：(1) WEEE 的预防；(2) 通过鼓励再利用、再循环或回收废弃电气电子设备来减少报废；以及 (3) 有效利用资源，从废弃设备中回收有价值的原材料。

在此基础上,提出了对经过适当处理后单独收集的废弃电气电子设备进行再利用、再循环和回收的目标,欧洲各国应将其纳入国家政策。

本研究的目的是通过比较不同欧洲国家根据欧盟 WEEE 指令设定的目标的执行情况,为 WEEE 管理提供文献参考。本书是首次尝试从生产效率这一维度来评估欧洲生态效率,因此在不久的将来还有更多的工作要做。

总体而言,欧洲国家在 WEEE 指令的实施和 WEEE 的回收管理方面取得了有效的成功。然而,就不同国家和废弃物类别的表现而言,在 WEEE 管理方面存在很大差异。一些国家的 WEEE 管理系统需要进行改进以满足欧洲指令的要求,这意味着在 WEEE 管理方面还有提高的空间。尽管一些国家的 WEEE 管理系统在尽可能地适应欧洲立法的变化,但其影响迄今为止还是有限的,因为目标尚未完全实现。综上所述,政府当局和负责任的经营者在未来将做出更大的努力。

为了帮助提高废弃电气电子设备的生态效率水平,本章分析并确定了一些潜在的改进领域。总而言之,需要做出更多努力以提高 C 类和 D 类废弃物的效率水平,这类废弃物主要包括小型设备、灯具、电气和电子工具以及医疗设备。

从研究中可以明显得知,一些国家在处理 WEEE 方面面临着真正的挑战。这一挑战可以通过更方便地收集和处理此类 EEE,使国家政策更好地适应欧洲立法要求来实现;在公共场所、零售商处设置货柜;支持开展有关消费和回收的公众宣传活动;鼓励在设计和生产电气和电子设备时,充分考虑电气和电子设备的维修、再利用、拆解和再循环;加强政府机构对废弃物再循环及回收的管制;加强有关生产者和分销商义务的立法等。

从实证研究的角度来看,本研究有待进一步扩展。其中,有两个从理论和经验角度都是相关的:(1)通过考虑存在不良或不期望的产出来考虑更复杂的技术,即收集但没有回收或再循环材料的质量(单位为 t);(2)通过考虑效率估计中的调整和目标设置过程来扩展数学模型。这是两项值得花精力和注意力进行的扩展性研究。

参 考 文 献

ABBOTT M, COHEN B, 2009. Productivity and efficiency in the water industry [J]. Util Policy, 17 (3/4): 233-244.

ACHILLAS C, AIDONIS D, VLACHOKOSTAS C, et al., 2013. Depth of manual dismantling analysis: Accost benefit approach [J]. Waste Manag, 33 (4): 948-956.

AIGNER D J, CHU S F, 1968. On estimating the industry production function [J]. Am Econ Rev, 58 (4): 826-839.

AIGNER D, LOVELL C K, SCHMIDT P, 1977. Formulation and estimation of stochastic frontier production function models [J]. J Econ, 6 (1): 21-37.

BARBA-GUTIÉRREZ Y, ADENSO-DIAZ B, HOPP M, 2008. An analysis of some environmental consequences of European electrical and electronic waste regulation [J]. Resour Conserv Recycl, 52 (3): 481-495.

BORTHAKUR A, GOVIND M, 2017. Emerging trends in consumers' E-waste disposal behaviour and awareness: A worldwide overview with special focus on India [J]. Resour Conserv Recycl, 117: 102-113.

CHARNES A, COOPER W W, RHODES E, 1978. Measuring the efficiency of decision making units [J]. Eur J Oper Res, 2 (6): 429-444.

CHI X, WANG M Y, REUTER M A, 2014. E-waste collection channel sand household recycling behaviors in Taizhou of China [J]. J Clean Prod, 80: 87-95.

COLESCA S, CIOCOIU C, POPESCU M, 2014. Determinants of WEEE recycling behaviour in Romania: a fuzzy approach [J]. Int J Environ Res, 8 (2): 353-366.

CUCCHIELLA F, D'ADAMO I, KOH S L, et al., 2015. Recycling of WEEEs: An economic assessment of present and future ewaste streams [J]. Renew Sust Energ Rev, 51: 263-272.

DE OLIVEIRA C R, BERNARDES A M, GERBASE A E, 2012. Collection and recycling of electronic scrap: A worldwide overview and comparison with the Brazilian situation [J]. Waste Manag, 32 (8): 1592-1610.

DEBREU G, 1951. The coefficient of resource utilization [J]. Econometrica, 19 (3): 273-292.

FÄRE R, GROSSKOPF S, LOGAN J, 1985. The relative performance of publicly-owned and privately-owned electric utilities [J]. J Public Econ, 26 (1): 89-106.

FÄRE R, GROSSKOPF S, LOVELL C K, et al., 1989. Multilateral productivity comparisons when some outputs are undesirable: A nonparametric approach [J]. Rev Econ Stat, 71: 90-98.

FARRELL M, 1957. The measurement of productive efficiency [J]. J R Stat Soc, 120 (3): 253-281.

GOOSEY M, 2004. End-of-life electronics legislation-an industry perspective [J]. Circuit World, 30 (2): 41-45.

GREGORY J R, KIRCHAIN R E, 2008. A frame work for evaluating the economic performance of recycling systems: A case study of North American electronics recycling systems [J]. Environ Sci Technol, 42 (18): 6800-6808.

KHETRIWAL D S, WIDMER R, KUEHR R, et al., 2011. One WEEE, many species: Lessons from the European experience [J]. Waste Manag Res, 29 (9): 954-962.

KIATKITTIPONG W, WONGSUCHOTO P, MEEVASANA K, et al., 2008. When to buy new electrical/electronic products? [J]. J Clean Prod, 16 (13): 1339-1345.

KIDDEE P, NAIDU R, WONG M H, 2013. Electronic waste management approaches: An overview [J]. Waste Manag, 33 (5): 1237-1250.

KOOPMANS T C, 1951. Analysis of production as an efficient combination of activities [J]. Anal Prod Alloc, 173 (3): 33-97.

LI J, LIU L, ZHAO N, et al., 2013. Regional or global WEEE recycling. Where to go? [J]. Waste Manag, 33 (4): 923-934.

LIU X, TANAKA M, MATSUI Y, 2009. Economic evaluation of optional recycling processes for waste electronic home appliances [J]. J Clean Prod, 17 (1): 53-60.

LOVELL C K, 1996. Applying efficiency measurement techniques to the measurement of productivity change [J]. J Prod Anal, 7 (2/3): 329-340.

MARQUES R C, SIMÕES P, 2009. Incentive regulation and performance measurement of the Portuguese solid waste management services [J]. Waste Manag Res, 27 (2): 188-196.

MEEUSEN W, VAN DEN BROEK J, 1977. Efficiency estimation from Cobb-Douglas production function with composed error [J]. Int Econ Rev, 8: 435-444.

ONGONDO F O, WILLIAMS I D, CHERRETT T J, 2011. How are WEEE doing? A global review of the management of electrical and electronic wastes [J]. Waste Manag, 31 (4): 714-730.

PÉREZ-BELIS V, BOVEA M, IBÁÑEZ-FORÉS V, 2015. An in-depth literature review of the waste electrical and electronic equipment context: Trends and evolution [J]. Waste Manag Res, 33 (1): 3-29.

PÉREZ-BELIS V, BRAULIO-GONZALO M, JUAN P, et al., 2017. Consumer attitude towards there pair and the second hand purchase of small household electrical and electronic equipment. A Spanish case study [J]. J Clean Prod, 158: 261-275.

PICAZO-TADEO A J, PRIOR D, 2009. Environmental externalities and efficiency measurement [J]. J Environ Manag, 90 (11): 3332-3339.

PICAZO-TADEO A J, BELTRÁN-ESTEVE M, GÓMEZ-LIMÓN J A, 2012. Assessing eco-efficiency with directional distance functions [J]. Eur J Oper Res, 220 (3): 798-809.

POPESCU M L, 2014. Waste electrical and electronic equipment management in Romania: Harmonizing national environmental law with European legislation [J]. Administratie si Management Public, 188 (22): 65-72.

ROBINSON B H, 2009. E-waste: An assessment of global production and environmental impacts [J]. Sci Total Environ, 408 (2): 183-191.

ROGGE N, DE JAEGER S, 2012. Evaluating the efficiency of municipalities in collecting and processing municipal solid waste: A shared input DEA-model [J]. Waste Manag, 32 (10): 1968-1978.

SALA-GARRIDO R, MOLINOS-SENANTE M, HERNÁNDEZ-SANCHO F, 2011. Comparing the efficiency of waste water treatment technologies through a DEA meta frontier model [J]. Chem Eng J, 173 (3): 766-772.

SAPHORES J D M, NIXON H, OGUNSEITAN O A, et al., 2006. Household willingness to recycle electronic waste: An application to California [J]. Environ Behav, 38 (2): 183-208.

SHEPHARD R, 1970. Theory of cost and production function [M]. Princeton: Princeton University Press.

SHUMON M R H, AHMED S, ISLAM M T, 2014. Electronic waste: Present status and future perspectives of sustainable management practices in Malaysia [J]. Environ Earth Sci, 72 (7): 2239-2249.

STEVELS A, RAM A, DECKERS E, 1999. Take-back of discarded consumer electronic products from the perspective of the producer: conditions for success [J]. J Clean Prod, 7 (5): 383-389.

SUEYOSHI T, GOTO M, 2011. Measurement of returns to scale and damages to scale for DEA-based operational and environmental assessment: How to manage desirable (good) and undesirable (bad) outputs? [J]. Eur J Oper Res, 211 (1): 76-89.

TORRETTA V, RAGAZZI M, ISTRATE I A, et al., 2013. Management of waste electrical and electronic equipment in two EU countries: A comparison [J]. Waste Manag, 33 (1): 117-122.

TOWNSEND T G, 2011. Environmental issues and management strategies for waste electronic and electrical equipment [J]. Jair Waste Manag Assoc, 61 (6): 587-610.

TRUTTMANN N, RECHBERGER H, 2006. Contribution to resource conservation by reuse of electrical and electronic household appliances [J]. Resour Conserv Recycl, 48 (3): 249-262.

WÄGER P, HISCHIER R, EUGSTER M, 2011. Environmental impacts of the Swiss collection and recovery systems for waste electrical and electronic equipment (WEEE): A follow-up [J]. Sci Total Environ, 409 (10): 1746-1756.

WANG J, GUO X, 2006. Impact of electronic wastes recycling on environmental quality [J]. Biomed Environ Sci, 19 (2): 137.

WANG Z, GUO D, WANG X, 2016. Determinants of residents' E-waste recycling behaviour intentions: Evidence from China [J]. J Clean Prod, 137: 850-860.

YLÄ-MELLA J, POIKELA K, LEHTINEN U, et al., 2014. Implementation of waste electrical and electronic equipment directive in Finland: Evaluation of the collection network and challenges of the effective WEEE management [J]. Resour Conserv Recycl, 86: 38-46.

YU J, WELFORD R, HILLS P, 2006. Industry responses to EUWEEE and ROHS directives: Perspectives from China [J]. Corp Soc Responsib Environ Manag, 13 (5): 286-299.

ZENG X, LI J, STEVELS A, et al., 2013. Perspective of electronic waste management in China based on a legislation comparison between China and the EU [J]. J Clean Prod, 51: 80-87.

8 从宏观到微观尺度的电子废弃物管理

楚克乌迪·O. 翁沃西，
维克托·C. 伊博克韦，托丘克乌·N. 恩瓦古，
乔伊斯·N. 奥丁巴，查尔斯·O. 吴切

摘 要：对电气和电子设备需求的增加以及大多数电器寿命的缩短导致了大量电子废弃物的产生。这些废弃物既含有有益成分，也含有有害成分。因此，为了保护人类和环境，应该对电子废弃物进行适当的管理。本章将讨论为有效管理电子废弃物而部署的各种类别，如危险部分的收集和处置，以及贵金属和能源的回收，同时强调了电子废弃物管理的好处、挑战和未来。

关键词：电子废弃物；回收利用；印刷线路板；贵金属；物质流分析；生命周期评估；冶金；重金属；塑料；生产者责任延伸

8.1 废弃电子产品非受控管理的启示

在许多国家，大部分中低收入家庭产生了大量电子废弃物，这些电子废弃物通常被处置到野外废弃物填埋场。在其中一些国家，包括尼日利亚、加纳、印度、巴基斯坦、中国和菲律宾，电子废弃物由未经培训的人员使用简单设备拆解以回收重要金属，并且他们不太顾及环境和公众健康（Ikhlayel，2018）。在这些国家，电子废弃物回收主要包括在露天焚烧电线以从内部回收铜，同时回收塑料部分，以及从印刷线路板中提取银、金和铂等贵金属。

文献中的许多报道概述了电子废弃物的成分，这些成分是已知的对人类健康存在有害影响的有毒物质。这些有毒物质包括重金属和多氯联苯（PCBs），已被证明在电子废弃物大量存在地区的沉积物、空气和水生生物中蔓延。这些有毒物质对生物体的负面影响包括急性效应、内分泌干扰、生殖功能障碍和癌症（Zhang et al.，2014）。

这些极度危险的废弃物材料已经产生了一定程度的负面生态影响，所以电子废弃物的管理最近受到了世界各地的极大关注。一些关于电子废弃物管理的研究表明，电子废弃物管理似乎是因地制宜的，因为许多国家已经实施了不同的政策

来遏制废弃物材料在该地区的泛滥（Townsend，2011）。

长期以来，电子废弃物从发达国家向发展中国家的跨境运输一直是人们关注的主要问题（Townsend，2011）。发展中国家在电子废弃物管理方面仍有大量工作要做。然而，发达国家的情况正好相反（Ikhlayel，2018）。仍有观点认为，一些发展中国家的电子废弃物产生不需要过于关注，因为在当地社区和国家层面的财政限制，电子产品数量较少、半衰期较长（Kiddee et al.，2013）。

一些发达国家，虽已经为区域和全球电子废弃物管理的技术创新和回收方法做出了较大贡献，但仍有像发展中国家一样将电子废弃物填埋或非正式焚烧处理或处置现象的存在（Zeng et al.，2015）。为了避免公众争论，处理电子废弃物的成本必须与环境效益相平衡（Zhang et al.，2014）。

本章讨论了从微观到宏观管理电子废弃物的不同选择。然而，有必要指出，一个地区的监管结构的管理方法和已经确立的管理方案是影响电子废弃物管理方案选择的主要因素。

8.2 电子废弃物的宏观管理

8.2.1 政府在电子废弃物管理中的作用

很大程度上，处理电子废弃物的机会取决于地点和现有的管理监管结构（Townsend，2011）。政府已就电子废弃物制定了不同立法，如巴塞尔公约，以应对有关电子废弃物管理更广泛的问题。

与更先进的国家相比，发展中国家的电子废弃物状况甚至更严重。为了遏制这一威胁，大多数发达国家和一些发展中国家已经批准立法，以检查非法贩运和无证回收电子废弃物。这些立法呼吁基于生命周期考虑的生产者责任延伸概念，希望能提供一些约束和补救措施（Premalatha et al.，2014）。

有关适当管理电子废弃物的法律和政策不断与时俱进（Ramesh Babu et al.，2007）。然而，这种政策的设计应具有创新性，并应严格执行以发挥其效力（Lu et al.，2015）。在电子废弃物法规的颁布和实施方面，欧盟和一些亚洲国家处于前沿。与此同时，瑞士建立了第一个全面的电子废弃物管理系统，涵盖了收集到处理系统（Sthiannopkao et al.，2013）。

欧盟制定了相关法律和准则，限制电气和电子设备中有害于人类健康和环境安全材料的使用（指令20021951EC，即RoHs指令）。此外，还规定了促进电子废弃物回收和收集过程的准则（指令2002/96/EC，即WEEE指令）。这些指导方针还包括建立"收集计划"的步骤，让电气和电子设备的用户免费存放其产生的废弃物，以增加电子废弃物的收集、回收和/或再利用（Zhang et al.，2015）。

在生命周期结束（EoL）时，用于管理电子废弃物的策略取决于以下方面：
(1) 已有的适用法规和政策（例如禁止处置、禁止回收）。
(2) 处理此类材料的现有基础设施（例如是否有回收中心、收集机会）。
(3) 消费者对这些项目、政策和机会的了解程度和态度（Townsend, 2011）。

除了政府的干预和立法，很多非政府机构和个人团体也参与了电子废弃物的清理；然而世界上绝大部分国家和地区在此方面尚未取得较大成功（Premalatha et al., 2014）。

私人和政府机构应鼓励并充分资助有关电子废弃物管理的研究。这将鼓励更多的研究人员关注这一领域，从而为有效的电子废弃物收集和处理系统带来新的想法和技术（Lu et al., 2015）。

要建立高效电子废弃物处理系统，不单是制造商、分销商/供应商和最终消费者，也包括收集、回收或再利用废弃物人士，所有有关方均须积极参与，从而确保达成适当和经济型协议，并适用于设备管理和随后的电子废弃物再利用和处置（Tansel, 2017）。

8.2.2　消费者在电子废弃物管理中的作用

消费者对正规的电子废弃物管理的认知和行为是影响电子废弃物管理战略的两个关键因素（Borthakur et al., 2017）。消费者的社会经济状况，如性别、年龄、收入和教育水平，在公众参与电子废弃物管理的行为或意愿中起着关键作用（Yin et al., 2014）。电子产品的消费者也可以在减轻电子废弃物对环境造成的负担方面发挥作用。消费者可以采取以下措施减少电子废弃物的积累：
(1) 只使用必要的电子产品。
(2) 有效使用电气/电子设备，以延长其使用寿命。
(3) 购买少产生或不产生电子废弃物的物品。
(4) 避免对电子产品上瘾和依赖。
(5) 了解电子废弃物对环境的长期负面影响。
(6) 积极采取措施，实现并保持电子废弃物零积累。

提高公众对电子废弃物的认识可能会使消费者愿意支付回收这些废弃物有关的一些费用。付款可以采用预付定金的形式，也可以在购买设备之前纳入产品费用（Yin et al., 2014）。为鼓励公众参与电子废弃物的管理，应组织培训课程和研讨会，并以电视节目和时事新闻的形式进行宣传，以进一步启发公众管理和控制电子废弃物。这些活动可以加强利益相关者之间的相互理解、信任和尊重，这将成为在电子废弃物管理领域进一步合作的坚实基础（Lu et al., 2015）。

方案实施时，应使人们认识到这些废弃物处理不当会带来很高的环境和健康风险，并宣传适当的补救措施，以备将来使用。

8.2.3 生产者责任延伸

生产者责任延伸（EPR）可以定义为一种环境保护策略，使产品的生产者对产品的整个生命周期负责，特别是对产品的收集、回收和最终处置负责（Mascarenhas et al., 2016）。

EPR 要求电气和电子设备制造商在产品使用寿命结束后立即收集和回收。该策略能让电子产品制造商（而不是社会）承担与管理、回收和处理特定产品相关的成本（Jaiswal et al., 2015）。由于进口商和使用不正当技术的未授权回收商没有任何义务处置这些电子废弃物，这就促进了这些电子废弃物的跨境流动，因此 EPR 也是遏制这一威胁的一种策略（Pathak et al., 2017）。

EPR 的建立是基于污染者付费原则，并承认了在 1992 年里约热内卢地球首脑会议上商定的改善废弃物管理和回收的重要性（Nnorom et al., 2008a, 2008b）。EPR 下引入的政策工具包括各种类型的产品费用和税收，例如预先回收费用、产品回收授权、原始材料税及其组合，还包括按废弃物按量收费、废弃物收集费和废弃物填埋禁令（Pathak et al., 2017）。

EPR 旨在达到以下目标：

（1）以"绿色"方法开发电气和电子设备，从而限制对环境有害的组件的使用。

（2）在产品生命周期结束后将其收回以便后续回收。

（3）回收和再利用废旧产品，以控制电子废弃物的产生。

尽管 EPR 在界定与电子废弃物回收相关的任务和职责方面发挥着至关重要的作用，但这并不意味着电子废弃物回收的责任应由制造商独自承担。多利益相关者的联盟和协调也是 EPR 的重要组成部分。因此，政府、制造商、销售商、移动电信运营商、专业回收运营商和消费者都应该参与到电子废弃物的回收中来（Yin et al., 2014）。此外，各地的咨询机构、投资公司和经验丰富的人员也需要通力合作，通过提供资金支持和管理方面的专业知识等形式，确保绿色电子废弃物处理技术的广泛应用（Lu et al., 2015）。

8.3 电子废弃物的介观管理

电子废弃物介观策略是一种主动而非被动的有效电子废弃物管理措施。电子废弃物管理的介观方法包括材料相容性分析、生命周期评估（LCA）、物质流分析（MFA）和多标准分析（MCA）。

8.3.1 材料相容性分析

材料相容性分析对于确定生产化学品是否与化学品储存、输送和生产系统的建筑材料相容非常重要（Zeng et al.，2017）。其包括金属材料和非金属材料。

8.3.2 电子废弃物物质流分析

一些研究已经证明了物质流分析（MFA）作为电子废弃物管理的真正工具的本质。该分析揭示了电子产品的外流（即再利用、储存、回收和堆积在废弃物填埋场）的成因（Ikhlayel，2018）。MFA 是一种工具，旨在详细说明物质（如电子废弃物）在时间和空间上流入回收地点或处置区和物质储存的路线。MFA 连接了物质的来源、途径以及中间和终端（Kiddee et al.，2013）。

MFA 考虑电子废弃物的流动及其伴随的环境、经济和社会价值评估。该分析是基于软件模拟进行的（Singh，2016）。对于 MFA 是否可以成功实施，数据的可靠性至关重要（Kahhat et al.，2012）。由于国家统计的生产、销售和交易的商品信息中不存在电子废弃物产品的记录，因此缺乏特定电子废弃物数量的准确数据，阻碍了电子废弃物的准确物质流分析（Lau et al.，2013）。在某种程度上，数据不足的问题可以通过使用质量平衡原理来避免（Kahhat et al.，2012）。因此，在收集 MFA 数据时采用包容性方法有助于最大限度地减少环境危害并最大化特定系统中的潜在资源（Agamuthu et al.，2015）。

任何国家要想成功开展电子废弃物的物质流分析，首要步骤是建立该区域的电子废弃物清单。为了准确地做到这一点，销售数据（在生产、进口、出口期间获得）、库存数据或当前使用的设备数量（从使用这些设备的家庭和/或可以发现电子废弃物的工作场所确定）和物品的平均寿命（这取决于每个消费者的行为）是不可或缺的（Lau et al.，2013）。

8.3.3 电子废弃物生命周期评价

生命周期评价（LCA）可以定义为一种系统策略，可用于评估和量化与产品制造、使用等各个阶段相关的环保成效（Hong et al.，2015）。LCA 还可用于定义许多环保影响类别，如致癌物、气候变化、臭氧层、生态毒性、酸化、富营养化和土地利用，以提高产品的环保性能（Kiddee et al.，2013）。

LCA 也被用于设计环保电子设备和减少电子废弃物产生问题（Kiddee et al.，2013），还可用于系统地评估和识别与系统边界各个阶段相关的环境清单、影响、关键因素、决策、优化和完善机会（Hong et al.，2015）。

LCA 可用于识别潜在的环境影响，以开发环保设计产品，如打印机、台式个人电脑、暖气和空调设备、洗衣机和玩具。

8.3.4 电子废弃物多标准分析

多标准分析（MCA）是一种决策工具，用于考虑战术决策和解决多方面的多标准问题，包括问题的定性/定量方面（Kiddee et al.，2013）。在信息不确定和不完整的条件下，决策者可以使用 MCA 决策工具来发现由多种措施组成的最合适组合，以克服在可持续电子废弃物管理方面的阻碍（An et al.，2015）。

8.4 电子废弃物的微观管理

8.4.1 回收电子废弃物以获得有价值材料

随着公民生活水平的提高、经济的快速增长和技术进步，大量电气和电子设备得以生产（Lu et al.，2016）。多年来，由于消费者喜好的变化和技术创新，电气和电子设备的使用寿命一直在缩短（Khaliq et al.，2014）。这导致了废弃电气电子设备（WEEE）或生存环境中的电子废弃物积累（Khaliq et al.，2014；Lekka et al.，2015；Akcil et al.，2015；Cayumil et al.，2016；Heydarian et al.，2018）。在此废物流中，主要的价值来源于印刷线路板和塑料（Lu et al.，2016）。抛开环境方面的问题，回收这种废弃物是非常有吸引力的，也是可行的，因为它含有大量的贵金属（Cayumil et al.，2016；Ebin et al.，2016）。电子废弃物中存在的贵金属如钯、铂、金、钽、硒等，使废弃物回收成为一个非常可取的过程（Khaliq et al.，2014；Chen et al.，2018）。因此，它们的使用价值对于将其作为经济可持续性的工具至关重要（Isıldar et al.，2018）。然而需要注意的是，电子废弃物可能由于重金属（铅、汞、镉等）以及溴化阻燃剂的存在而具有危险性（Kaya，2016）。因此，应采取适当的管理方案，以预防人类和环境健康风险（Kaya，2016；Lu et al.，2016）。已成功应用于金属回收的技术有湿法冶金（使用溶剂从废弃物中提取金属）、火法冶金（应用高温熔化电器并回收金属）和生物湿法冶金（用适合的微生物进行生物浸出）（Cui et al.，2008；Chauhan et al.，2018），下文将对其进行简要论述。

8.4.1.1 火法冶金回收金属和能源

火法冶金主要通过处理（例如熔化、在高温下燃烧）粉状电子废弃物来回收目标金属（Cayumil et al.，2016；Ebin et al.，2016）。对于大多数 WEEE 中的废料而言，其最完整的火法冶金处理都是在专为从矿石或金属废料中提炼金属而设计的冶炼厂进行的（Townsend，2011；Chauhan et al.，2018）。然而，由于在火法冶炼后纯金属和合金常混合在一起，因此从废弃电气电子设备中回收的最终金属产品的提质是一项具有挑战性的任务（Reck et al.，2012）。电子废弃物的冶炼可能会导致废弃物塑料成分中的二噁英等能持续影响环境的化合物的排放。火法冶金通常伴有大量的炉渣生成、贵金属的损失以及铝、铁和其他金属的回收困难等相关问题（Chauhan et al.，2018）。冶金方式改进后出现的真空冶金，是利用金属之间存在的蒸汽压力变化以提高目标金属的选择性回收效率（Townsend，2011）。此外，Zhang 和 Xu（2016）指出，将火法冶金技术与一些温和的萃取剂（如胺类或氯化物）结合使用，可以有效提高金属的萃取效果。

最近，研究人员把重点放在了从电子废弃物中回收能源上，以弥补巨大的能源需求。该过程可通过在适当的催化剂作用下对塑料进行热解来实现，与商业燃料相比，此方法产生的油热值更高（Sharuddin et al.，2016）。此外，电子废弃物的塑料成分在催化剂的影响下热解亦可形成芳香油（汽油）（Muhammad et al.，2015）。例如，来自阴极射线管（CRTs）设备和制冷设备的塑料已经成功地转化为芳香烃的衍生物。在热解过程中添加 Y 型沸石和 ZSM-5 沸石导致苯乙烯浓度降低，但在产品油中发现了相当浓度的苯及其衍生物（甲苯和乙苯）（Muhammad et al.，2015）。利用微波辅助热解电子废弃物的塑料部分，产生了致密和具有黏性的液体馏分，其中含有高浓度的有用化学物质，如二甲苯和苯乙烯（Rosi et al.，2018）。

虽然在 WEEE 塑料上应用热解技术可以获得热解油，但溴化阻燃剂（BFRs）的存在使该工艺存在一定问题（Wang et al.，2014）。已经提出的以气化为基础的超临界流体技术方法，与高温加热等工艺相比，可以在对环境影响最小的情况下实现有效回收。阴极射线管的玻璃或液晶显示器等其他部件有时可以重新利用，以生产一些贵金属，如锡和铟。然而，在任何模式被用于商业规模回收之前，进行环境影响评估以确定其长期影响极为重要（Wang et al.，2014）。

8.4.1.2 湿法冶金的选择性金属回收

与火法冶金相比，湿法冶金因其气体排放量比火法冶金少，已成为电子废弃物金属提取/回收的理想处理方法。湿法冶金的优点还包括成本效益和易于操作，特别是在实验室环境下（Chauhan et al.，2015），在规模较小时，可以更好地对过程进行控制，从而确保金属回收更高效（Chauhan et al.，2018）。该方法中，为溶解和回收目标金属，常使用碱性或酸性浸出剂来清洗电子废弃物。同时，也伴随不同形式的物理化学方法来完成金属提取（Soare et al.，2016）。Chauhan 等（2018）表明，卤化物、氰化物、硫脲和硫代硫酸盐等溶剂可用于从矿石中浸出金属。

为了避免从富含锡的废弃印刷线路板的金属粉末中回收铜的冶炼工艺带来的不利影响，Yang 等（2017）提出利用湿法冶金这一有效技术，可以选择性提取锡及其伴生金属。例如，系统地研究了碱压氧化浸出参数对金属转化的影响后发现，金属粉末中的 Sn、Pb、Al 和少量 Zn 被浸出，而铜存在于浸出残渣中（Yang et al.，2017）。也有报道称可使用不同的氰化物或非氰化物浸出技术来回收贵金属和其他有价金属（Akcil et al.，2015），其中包括使用过硫酸铵（$NH_4)_2S_2O_8$从电子废弃物中回收金的新方法。Alzate 等（2016）的研究结果证实，在水介质中，$(NH_4)_2S_2O_8$可用于从电子废弃物中回收金。Sun 等（2015）研究了一种新型电沉积工艺，并证实该工艺可行且可高效回收电子废弃物中的铜。利用 ICP 对浸出液进行分析，以检测电沉积中的重要金属（Lekka et al.，2015）。湿法冶金技术的使用，如棉纤维的自发还原聚苯胺涂层，已被证明是从电子废弃物中回收金的有效手段（Lekka et al.，2015）。Soare 等（2016）和 Popescu 等（2018）证实，离子液体可以用于阴离子溶解电子废弃物，以便从多组分合金中回收 Sn、Pb、Au 和 Ag 等金属。

8.4.1.3 生物湿法冶金：一种环保型金属回收方法

由于成本效益和环保特性，生物湿法冶金被认为是一种从废弃物中回收金属的重要手段。与其他回收技术相比，它不仅易于操作，还节约能源。通过生物浸出和氧化反应，不同的化能无机营养菌，如嗜酸氧化硫硫杆菌和嗜酸氧化亚铁硫杆菌，作为生物浸出剂已成功应用于从电子废弃物中回收金属（Chauhan et al.，2018）。

用嗜酸热原体和嗜热硫氧化硫化杆菌或嗜酸硫杆菌和嗜热硫氧化硫化杆菌组成的驯化微生物联合体，能从用硫化铁和单质硫预处理过的电子废弃物中生物浸出 75%以上的 Zn^{2+}、Ni^{2+}、Cu^{2+} 和 Al^{3+}（Ilyas et al.，2013）。使用嗜酸氧化硫硫杆菌（DSM 9463），从电子废料的破碎粉尘溶液中完成了约 99%的钕和铈以及 80%的钇和镧系元素的生物浸出。此外，在进一步处理中，恶臭假单胞菌 WSC361（氰化物生产源）可以从已经用嗜酸氧化硫硫杆菌生物浸出过的破碎粉尘中分离出约 45%的 Au（Marra et al.，2018）。Priya 和 Hai（2018）利用嗜酸氧化亚铁硫杆菌产生的聚合物添加柠檬汁，从电子废弃物中回收镍、铜、铅和锌。Heydarian（2018）等表明，嗜酸氧化亚铁硫杆菌和嗜酸氧化硫硫杆菌是从电脑（笔记本电脑）废电池中回收钴、镍和锂的有效生物浸出工具。也有报道称，不动杆菌产生的代谢产物和胞外酶对电子废弃物中铜的生物浸出有调节作用（Jagannath et al.，2017）。Bryan 等（2015）使用嗜铁钩端螺旋菌作为生物浸出剂，溶解印刷电路板中的金属并有效回收了铜。尽管生物浸出有许多优点，但由于该过程缓慢（耗时）和对特定金属群的选择性，其商业化尚未实现。此外，过程中使用的微生物通常对 pH 值和温度等环境因素很敏感。因此，利用生物浸出技术完全回收金属在大多数情况下是不可行的。未来，在生物浸出技术领域，应瞄准更快、更便宜的生物浸出工艺开发，以适应中试规模的操作（Chauhan et al.，2018）。

8.4.2 电子废弃物回收的好处、挑战与未来

电子废弃物由许多有机重金属组成，这些重金属虽然有害，但其在某些行业中应用程度很高。在设计一个有效的电子废弃物回收系统时，必须考虑以下因素：相关的适用法律、回收产品的覆盖范围、资金来源、生产者责任和回收过程执行的有效性（Miao et al., 2017）。

回收电子废弃物中的资源有许多好处，同时也被认为是一项有利可图的商业冒险。回收可以是正规的，也可以是非正规的，前者是发达国家的主要回收方式，后者是发展中国家所普遍采用的回收方式（Ramesh Babu et al., 2007）。

现如今，我们使用的大多数电子设备的主要部件都是由贵金属和特殊金属组成的，这使得各种电子产品的制造成为世界金属消耗的大头（Sthiannopkao et al., 2013）。电子废弃物中金属的再利用和回收增加了各种产品中金属的可用性，同时减少了对采矿业生产新金属的依赖，以及采矿活动对环境的后续影响（Kumar et al., 2016）。从电子废弃物中回收这些金属为城市采矿铺平了道路，因此确保这些有害物质的安全处理，有利于环境和公众安全（Kumar et al., 2016）。此外，电子废弃物回收还可以获得电子工业急需的矿产资源。然而，为了建立这一回收系统，"完美"分析"环境-资源-成本"平衡至关重要（Miao et al., 2017）。

电子废弃物回收的主要成本限制在于废弃物的收集和运输。在发展中国家，电子废弃物由非正规部门收集（Sthiannopkao et al., 2013）。为了缓解这一挑战，电子产品制造商应该参与这些废弃电子产品的收集和回收，以履行社会责任（CSR）（Jaiswal et al., 2015）。现有资料显示，电气/电子产品制造商回收电子废弃物有一定优势。首先，制造商可以根据某类产品的回收量，轻松掌握市场上电子产品的流向，快速掌握市场需求信息。其次，制造商熟悉产品设计流程，这使他们可以轻松解决在拆解废弃电子产品时的问题，从而节省时间和精力，进一步提高回收过程的经济效益（Miao et al., 2017）。

许多电子废弃物经常被非法从发达国家转移到缺乏回收此类电子废弃物和回收目标金属的基础设施的发展中国家，这是从电子废弃物中适当回收贵金属的另一大阻碍。使用低端技术方法来回收金属会导致有价金属的损失，从而使回收过程成为徒劳（Sthiannopkao et al., 2013）。

为了提高电子废弃物中有价值材料的回收，电子产品必须被拆解，这一过程通常是用粗糙简陋的方法来完成，尤其是在发展中国家。一些发达国家已经开发出从电子废弃物中回收材料的高科技手段（Tsydenova et al., 2011）。然而，为了提高拆解电子废弃物的便利性，可以在电子产品设计之初就优先考虑产品拆解难度，这可以大大降低从电子废弃物中回收各种有价金属的劳动强度和提高成本

效益。此外，这将使这一过程更具可持续性，因为不需要使用化学品（这些化学品最终会成为环境中的有害物质）来回收金属（Tansel，2017）。

除了向公众宣传回收电子废弃物是环保管理的重要一环外，政府亦可提供奖励措施，进一步吸引消费者并使其关注电子废弃物回收。电子废弃物回收的一大挑战是收集，因此让消费者根据付费方案将使用过的电子产品提交给回收公司或此类产品的制造商将有助于克服这一挑战。消费者可以通过一个透明且有组织的平台提供电子废弃物以进行回收，这将提高公众对电子废弃物的认识，从而有助于消除在自然环境中不断增加的电子废弃物。

迄今为止，已经产生多种电子废弃物收集方法，包括通过官方或非官方组织从家庭或商业公司收集电子废弃物、从固体废弃物收集器收集电子废料以及由生产商从终端用户那里收集电子产品（Jaiswal et al.，2015）。

在不久的将来，从环境和经济的角度来看，电子废弃物的回收技术将成为非常重要且极富吸引力的领域。回收利用将各种电子废物流转化为可持续且有价值的二次金属资源。为了成为环境可持续型投资，回收技术必须考虑电子废弃物的高效管理以及低碳排放（Kaya，2016）。

参 考 文 献

AGAMUTHU P, KASAPO P, NORDIN N A M, 2015. E-waste flow among selected institutions of higher learning using material flow analysis model [J]. Resour Conserv Recycl, 105: 177-185.

AKCIL A, ERUST C, GAHAN C S, et al., 2015. Precious metal recovery from waste printed circuit boards using cyanide and non-cyanide lixiviants-A review [J]. Waste Manag, 45: 258-271.

ALZATE A, LÓPEZ M E, SERNA C, 2016. Recovery of gold from waste electrical and electronic equipment (WEEE) using ammonium persulfate [J]. Waste Manag, 57: 113-120.

AN D, YANG Y, CHAID X, et al., 2015. Mitigating pollution of hazardous materials from WEEE of China: Portfolio selection for a sustainable future based on multicriteria decision making [J]. Resour Conserv Recycl, 105: 198-210.

BORTHAKUR A, GOVIND M, 2017. How well are we managing E-waste in India: Evidences from the city of Banga lore [J]. Energy Ecol Environ, 2 (4): 225-235.

BRYAN C G, WATKIN E L, MCCREDDEN T J, et al., 2015. The use of pyrite as a source of lixiviant in the bioleaching of electronic waste [J]. Hydrometallurgy, 152: 33-43.

CAYUMIL R, KHANNA R, RAJARAO R, et al., 2016. Concentration of precious metals during their recovery from electronic waste [J]. Waste Manag, 57: 121-130.

CHAUHAN G, PANT K K, NIGAM K D P, 2015. Chelation technology: A promising green approach for resource management and waste minimization [J]. Environ Sci Process Impacts, 17: 12-40.

CHAUHAN G, JADHAOB P R, PANT K K, et al., 2018. Novel technologies and conventional processes for recovery of metals from waste electrical and electronic equipment: Challenges &

opportunities-a review [J]. J Environ Chem Eng, 6: 1288-1304.

CHEN Z, NIU B, ZHANG L, et al., 2018. Vacuum pyrolysis characteristics and parameter optimization of recycling organic materials from waste tantalum capacitors [J]. J Hazard Mater, 342: 192-200.

CUI J, ZHANG L, 2008. Metallurgical recovery of metals from electronic waste: A review [J]. J Hazard Mater, 158: 228-256.

EBIN B, ISIK M I, 2016. Pyrometallurgical processes for the recovery of metals from WEEE [M]// ALEXANDRE C, GÉRARD C, CHRISTIAN E, et al. WEEE recycling Research, development and policies. Amsterdam: Elsevier, 107-137.

EBIN B, 2016. Pyrometallurgical Processes for the Recovery of Metals from WEEE [M]. Amsterdam: Elsevier.

HEYDARIAN A, MOUSAVIC S M, VAKILCHAPM F, et al., 2018. Application of a mixed culture of adapted acidophilic bacteria in two-step bioleaching of spent lithium-ion laptop batteries [J]. J Power Sources, 378: 19-30.

HONG J, SHI W, WANG Y, et al., 2015. Life cycle assessment of electronic waste treatment [J]. Waste Manag, 38: 357-365.

IKHLAYEL M, 2018. An integrated approach to establish E-waste management systems for developing countries [J]. J Clean Prod, 170: 119-130.

ILYAS S, LEE J, CHI R, 2013. Bioleaching of metals from electronic scrap and its potential for commercial exploitation [J]. Hydrometallurgy, 131 (132): 138-143.

ISıLDAR A, RENE E R, VAN HULLEBUSCH E D, et al., 2018. Electronic waste as a secondary source of critical metals: Management and recovery technologies [J]. Resour Conserv Recycl, 135: 296-312.

JAGANNATH A, SHETTY V, SAIDUTTA K M B, 2017. Bioleaching of copper from electronic waste using Acinetobacter sp. Cr B2 in a pulsed plate column operated in batch and sequential batch mode [J]. J Environ Chem Eng, 5 (2): 1599-1607.

JAISWAL A, SAMUEL C, PATEL B S, et al., 2015. Go green with WEEE: Ecofriendly approach for handling E-waste [J]. Procedia Comput Sci, 46: 1317-1324.

KAHHAT R, WILLIAMS E, 2012. Materials flow analysis of E-waste: Domestic flow sand exports of used computers from the United States [J]. Resour Conserv Recyc, 167: 67-74.

KAYA M, 2016. Recovery of metals and nonmetals from electronic waste by physical and chemical recycling processes [J]. Waste Manag, 57: 64-90.

KHALIQ A, RHAMDHANI M A, BROOKS G, et al., 2014. Metal extraction processes for electronic waste and existing industrial routes: A review and Australian perspective [J]. Resources, 3: 152-179.

KIDDEE P, NAIDU R, WONG M H, 2013. Electronic waste management approaches: An overview [J]. Waste Manag, 33: 1237-1250.

KUMAR A, HOLUSZKO M, 2016. Electronic waste and existing processing routes: A Canadian perspective [J]. Resources, 5 (4): 35.

LAU W K, CHUNG S, ZHANG C, 2013. A material flow analysis on current electrical and electronic waste disposal from Hong Kong households [J]. Waste Manag, 33: 714-721.

LEKKA M, MASAVETAS I, BENEDETTI A V, et al., 2015. Gold recovery from waste electrical and electronic equipment by electrodeposition: A feasibility study [J]. Hydrometallurgy, 157: 97-106.

LU C, ZHANG L, ZHONG Y, et al., 2015. An overview of E-waste management in China [J]. J Mater Cycles Waste Manag, 17: 1-12.

LU Y, XU Z, 2016. Precious metals recovery from waste printed circuit boards: A review for current status and perspective [J]. Resour Conserv Recycl, 113: 28-39.

MARRA A, CESARO A, RENE E R, et al., 2018. Bioleaching of metals from WEEE shredding dust [J]. J Environ Manag, 210: 180-190.

MASCARENHAS O, D'SOUZA D, GEORGE S, 2016. Ethics of E-waste management: An input-process-output analytic approach [J]. Manag Labour Stud, 41 (1): 1-18.

MIAO S, CHEN D, WANG T, 2017. Modelling and research on manufacturer's capacity of remanufacturing and recycling in closed loop supply chain [J]. J Stat Comput Simul, 87 (11): 1-11.

MUHAMMAD C, ONWUDILI J A, WILLIAMS P T, 2015. Catalytic pyrolysis of waste plastic from electrical and electronic equipment [J]. J Anal Appl Pyrolysis, 113: 332-339.

NNOROM I C, OSIBANJO O, 2008a. Electronic waste (E-waste): Material flows and management practices in Nigeria [J]. Waste Manag, 28: 1472-1479.

NNOROM I C, OSIBANJO O, 2008b. Overview of electronic waste (E-waste) management practices and legislations, and their poor applications in the developing countries [J]. Resour Conserv Recycl, 52: 843-858.

PATHAK P, SRIVASTAVA R, OJASVI, 2017. Assessment of legislation and practices for the sustainable management of waste electrical and electronic equipment in India [J]. Renew Sust Energ Rev, 78: 220-232.

POPESCU A M, YANUSHKEVICH K, SOARE V, et al., 2018. Recovery of metals from an odic dissolution slime of waste from electric and electronic equipment (WEEE) by extraction in ionic liquids [J]. Chem Res Chin Univ, 34 (1): 113-118.

PREMALATHA M, TASNEEM A, ABBASI T, et al., 2014. The generation, impact, and management of E-waste: State of the art [J]. Crit Rev Env Sci Tec, 44 (14): 1577-1678.

PRIYA A, HAI S, 2018. Extraction of metals from high grade waste printed circuit board by conventional and hybrid bioleaching using *Acidithiobacillus ferrooxidans* [J]. Hydrometallurgy, 177: 132-139.

RAMESH BABU B, PARANDE A K, BASHA C A, 2007. Electrical and electronic waste: A global environmental problem [J]. Waste Manag Res, 25: 307-318.

RECK B K, GRAEDEL T E, 2012. Challenges in metal recycling [J]. Science, 337: 690-695.

ROSI L, BARTOLI M, FREDIANI M, 2018. Microwave assisted pyrolysis of halogenated plastics recovered from waste computers [J]. Waste Manag, 73: 511-522.

SHARUDDIN S D A, ABNISA F, DAUD A W M, et al., 2016. A review on pyrolysis of plastic wastes [J]. Energy Convers Manag, 115: 308-326.

SINGH K, 2016. E-waste management and public health: A scenario of Indian cities [J]. Int J Sci Res Sci Enginer Technol, 2 (3): 887-890.

SOARE V, DUMITRESCU D, BURADA M, et al., 2016. Recovery of metals from waste electrical and electronic equipment (WEEE) by anodic dissolution [J]. Rev Chim, 67 (5): 920-924.

STHIANNOPKAO S, WONG M H, 2013. Handling E-waste in developed and developing countries: Initiatives, practices, and consequences [J]. Sci Total Environ, 463 (464): 1147-1153.

SUN Z, XIAO Y, SIETSMA J, et al., 2015. A cleaner process for selective recovery of valuable metals from electronic waste of complex mixtures of end of life electronic products [J]. Environ Sci Technol, 49 (13): 7981-7988.

TANSEL B, 2017. From electronic consumer products to E-wastes: Global outlook, waste quantities, recycling challenges [J]. Environ Int, 98: 35-45.

TOWNSEND T G, 2011. Environmental issues and management strategies for waste electronic and electrical equipment [J]. J Air Waste Manag Assoc, 61: 587-610.

TSYDENOVA O, BENGTSSON M, 2011. Chemical hazards associated with treatment of waste electrical and electronic equipment [J]. Waste Manag, 31: 45-58.

WANG R, XU Z, 2014. Recycling of non-metallic fractions from waste electrical and electronic equipment (WEEE): A review [J]. Waste Manag, 34 (8): 1455-1469.

YANG T, ZHU P, LIU W, et al., 2017. Recovery of tin from metal powders of waste printed circuit boards [J]. Waste Manag, 68: 449-457.

YIN J, GAO Y, XU H, 2014. Survey and analysis of consumers' behaviour of waste mobile phone recycling in China [J]. J Clean Prod, 65: 517-525.

ZENG X, SONG Q, LI J, et al., 2015. Solving E-waste problem using an integrated mobile recycling plant [J]. J Clean Prod, 90: 55-59.

ZENG X, DUAN H, WANG F, et al., 2017. Examining environmental management of E-waste: China's experience and lessons [J]. Renew Sust Energ Rev, 72: 1076-1082.

ZHANG L, XU Z, 2016. A review of current progress of recycling technologies for metals from waste electrical and electronic equipment [J]. J Clean Prod, 127: 19-36.

ZHANG Q, YE J, CHEN J, et al., 2014. Risk assessment of polychlorinated biphenyls and heavy metals in soils of an abandoned E-waste site in China [J]. Environ Pollut, 185: 258-265.

ZHANG S, DING Y, LIU B, et al., 2015. Challenges in legislation, recycling system and technical system of waste electrical and electronic equipment in China [J]. Waste Manag, 45: 361-373.

9 从LED产业电子废弃物中回收金属的再循环工艺

伊曼纽尔·卡罗琳·阿劳霍·多斯·桑托斯，塔米雷斯·奥古斯丁·达席尔维拉，安格利·维维亚尼·科林，卡洛斯·阿尔贝托·门德斯·莫莱斯，费利西安·安德拉德·布雷姆

摘　要：如今，发光二极管（LED）技术逐渐取代了其他技术，并获得了显著的市场份额，这就意味着用于LED制造商提高器件性能的特定材料的需求增加。然而，因为这些特定材料越来越受业界追捧，以致LED制造中使用的大多数材料在其可用性方面变得至关重要。化学元素如镓（Ga）和铟（In）、稀土元素如钇（Y）和铈（Ce）、贵金属如金（Au）和银（Ag）被用于LED器件。这些材料由于使用量少，导致其分类和回收再利用相当困难。这给LED器件的完全回收提出了相当大的挑战。本章旨在为LED器件生产过程中和这些设备使用寿命结束时产生的关键金属开发分类和回收方法，这些最重要的方法或技术包括火法冶金（热解）、湿法冶金（酸浸）和生物技术（微生物浸出）。

关键词：LED产业；LED元件/金属；回收链；循环利用；回收/再利用工艺；电子废弃物

9.1 引　言

发光二极管（LED）最初用作指示灯，如今其使用越来越广泛，普遍存在于家庭、工业和产品中。与其他器件相比，LED消耗的能量较少，同时具有更长的使用寿命。LED广泛存在于各种电气和电子设备、灯具、灯泡甚至汽车中。

LED已经存在并被人们所熟知超过半个世纪，最初的应用比较简单，如一般的指示灯（Teixeira et al.，2016）。然而，随着蓝光LED的发展，照明行业迎来了一个崭新的时代。这种LED的生命周期更长、生产成本更低。如今，蓝光LED已经取代了传统的照明设备（Teixeira et al.，2016）。

一家跨国灯具公司估计，照明占全球能源市场的20%，即2651TW·h/a，其中70%被低效率灯泡消耗。作为固态器件，LED是基于无机半导体的电致发光特

性而开发的。优点除了不含汞之外，LED 的效率是白炽灯的 5 倍，且其使用寿命更长（OSRAM，2009）。

电气和电子设备（EEE）是指需要电流或磁场才能工作或产生、传输或将电流转换为磁场的设备。相应地，废弃电气电子设备（WEEE）包括使用后的电气和电子设备的所有产品、零件和组件（Carvalho et al.，2014）。因此，LED 灯泡和照明装置属于电气和电子设备，因为它们需要印刷电路板（PCB）。这些照明设备在指令 2012/19/EU 附件 I 中被视为照明电子设备。

LED 废弃物由几种材料构成，其中含有多种有毒物质，如果处理不当，可能会污染环境，对人类健康造成危害（Kiddee et al.，2013）。一方面，废弃电气电子设备担负着相当大的环境责任；另一方面，它们作为商业替代品，必须对其逆向物流进行调查（Carvalho et al.，2014）。

LED 技术的发展使这些设备的使用寿命更长，减少了因更换而产生的废弃量。然而，原始产品的质量和客户对其的使用会影响 LED 的实际使用寿命（Gassmann et al.，2016）。此外，LED 产品的质量可能会受到价格调整的影响（Gassmann et al.，2016）。

此外，还应考虑在 LED 制造过程中会使用少量关键元素，如镓、铟、钇、铈、金和银。这些元素的用量很少，但用于制造一种组件或产品的其他材料却种类繁多，这对这些关键元素的再循环和回收构成了相当大的挑战。从热解到细菌浸出的各种研究和技术，已被用于从 LED 制造过程中产生的废弃物中以及在 LED 使用寿命结束时镓和铟的回收。

本章介绍了 LED 和这些设备的制造历史，讨论了使用的主要材料，并综述了在工业废弃和消费后回收这些材料的进展。

9.2 LED 的生产历史

半导体的发现为二极管和晶体管等电子器件的发展铺平了道路。简而言之，二极管有两个电极作为端子，虽然它是基于半导体的最简单的器件，但它在电子系统中起着至关重要的作用。同时，二极管也促进了晶体管和集成电路的发展（Gois，2008；Callister et al.，2013）。

二极管也称为整流器，是一种仅在单方向上可以导通电流的电子器件。这意味着可以使用二极管将交流电转换为直流电。二极管基于"p-n 结"工作，它是两种不同材料构成的结，即不同掺杂半导体：一侧为 n 掺杂，另一侧为 p 掺杂（Callister et al.，2013；Castro，2013）。

发光二极管（LEDs）是由 p-n 结构建的半导体器件，在充电时会发光（图 9-1）。换句话说，LED 是一种由平均尺寸为 $0.25mm^2$ 的固态晶体材料制成的电致发光半导体芯片（Gois，2008；Ascurra，2013；Callister et al.，2013）。这项技术不依赖灯丝或气体，因此也可称为固态照明（SSL）（Ascurra，2013）。

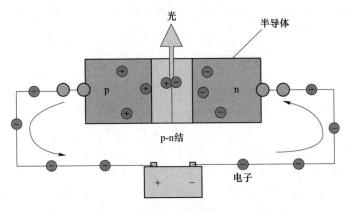

图 9-1　LED 发光

［资源来源：Gois（2008）］

在多次尝试建立基于电能的光源之后，Humphry Davy 于 1802 年开发出了第一个使用铂丝的灯泡。但直到 1879 年，Thomas Alva Edison 才使用碳丝制造出第一个商业上可行的白炽灯泡。如今的白炽灯泡主要使用钨丝（Castro，2013）。

1926 年，Edmund Germer 从汞蒸气灯泡中获得了均匀的白光。它是用一个覆盖有磷光粉的加压玻璃灯泡制成的。在 20 世纪 30 年代中期，第一批荧光灯泡被商业化应用（Castro，2013）。

1907 年，研究员 Henry Joseph Round 描述了一个有趣的现象，即在碳化硅（SiC）晶体上施加小电压，就会产生黄光。1962 年，美国通用电气公司的 Nick Holonnayak Jr.，开发了第一款利用磷砷化镓（GaAsP）技术发出可见光（红色）的 LED。1993 年，中村修二博士推出第一款蓝光高亮度 LED，使开发白光 LED 成为可能。第一批大规模生产的 LED 灯泡于 1997 年和 1998 年在美国和欧洲的展览中推出（Gois，2008）。该项技术发展迅速，成长速度惊人（Castro，2013）。图 9-2 展示了 LED 的演变。

与传统照明（白炽灯和荧光灯）相比，LED 在使用寿命（更长）和能效（更高）方面独具优势。LED 的能耗比白炽灯和荧光灯低 75%（Jang et al.，2014）。

尽管 LED 最初仅用作电气和电子设备的指示灯，但目前 LED 的应用越来越多，市场份额不断增加，并对多个行业产生了相当大的影响（Schubert，2006；Dias，2012）。价格的下降和这项技术的惊人发展为推出高效能的产品和提高客户的使用率提供了条件。自首次推出以来，LED 的效能和灯质量都有了很大提高。此外，LED 不含汞且设计方式多样，这是其他照明技术无法提供的两个重要

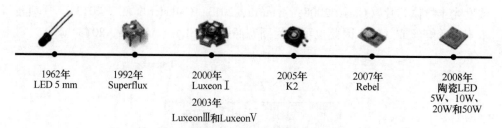

图 9-2 LED 的演变

[资料来源：Gois（2008）]

优势（Ascurra，2013；Jang et al.，2014；Gassmann et al.，2016）。

LED 灯泡于 2007 年在市面上出现，目前发展到具有不同的形状和插头类型。市场上不仅提供可用于替代传统灯泡的 LED 灯泡，还提供多种带有内置 LED 模块的灯具类型。由于产品种类繁多，所以难以量化和鉴定 LED 照明设备中使用的典型材料（Gassmann et al.，2016）。

LED 主要有 3 种类型，表 9-1 列出了 LED 类型和各自特性。

表 9-1 LED 的类型、特点和实例图像

类型	特点	实例图像
LED 指示器	最老的一种，用于电子设备中指示开/关；包括一个色帽，作为光学过滤器来定义颜色	
高亮度 LED	被称为 HB-LED，其比指示灯 LED 具有更高的光通量且更高效；包括一个透明帽，因为它们是彩色制造的；用于交通信号灯、公交指示牌等	

续表 9-1

类型	特点	图像
大功率 LED	与上述类型相比，其工作电流更高；工作功率值不超过 1W，需要热交换器，产生高光通量；用于室内照明和建筑配件等	

资料来源：Dias，2012。

根据 Dias（2012）的说法，第一批 LED 设备的光通量非常低，仅能用于电子设备和标牌。只有经过大量研究开发出能够以 1W 或更高功率运行的 LED，才能提供更广泛的应用。由于高功率 LED 具有高光通量值，传播光的有效范围更大，使得这些 LED 在多种应用中取代了传统灯泡（Dias，2012）。

巴西照明工业协会（ABILUX）将 LED 定义为一种产生可见光的电气和电子设备，除 LED 外还包含驱动器（能量来源）。它取代了白炽灯和荧光灯等传统灯泡，因此通常设计成与那些灯泡相似的形状。此外，可以制造包括螺旋底座或适合更简单插座类型底座的 LED（ABILUX，2017）。图 9-3 展示了 LED 灯泡的实例。LED 照明灯具配备串联或并联连接的多个相同特性的 LED，以增加光通量（Dias，2012）。

由于 LED 需要低电压，因此不能直接连接到电路中，而是需要降压系统或源（驱动器）来调节电压值并提供恒定电流（Dias，2012；ABILUX，2017）。然而，LED 可以在低电压和低电流下工作这一事实意味着它们不需要电抗器（与荧光灯相反）；因此，用于开关 LED 的电路更简单（Oliveira，2007；Dias，2012）。

为了开发具有更好照明输出的产品，LED 中通常使用高功率。但是，该过程中产生的热量显著增加，从而降低了荧光粉的性能，降低亮度，影响颜色，并降低这些产品的生命周期和发光效率（Castro，2013；Jang et al.，2014）。改装灯泡等紧凑型 LED 配件通常需要冷却装置，作为将热量传递到环境中的一种手段。这可以防止过热，保持操作温度在理想值。这种冷却装置是 LED 配件中最大的元件，通常使用铝或散热陶瓷材料制成（Castro，2013；Gassmann et al.，2016）。

Osram（2009）将 LED 灯泡分为 3 个主要部分：底座、灯泡和填充。这些部分也被分成若干个子部分（表 9-2）。

图 9-3 LED 灯泡的种类

[资料来源:ABILUX(2017)]

表 9-2 LED 灯泡的部件

主要部分	子部分
底座	绝缘体
	接触板
	塑料帽
	铝板
	电抗器

续表 9-2

主要部分	子部分
电灯泡	灯泡材料
	热交换器
填充	LED

资料来源：Osram（2009）。

Cassmann 等（2016）获得了上一代 LED 灯泡主要部件的质量分数（图 9-4）。经分析，产品质量为 85.5g。它由铝制冷却器、玻璃灯泡、塑料外壳、PCB、带接触板的 E27 插座和固定在铝板上的 10 个 LED 组成。其中 10 个 LED 的总质量为 275mg，占总质量的 0.32%（Gassmann et al.，2016）。

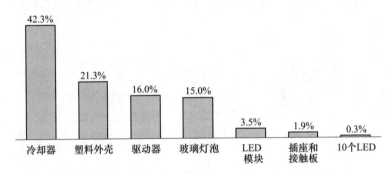

图 9-4　一个 E27 底座的 9.5W 的 LED 灯泡的组成（质量分数）
[资料来源：Gassmann 等（2016）]

如上所述，LED 灯泡的制造形状与传统灯泡相似，即用管状 LED 灯泡代替荧光灯管，用灯泡形状的 LED 代替紧凑型白炽灯和荧光灯。因此，它们采用相同的布线接触机制。例如，与其前身白炽灯和紧凑型荧光灯类似，灯泡形状的 LED 包含一个爱迪生螺丝。对于 Yamachita 等（2006）来说，这部分起着提供与电线的电气连接的机械连接灯泡的作用。这些部件通常是用铝合金制造的，包括一个黄铜销（Polanco，2007）。

9.3　LED 产业与消费前景

对于 Bastos（2011）而言，世界上有几个地区已根据国际能源署的建议禁止使用白炽灯泡，旨在提高能源效率。根据 Teixeira 等（2016）的说法，LED 市场份额可根据其应用分为 4 个部分：住宅、商业、工业和户外（例如，包括公共照明和体育场馆和停车场等大型开放空间的照明）。表 9-3 列出了 Teixeira 等（2016）在为不同目的采用 LED 替代照明技术时的主要驱动器和关键点。

表 9-3　各种应用中采用 LED 的驱动器和关键点

应用	主要照明技术	更换驱动器	LED 技术的关键点
住宅	白炽灯装饰	价格	灯泡价格
商业	荧光白炽灯	价格、耐用性	随激励政策和建筑物绿色认证而变化
工业	HID（钠/汞蒸气）荧光灯	维护成本	耐用性
户外	HID（钠/汞蒸气）	维护成本	耐用性

资料来源：Teixeira 等（2016）。

图 9-5 显示了 2010 年的价值链和对 LED 照明设备的整个生产和商业化过程的估计。

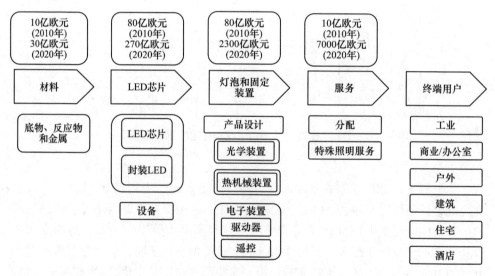

图 9-5　LED 照明价值链

[资料来源：Teixeira 等（2016）]

Fecomércio SP 网站引用巴西照明工业协会（ABILUX）的预测称，到 2020 年，LED 产品将占全球照明行业总收入的 70%（Comércio，2016）。换句话说，LED 可能是 2019 年照明市场的"领军者"。

9.4　LED 中可回收的元素

半导体的组合决定了 LED 的颜色。由于 LED 的机制是基于能级，施加到

LED 设备的电压会将 LED 晶体激发到更高的能级。当这些电子返回到它们的基线水平时，它们会发出特征波长的波，即光。由于每种元素都有自己的能级，会产生不同的波长，因此所用的材料决定了 LED 的颜色（Denbaars，1997；Cervi，2005；Bullough，2003；Gois，2008）。

根据 Denbaars（1997）和 Cervi（2005）的说法，通常用于掺杂 LED 的元素是镓、铝、砷、荧光粉、铟和氮，以及它们的各种组合，这些元素决定了这些设备发出的颜色。因此，每个 LED 都由组成它的元素决定（Gois，2008）。表 9-4 列出了 LED 生产中最常用的元素。

表 9-4 用于生产不同颜色 LED 的元素

颜 色	半导体材料
红外线	砷化镓（GaAs）
	砷化铝镓（AlGaAs）
红色	砷化铝镓（AlGaAs）
	磷化砷镓（GaAsP）
	磷化铝镓铟（AlGaInP）
橙色	磷化砷镓（GaAsP）
	磷化铝镓铟（AlGaInP）
黄色	磷化砷镓（GaAsP）
	磷化铝镓铟（AlGaInP）
绿色	铟镓氮化物（InGaN）/氮化镓（GaN）
	磷化镓（GaP）
	磷化铝镓铟（AlGaInP）
	磷化铝镓（AlGaP）
蓝色	硒化锌（ZnSe）
	铟镓氮化物（InGaN）
	碳化硅（SiC）作为衬底
蓝紫色	铟镓氮化物（InGaN）
紫外线	金刚石（C）
	氮化铝（AlN）
	铝氮化镓（AlGaN）
	铝镓铟氮化物（AlGaInN）
白色	蓝筹股或荧光粉紫外线（UV）

在照明系统中，主要使用的 LED 是氮化镓铟（InGaN）的组合，以产生蓝色光和绿色光，铟、镓和铝磷化物产生红色光、橙色光和黄色光（Bullough，2003；

Cervi, 2005; Schubert, 2006)。所获得的颜色差异是由于这些元素比例的微小变化（Bullough, 2003; Cervi, 2005）。

白光 LED 的制造主要有三种方法：第一种，也是最简单和最流行的，是在蓝光 LED 芯片上添加一层荧光粉（Goiss, 2008; Castro, 2013; Gassmann et al., 2016）。第二种是 RGB 法（红、绿、蓝），由红光、蓝光和绿光 LED 组合而成（Gois, 2008; Castro, 2013）。第三种是基于紫外线 LED 与 RGB（红、绿、蓝）LED 组合使用（Gois, 2008; Dias, 2012）。

用于灯泡的白光 LED 是使用蓝光半导体芯片和荧光层制造的。Gassmann 等（2016）强调 LED 可能含有微量的稀土元素，如铈和铕。例如，一个 $1mm^2$ 的 LED 可能包含 $3\mu g$ 铈或铕。在 $1mm^2$ 中发现的含量介于 $90\mu g$ 和 $200\mu g$ 之间的其他稀有元素包括钇、镥和钆，如钇铝石榴石（YAG）、镥铝石榴石（LuAG）以及钆铝石榴石（GdAG）。此外，镓和铟等技术金属用于生产蓝光 LED（$17\sim25\mu g$ 的镓和 28ng 的铟），也含有银、锡、镍、钛、硅和锗；金用于连接线（每个二极管约 200mg）（Gassmann et al., 2016）。图 9-6 给出了 LED 的显微图像，显示了 X 射线荧光检测到的元素的重叠。

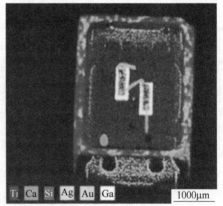

图 9-6　LED 的显微图像

［资料来源：Gassmann 等（2016）］

图 9-7 显示了 50 个 LED 灯泡中稀土元素的估计浓度。

用于生产 LED 的材料和元素至关重要，特别是像镥、铈和铕这样的稀土元素，或者像镓和铟这样的技术金属，以及像金和银这样的贵金属（Gassmann et al., 2016）。

根据 Ayres 和 Pieró（2017）的说法，关键材料非常稀缺，进而影响了商业可用性。此外，这些材料用于非常特殊的目的且由于它们的特殊性质而不容易被替

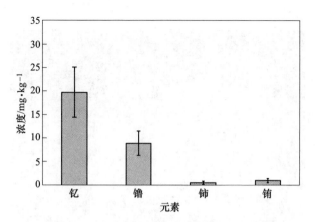

图 9-7 50 个改装灯泡中稀土元素的估计浓度

[资料来源:CycLED(2017)]

换。极为关键的稀有元素,如镓、锗和铟,其具有独特的性质,这使得它们在电子工业中特别重要。此外,照明行业使用的所有不同光通量值的荧光粉都包含稀土元素。

9.5 LED 产业链

Kitai(2011)描述了生产 LED 最常用的方法,即金属有机化合物气相外延(MOVPE),也可以称为金属有机化学气相沉积(MOCVD)。在这种方法中,使用惰性气体流(通常是氩气)使由半导体元素原子形成的分子在先前加热的衬底上运行。这些分子由氢和碳等有机元素形成,与掺杂所需的一个原子(铝、镓、铟、磷等)结合在一起(Kitai,2011)。这种劳动密集型工艺是基于惰性分子混合物形成的载气。衬底应该足够热,以破坏分子,并提供所需的半导体元件的原子沉积。混合物中剩余的原子随气体流动(Kitai,2011)。该技术的优点包括:可以控制成分,并与三元和四元半导体一起工作,从而可以获得各种各样的成分。此外,该方法仅通过改变分子的流速就可以在沉积过程中改变成分(Kitai,2011)。

LED 生产过程从制造用于生产基板的铸锭(图 9-8)开始。基板的组成成分由于使用了各种材料(如硅)而有所不同(Stasiak,2013)。然而,Stasiak(2013)表示大多数 LED 的制造是使用蓝宝石(Al_2O_3)作为衬底。用于此目的的另一种材料是金刚石(Stasiak,2013)。

从这些铸锭中切割出细小的晶片,然后将其输送到沉积工艺中(图 9-9)沉积一层金属层,其作用是使用金属端子在半导体外部传导电流(Stasiak,2013)。

图 9-8　蓝宝石铸锭
［资料来源：Stasiak（2013）］

随后，这些晶片被机械切割成高精度的小芯片，然后将这些芯片焊接在金属端子上。极细金丝用于建立连接。之后，使用可以透过光线的光学材料（环氧树脂、硅胶或玻璃）进行封装（Stasiak，2013）。

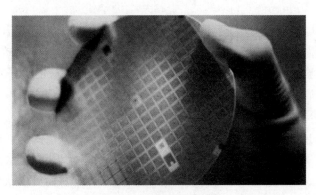

图 9-9　层沉积后的晶片
［资料来源：ABILUX（2017）］

图 9-10 是 LED 生产的简化流程图。

根据 Osram（2009）的说法，LED 的生产可以分为两个阶段：第一个阶段在生产半导体芯片时称为前端；第二个阶段在触点连接并封装芯片时称为后端。而 Scholand 和 Dillon（2012）将这一过程分为 3 个主要步骤：基板生产、LED 芯片生产以及封装。

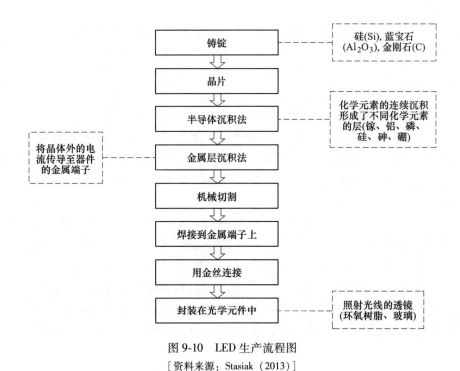

图 9-10 LED 生产流程图

[资料来源：Stasiak（2013）]

9.6 LED 回收流程

根据 Ayres 和 Pieró（2017）以及 Buchert 等（2009）的报道，电子商品中的关键金属含量非常低，这使得在产品生命周期结束时难以对这些金属进行分类。

作为一种循环经济方法，大量回收废弃物相对简单，但在回收由多种材料制成的现代复杂设备时相对困难（Reuter et al.，2015）。

LED 由于寿命周期较长，其回收率较低。因此，LED 废弃物的处理并不是一个紧迫问题。然而，由于照明 LED 市场的快速扩张，这些产品的回收在未来将变得与环境息息相关（Gassmann et al.，2016）。

从 LED 中回收材料的几种技术如下：

（1）酸浸回收金属有机化学气相沉积（MOCVD）过程中产生的粉末镓和铟。

（2）热解、物理降解和真空分离，以回收 LED 芯片产生的镓和铟。

（3）生物浸出回收氮化镓（GaN）中的镓。

（4）生物浸出回收砷化镓（GaAs）中的镓。

（5）对金属有机化学气相沉积（MOCVD）过程中产生的粉末进行机械氧化

和浸出以回收镓。

（6）浸出、球磨及热处理等，以从 LED 制造过程中产生的粉末废料中回收氮化镓（GaN）中的镓。

9.6.1 灯泡

材料的可回收性取决于现有技术和方法。但原材料的经济、地质和地缘政治可行性以及市场价格也会影响材料回收的可行性。回收方法在自然资源日益减少的背景下变得尤为重要，这意味着即使是最小部分的回收也将是一个回收技术可行性问题。因此，关键材料的数量和储存将成为影响 LED 回收的重要因素（Gassmann et al.，2016）。

Gassmann 等（2016）介绍了一种回收 LED 灯泡的方法，该方法使用粗磨，然后根据其材料特性进行分离。金属可以通过磁性来分离，而陶瓷和塑料可以利用密度的差异来分离。通过紫外（UV）光照射可以容易地检测 LED，因此也可以根据颗粒大小分布进行分离。电气和电子部件可被运送到专门回收贵金属的机构。由于 LED 的尺寸小、占储存空间小而没有合适的方法来回收其关键材料，LED 可被视为能够收集和储存的潜在资源（Gassmann et al.，2016）。LED 回收流程如图 9-11 所示。

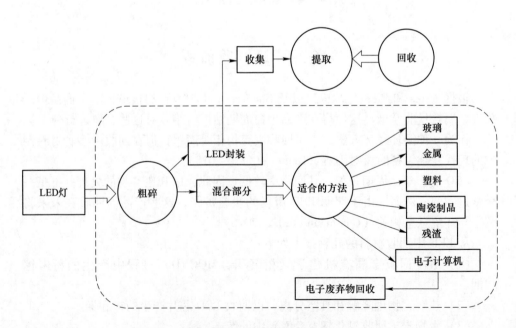

图 9-11　LED 灯的回收流程

［资料来源：Gassmann 等（2016）］

9.6.2 其他 LED 设备

LED产品种类繁多，如超薄电视机、手机、照明设备、户外设备和笔记本电脑等。电视机和手机在回收时较为复杂，因其含有大量与LED相关的不同材料。因此，这些设备可视为复杂废弃物，目前尚未开发出回收其部件的技术。此外，由于技术的快速发展，可以预料这些产品将产生大量废弃物。

目前，还没有成熟的技术来回收这些设备，机械球磨是最常用的方法。然而，最有价值的元素集中在这些设备的特定组件中，研磨这些装置并不能提供这些元素的良好回收率。

对于弗劳恩霍夫研究所来说，去除最有价值的成分可以实现差异化处理，从而获得更多的回收材料。但是手动提取组件需要很长时间。例如，从笔记本中提取LED需要3~4min，对于电视机，这个过程需要6~7min。因此，机械拆解过程对于有效的回收管理非常重要。

弗劳恩霍夫研究所开发了一个由欧盟委员会资助的项目，以回收LED中的元素。该方法包括在不破坏LED的情况下机械分离组件（CEMPRE，2018）。最初，通过电气和液压分离对材料进行研磨和分离，从而能够在不损坏LED的情况下破坏封装，使得这些成分可以单独回收，以达到最大的回收率。该技术也可以用于其他LED器件中。该计划的目标之一是促进生产废弃物中金属的回收利用，延长产品的使用寿命，减少制造过程中的浪费，并促进生态创新。换言之，该计划的目标不仅是在设备生命周期结束时回收设备，还要减少生产浪费，使用最少的元素达到最高效率。

尽管98%的LED设备可以回收，但许多国家尚未采取任何措施回收这些产品（CEMPRE，2018）。然而，已有研究调查了镓和铟等重要元素的回收。Zhan等（2015）开发了基于热解、物理分离和真空冶金的新工艺，回收了LED中93%~95%的镓和铟等稀有金属。Swain等（2015a）使用异养细菌研究了从LED废弃物中浸出镓。生物技术工艺的主要优点是具备低能耗浸出少量材料的可能性。Maneesuwannarat等（2016b）也使用了一种微生物（Cellulosimicrobium funkei），高效率地获得了镓，并且讨论了使用该方法回收半导体的可能性。

9.7 关键元素

电气和电子设备的制造依赖于原材料的供应，这些原材料是地质上的关键元素，主要是稀有金属和稀土元素，然而这些资源在自然环境中越来越稀缺。这些元素主要用于生产永磁体、灯泡、充电电池、催化器和其他设备（Binnemans et al.，2013）。在大多数情况下，这些元素取代了具有相同功能的材料；或者，添加它们以提高设备的性能。大多数与能效相关的设备（如 LED）都利用了这些元素。因此，在这些产品的制造过程中，获得这些元素至关重要。

稀土元素，除了钇和钪之外，还包括元素周期表第六周期的 15 种元素（镧 La、铈 Ce、镨 Pr、钕 Nd、钷 Pm、钐 Sm、铕 Eu、钆 Gd、铽 Tb、镝 Dy、钬 Ho、铒 Er、铥 Tm、镱 Yb 和镥 Lu），亦镧系元素，用 Ln 表示（Serra，2011；Martins et al.，2005；Viera et al.，1997）。这些元素含量很低，铈是最丰富的，铥是最稀有的。地壳中稀土元素的平均含量约为 0.01%，已知超过 250 种矿石中含有少量稀土元素。稀土元素分为两类：铈族（轻稀土元素）和钇族（重稀土元素）。该分类基于其不同的化学性质（Viera et al.，1997；Serra，2011）。镓和钇被认为是在电气和电子设备的生产中至关重要的元素。从环境和经济角度来看，关键元素的回收至关重要。

根据 Jones（2013）的数据，2011 年稀土元素的价值增长了 750%，这提醒科技行业需要寻找不依赖中国市场的稀土元素替代品。其中一种替代方案是电气和电子设备回收利用，该设备中包含大量可以回收的元素。回收旨在解决产品处置不当导致的环境问题。如今，回收在稀缺材料的供应中扮演着重要角色。这是一种新的获取原材料的方法，被称为城市矿山。目前，每年产生 4900 万吨电子废弃物，其中只有 10% 被回收利用。然而，稀土元素的回收量仅为 1%（Jones，2013）。

LED 产业中使用的关键元素是金属铟和镓以及稀土元素铕和铽。Serra 等（2015）指出，照明技术的发展与稀土元素的可获得性密切相关，因为稀土元素在半导体中起着至关重要的作用。然而，铟和镓等贵金属以及铕和铽等稀土元素存在于 LED 的内部组件中，要想回收它们首先需要去除用于封装的材料，如玻璃、塑料、陶瓷、铝和铜电阻器。镓和铟是从 LED 中回收的主要关键元素，而由于缺乏适当的技术，这些稀土元素没有被广泛回收。如上所示，酸浸、生物浸出和火法冶金等技术可用于回收这些元素，但这些元素的低浓度问题仍然是当今行业面临的主要挑战（Swain et al.，2015a，2015b，2015c；Zhan et al.，2015；Maneesuwannarat et al.，2016a，2016b）。另一个困难在于增加回收材料的数量以提高生产规模，鉴于许多国家的废弃物管理处于起步阶段，这也是一个较大问题。

关于材料的产量和价格，镓和铟的生产量分别为 216t/a 和 640t/a，价格分别为 517 美元/kg 和 561 美元/kg。用于 LED 生产的主要稀土元素是铈、铕、镥和钇，所有这些元素都用于光转换。铈、铕、镥和钇的年产量分别为 24000t、10t、10t 和 8900t，价格分别为 36 美元/kg、418 美元/kg、800 美元/kg 和 7 美元/kg。此外，金、银和锡也被认为是关键元素，广泛用于电气、热力和机械连接（Fraunhofer Institute，2018）。

9.8 结　　论

LED 产业的发展前景广阔。从技术角度来看，这与寻找采购镓、铟和稀土元素等关键元素的替代方案有关。其中一个替代方案是回收再利用，这是保护环境和回收新 LED 生产的关键元素的一项重要技术。目前正在研究一些技术，如火法冶金和湿法冶金，但主要困难依然是如何获得更多的此类元素，并增加关键元素回收生产链的规模，使其返回到新 LED 的生产线。

参 考 文 献

ASCURRA R E, 2013. Eficiência Elétrica em Iluminação Pública Utilizando Tecnologia Led: um Estudo de Caso [D]. Cuiabá: Universidade Federal de Mato Grosso.

Associação Brasileira da Indústria de Iluminação (ABILUX), 2017. Guia LED [M]. 5th ed. http://www.abilux.com.br/portal/pdf/guia_led_5ed.pdf.

AYRES R U, PIERÓ L T, 2017. Material efficiency: Rare and critical metals [M]. Fontainebleau: The Royal Society Publishing.

BASTOS F C, 2011. Análise da Política de Banimento de Lâmpadas Incandescentes do Mercado Brasileiro [D]. Rio de Janeiro: Universidade Federal do Rio de Janeiro.

BINNEMANS K, JONES P T, BLANPAIN B, et al., 2013. Recycling of rare earths: A critical review [J]. J Clean Prod, 51: 1-22.

BUCHERT M, SCHULER D, BLEHER D, 2009. Critical metals for future sustainable-technologies and their recycling potential [Z]. UNEP, Paris.

BULLOUGH J D, 2003. Lighting answers: LED lighting systems [Z]. Lighting Research Center. http://www.lrc.rpi.edu/programs/nlpip/lightinganswers/led/whatisanled.asp.

CALLISTER W D, RETHWISCH D G, 2013. Ciência e engenharia de materiais: Uma introdução [M]. 8th ed. Rio de Janeiro: LTC.

CARVALHO T C M B, XAVIER L H, 2014. Gestão de Resíduos Eletroeletrônicos: Uma Abordagem Prática para a Sustentabilidade [M]. 1st ed. Rio de Janeiro: Elsevier.

CASTRO D B, 2013. Iluminação por LEDs. Especialize [J]. Revista Especialize On-line IPOG, 5(1). https://www.ipog.edu.br/revista-especialize-online/edicao-n5-2013/iluminacao-por-leds.

CEMPRE (Compromisso Empresarial em Reciclagem), 2018. Lâmpadas de LED a Caminho da Reciclagem Economicamente Viável [Z]. http://cempre.org.br/informa-mais/id/51/lampadas-de.

CERVI M, 2005. Rede de Iluminação Semicondutora para Aplicação Automotiva [D]. Santa Maria: Universidade Federal de Santa Maria (UFSM).

CYCLED, 2017. End of life [Z]. http://www.cyc-led.eu/End%20of%20life.html.

DENBAARS S P, 1997. Gallium-nitride-based materials for blue to ultraviolet optoelectronics devices [J]. Proc IEEE, 85 (11): 1740-1749.

DIAS M P, 2012. Avaliação do Emprego de Um Pré-Regulador Boostde Baixa Frequência do

Acionamento de Leds de Iluminação [D]. Juíz de Fora: Universidade Federal de Juiz de For a.

Directive 2012/19/UE of the European Parliament and of the Council of 4 July 2012 on waste electrical and electronic equipment (WEEE) [A]. Official J L 197, 59. http://eur-lex.europa.eu/legal-content/PT/TXT/PDF/? uri=OJ: L: 2012: 197: FULL&from=PT.

FECOMÉRCIO S P, 2016. COMÉRCIO registra alta de mais de 100% nas vendas de lâmpadas de LED [EB]. http://www.fecomercio.com.br/noticia/comercio-registra-alta-de-mais-de-100-nas-vendas-de-lampadas-de-led.

Fraunhofer Institute [Z]. 2018https://www.izm.fraunhofer.de/de/abteilungen/environmental _ reliabilityengineering/projekte/cycled.html.

GASSMANN A, ZIMMERMANN J, GAUß R, et al., 2016. Led lamps recycling technology for a circular economy [J]. LPR. https://www.led-professional.com/resources-1/articles/led-lampsrecycling-technologyfor-a-circulareconomy.

GOIS A, 2008. LEDsna Iluminação Arquitetural Lighting Now Ed 1 [Z]. http://www.ebah.com.br/content/ABAAAe77YAD/livro-leds-na-iluminacao-arquitetural/.

JANG D, YOOK S, LEE K, 2014. Optimum design of a radial heat sink with a fin-height profile for high-power LED lighting applications [J]. Appl Energy, 116: 260-268.

JONES N, 2013. A escassez de alguns metais raros é um obstáculo para as tecnologias verdes [Z]. Yale Environ 360. http://e360yale.universia.net/a-escassez-de-alguns-metais-raros-e-um-obstaculo-para-as-tecnologias-verdes/? lang=pt-br.

KIDDEE P, NAIDU R, WONG M H, 2013. Electronic waste management approaches: An overview [J]. Waste Manag, 33: 1237-1250.

KITAI A, 2011. Principles of solar cells, LEDs and diodes [M]. Mississauga: Wiley.

MANEESUWANNARAT S, TEAMKAO P, VANGNAI A S, et al., 2016a. Possible mechanism of gallium bioleaching from gallium nitride (GAN) by Arthrobacter creatinolyticus: Role of amino acids/peptides/proteins bindings with gallium [J]. Process Saf Environ Prot, 103: 36-45.

MANEESUWANNARAT S, VANGNAI A S, YAMASHITA M, et al., 2016b. Bioleaching of gallium from gallium arsenide by Cellulosimicrobium funkei and its application to semiconductor/electronic wastes [J]. Process Saf Environ Prot, 99: 80-87.

MARTINS T S, ISOLANI P C, 2005. Terrasraras: Aplicações industriais e biológicas [J]. Quim Nova, 28 (1): 111-117.

OSRAM, 2009. Life cycle assessment of illuminants a comparison of light bulbs, compact fluorescent lamps and LED lamps, innovations management [Z]. Regensburg, Germany. http://www.energetica.eu/mediapool/99/993141/data/OSRAM_ LED_ LCA_ Summary_ November_ 2009. pdf.

POLANCO S L C, 2007. Asituação da destinação pós-consumo de lâmpadas de mercúrio no Brasil [D]. Brazil: Escola de Engenharia Mauá do Centro Universitário do Instituto Mauáde Tecnologia.

REUTER M A, VAN SCHAIK A, 2015. Product-centric simulation-based design for recycling: Case of LED lamp recycling [J]. J SustainMetall, 1: 4-28.

SCHOLAND M J, DILLON H E, 2012. Life-cycle assessment of energy and environmental impacts of LED lighting products. Part2: LED manufacturing and performance [Z]. US Department of

Energy. http：//www. pnnl. gov/main/publications/external/technical_ reports/PNNL-21443. pdf.

SCHUBERT E F, 2006. Light-emitting diodes [M]. 2nd ed. Cambridge：Cambridge University Press.

SERRA A O, 2011. Terras Raras-Brasil x China [J]. J Braz Chem Soc, 22 (5)：809.

SERRA O A, LIMA J F, DE SOUSA FILHO P C, 2015. A Luze as Terras Raras [J]. Rev Virtual Quim, 7 (1)：242-264.

STASIAK F, 2013. AFísica dos LEDs [M]. http：//www. set. org. br/revista-da-set/afisica-dos-leds/.

SWAIN B, MISHRA C, KANG L, et al., 2015a. Recycling of metal-organic chemical vapor deposition waste of GaN based power device and LED industry by acidic leaching：Process optimization and kinetics study [J]. J Power Sources, 281：265-271.

SWAIN B, MISHRA C, LEE C G, et al., 2015b. Valorization of GaN based metal-organic chemical vapor deposition dust a semiconductor power device industry waste through mechanochemical oxidation and leaching：A sustainable green process [J]. Environ Res, 140：704-713.

SWAIN B, MISHRA C, KANG L, et al., 2015c. Recycling process for recovery of gallium from GaN na E-waste of LED industry through ball milling, annealing and leaching [J]. Environ Res, 138：401-408.

TEIXEIRA I, RIVERA R, REIFF L O, 2016. Iluminação LED：Sai Edison, entram Haitz e Moore-bene fícios e oportunidades para o país [J]. BNDES Setorial, Rio de Janeiro, 43：363-412.

VIERA E V, LINS F A F, 1997. Concentração de minérios de terras-raras：uma revisão [M]. Rio de Janeiro：CETEM/CNPq.

YAMACHITA A, HADDAD J, DIAS M V X, 2006. Iluminação [M]//MARQUES M C S, HADDAD J, MARTINS A R S. Conservação de energia Eficiência Energética de Equipamentos e Instalações, 3rd ed. Itabujá：FUPAI, 213-246.

ZHAN L, XIA F, YE Q, et al., 2015. Novel recycle technology for recovering rare metals (Ga, In) from waste light-emitting diodes [J]. J Hazard Mater, 299：388-394.

10 电子废弃物管理与地球化学稀缺资源的保护

塔米雷斯·奥古斯丁·达席尔维拉，伊曼纽尔·
卡罗琳·阿劳霍·多斯·桑托斯，安格利·维维亚尼·
科林，卡洛斯·阿尔贝托·门德斯·莫莱斯，
费利西安·安德拉德·布雷姆

摘　要：由于金属、聚合物、陶瓷材料和复合元件等多种成分，电气和电子设备（EEE）产生极为复杂的废弃物。此外，由于技术发展迅速，这些设备的消耗量不断增加，从而提高了它们的废弃率。如果处置不当，废弃电气电子设备（WEEE）可能会引发对环境和健康的负面影响。基于对自然资源的开采，电子工业不断扩张，使得一些资源越来越稀缺。在这种情况下，回收作为一种替代方案，可回收经济上有价值的材料（如金属），这些材料在废弃电气电子设备中含量丰富。本书讨论了电气和电子设备的现状以及废弃电气电子设备的产生，并考虑了该生产链中的资源管理以及环境、社会和经济影响。
关键词：电子废弃物；稀缺资源；经济、环境和社会问题；回收工艺；城市矿山；元素回收；再利用；稀土元素；关键金属；"搭便车"金属/元素

10.1 引　言

除了电气和电子设备（EEE）价格的下降外，该行业先进的技术发展和快速的经济增长导致了过去20年销售额的增长。与此同时，电气和电子设备的生命周期急剧缩短，导致废弃电子设备［俗称废弃电气电子设备（WEEE）］显著增加。据目前估计，全球每年大约产生4500万吨WEEE，据说这一数字正在呈指数级增长（Ghosh et al., 2015）。

电子行业的特点是技术动态性（ABINEE, 2009）。技术发展的快节奏不断推出新的、最先进的手机，诱使客户更频繁地更换设备（Sarath et al., 2015）。电气和电子设备的过时是创新设计和新功能（如高计算能力和执行任务的速度）等因素的结果，此外再加上无节制的消耗。这些设备的使用寿命越来越短，意味着更多废弃物的产生和自然资源的消耗（Sena, 2012）。

与传统的废弃物相比，WEEE 带来了独特而复杂的挑战，例如产品在尺寸、质量、功能和制造中使用的材料方面的多样性，新产品的不断推出也要求开发新的报废处理方法。又一重要的方面是，EEE 的生产使用了大量的金属，如金、银、铟和铂以及稀土元素。这些金属在自然环境中的可获得性低以及与这些元素的回收相关的技术复杂性是废弃电气电子设备管理中的其他重要变量（GSMA，2015）。

WEEE 在化学和物理上不同于一般的固体废弃物，如城市和工业废弃物。虽然这类废弃物含有有价金属，但也含有有害物质，需要特殊的处理和回收方法，以防止污染环境和危害健康。回收方法可以回收几种成分，如铜和贵金属。然而，由于缺乏适当的设施、高昂的运营成本和严格的规定，在许多国家，WEEE 没有得到回收利用。相反，这类废弃物通常在普通或特殊的废弃物填埋场进行处理，甚至从一些富裕国家出口到欠发达国家，不遵循劳动安全或环境保护准则，可能会使用回收率低的方法进行回收（Cobbing，2008）。

尽管如此大量的废弃物对任何管理系统都构成了挑战，但因为更容易被回收利用，WEEE 仍然是有价值资源的次要来源（Parajuly et al.，2017）。在电气和电子设备中会发现一些组件，可能是金属、塑料，也可能是其他物质。例如，在手机中，金属约占典型设备质量的 23%，剩下的材料由塑料和陶瓷组成。有趣的是，一部手机可能含有多达 40 种化学元素（UNEP，2009）。

WEEE 中的主要有害元素包括铅、镉、汞和铬（Ⅵ），以及多溴联苯和多溴联苯醚（PBDE）等多溴化合物，这些化合物被用作阻燃剂（Gouveia，2014）。

手机是用珍贵的自然资源和材料制造的，比如聚合物、玻璃，尤其是通过密集型工艺从矿石中提取的金属。在这些设备的使用寿命结束时回收这些设备，避免了开采矿石的需要，节约了自然资源。另一个好处是减少了因处理不当而造成的土壤和水污染。此外，由于提取新原材料的过程中温室气体排放量较低，空气污染也得到缓解。

本章讨论了 3 个主要问题：（1）国际电气和电子设备市场的增长及其对用于制造这些设备的所用元素的需求和供应的影响。（2）WEEE 的全球情况。（3）管理和保护地球化学稀缺资源的技术。对这些主题使用基本概念进行介绍，如电气和电子设备的定义和分类，并包括对这些设备的组成以及与用于生产它们的资源提取相关的环境和社会影响的更深入的讨论，以及 EEE 的使用寿命。

10.2 电气和电子设备

10.2.1 定义

电气和电子设备（EEE）的法定定义之一是由欧盟提供的，它简明扼要地将其描述为使用电流或电磁场的设备以及用于电流和电磁场的产生、传输和测量等过程的设备。这一定义基于指令2012/19/EU附件Ⅰ中定义的类别,涵盖各种尺寸的EEE,包括特定类别(如医疗设备),并将电气和电子设备分为10类(表10-1)。

表10-1 根据指令2012/19/EU分类的电气和电子设备

分类	各类电气和电子设备
大型家用电器	大型制冷电器、冰箱、冰柜及其他用于冷藏、保存、储存食品的大型电器;洗衣机、干衣机、洗碗机;炊具、电炉、电热板、微波炉及其他用于烹饪和其他食品加工的大型电器;电热器具、电暖器及其他为房间、床、座椅家具供暖的大型电器;电风扇、空调电器及其他扇风、排风通风及空调设备
小型家用电器	真空吸尘器;地毯清扫器;其他清洁用具;纺织品缝纫、针织、编织及其他加工用器具;熨斗及其他熨烫、矫平及其他处理衣物的器具;烤面包机;煎锅;研磨机、咖啡机和用于打开或密封容器或包装的设备;电动刀;理发、吹发、刷牙、剃须、按摩等身体护理用具;钟表、手表以及用于测量、指示或记录时间的设备;磅秤
IT和电信设备	主机;微型计算机;印刷机;个人电脑(包括CPU、鼠标、屏幕和键盘);笔记本电脑;打印机;复印设备、电气和电子打字机;袖珍和桌上计算器;其他以电子方式收集、存储、处理、展示或交流信息的产品和设备;用户终端和系统;传真机(fax);电报;电话;手机;应答系统;其他以电信方式传送声音、图像或其他信息的产品或设备
消费类设备和光伏板	收音机、电视机、摄像机、录像机、音频放大器、乐器、其他记录或复制声音或图像的产品或设备,包括信号或其他非通过电信传播声音和图像的技术
照明设备	荧光灯具(家用灯具除外);直管荧光灯;紧凑型荧光灯;高强度放电灯,包括压力钠灯和金属卤化物灯;低压钠灯;除细丝灯泡外,用于散布或控制光线的其他照明设备
电气和电子工具(大型固定式工业工具除外)	钻孔器、切割机、缝纫机;设备用于木材、金属等材料的车削、铣削、打磨抛光、磨削、锯切、切削、剪切、钻孔、打孔、冲孔、折叠、弯曲或类似加工;用于铆接、钉入或拧入或拆卸铆钉、钉子、螺钉或类似用途的工具;用于焊接、钎焊或类似用途的工具;用其他方式对液态或气态物质进行喷涂、铺展、分散或其他处理的设备;用于刈割或其他园艺活动的工具
玩具、休闲及运动器材	电动火车或赛车装置;手持视频游戏机;电子游戏机;骑自行车、潜水、跑步、划船用的电脑;带有电气或电子元件的运动器材;投币老虎机
医疗器械(所有植入和感染产品除外)	放射治疗设备、心脏病学设备、透析设备、肺呼吸机、核医学设备、体外诊断实验室设备、分析仪、冷冻机、受精试验设备以及其他检测、预防、监测、治疗、减轻疾病、损伤或残疾的器具

续表 10-1

分类	各类电气和电子设备
监测和控制仪器	感烟探测器；加热调节器；恒温器；测量、称量或调整家用或实验室设备的器具；工业装置中使用的其他监测和控制仪器（如控制面板）
自动分配器	热饮自动分配器、冷热瓶罐自动分配器、固体产品自动分配器、钱币自动分配器等各种自动输送产品的设备

在巴西，巴西工业发展署（ABDI，2013）将电气和电子设备分为四大类，分别用绿色、棕色、白色和蓝色4种颜色表示。例如，绿色产品体积小，生命周期短（2~5年），包括笔记本电脑和手机。图10-1说明了每种颜色所包括的电气和电子设备的类型以及它们各自的生命周期。

绿色	棕色	白色	蓝色
台式电脑 笔记本电脑 打印机 手机	阴极射线管电视和显示器 等离子和液晶电视和显示器 DVD/VHS 音频产品	冰箱 冰柜 炉子 洗衣机 空调	混炼机 搅拌机 熨斗 钻孔机
生命周期短 (2~5年)	平均生命周期	生命周期长 (10~15年)	生命周期长 (10~12年)

图10-1 根据巴西工业发展署制定电气和电子设备的生命周期和分类

[资料来源：ABDI（2013）]

据美国环境保护署（EPA），电气和电子设备是利用电流或电磁场运行的设备，包括用于产生、传输和测量电流和磁场的设备。换句话说，如果一个产品需要电池或电源，它就被认为是电气和电子设备。此外，这一定义规定，这些设备的设计应解决生命周期结束时的再利用或回收问题（EPA，2018）（图10-2）。

10.2.2 电气和电子设备国际市场

在过去的20年里，电子工业，特别是通信和信息技术部门，给世界带来了革命性的变化。如今，电气和电子设备在全球各地的家庭、办公室和组织机构中无处不在。无论是在发达国家还是在发展中国家，人们的生活已基本离不开这些设备（GSMA，2015）。

研究表明，电视、冰箱、洗衣机、音响等电气和电子设备的国际市场在发达国家已经达到平台期。但由于人口增长和家庭收入增加等显而易见的因素，这些设备的市场在发展中国家将继续扩大。这一情况解释了与世界其他地区相

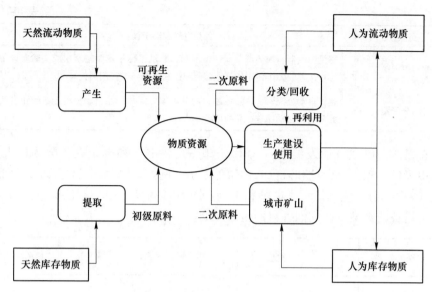

图 10-2　物料来源之间物质流动的描述

[资料来源：Cossu 和 Williams（2015）]

比，拉丁美洲人均废弃电气电子设备（WEEE）产生量的增长。Araújo（2013）认为，发达国家的电气和电子设备市场已达到完全成熟状态。然而，电脑、平板电脑和手机的销售趋势却截然不同，它们的销量总体上在全球范围内仍在继续增长。

除了快节奏的技术发展和对通过电气和电子设备获得的高质量服务追求之外，与过去相比，如今购买能力的提高促使消费者更频繁地更换电气和电子设备（Kasper，2011）。目前情况也很明显，尽管市场饱和，但由于消费者希望购买新的、技术上更先进的商品，技术的快速更换预示着销售的持续增长（Araújo，2013）。

10.2.3　电气和电子设备制造中化学元素的供需关系

技术进步和对最先进设备需求的增加，是不久的将来电气和电子设备生产对化学元素的高要求的主要因素。在 Henckens 等（2016）看来，从地球上开采的矿石量急剧增加的同时，资源也在减少；锑、钼和锌等元素也是如此，所有的这些元素都是生产电气和电子设备所必需的。如果开采量继续以目前的速度增长，世界将在一个世纪甚至几十年内面临耗尽这些元素的实际风险。

可持续的工业增长取决于自然资源的稳定供应。金属在信息技术、交通运输和钢铁生产等工业部门的发展中越来越重要。然而，一个工业部门的增长不仅取决于对国内资源的有效和可持续的采购，而且还取决于对国际市场上可用资源的批判性分析。在这种情况下,城市矿山成为一种可行的替代方案,可以从电气和电子设备使用寿命结束时获取稀缺金属(Jung Jo et al.,2017)。

除了经济激励措施外,还应制定有效的环境政策、提高环境意识的方法、在合适的地点设置回收银行,以及制定有效的机制,在电气和电子设备的使用寿命结束时对其进行收集(Tesfaye et al.,2017)。改进电气和电子设备的分离、收集和再循环利用是现在被视为获取金属的有效方法,其有助于可持续经济和环境保护,并减少对自然资源的需求。

矿产资源的地质稀缺性必须与经济稀缺性分开来。后者是前者的结果,有许多相关因素在起作用。经济稀缺性和地质稀缺性的主要区别在于,后者是一种结构性和物理现象,而前者更具周期性(Henckens et al.,2016)。一方面,市场价格是由供需平衡决定的,由于新应用的发展,对矿产资源的需求逐渐增加。例如,在电气和电子设备中使用稀土元素。但中国等大国的快速工业发展成为增加矿石需求的另一个因素。反过来,需求可能会随着新的、更便宜的替代品出现而下降,供应也可能受到寡头或垄断企业决策的影响。另一方面,减少供应的因素包括事故、罢工和地缘政治行动。

Wen 等(2015)开发了一个模型来预测铜(Cu)、铝(Al)、铅(Pb)和铁(Fe)的需求、回收潜力和可获得性。这些金属在中国的消费量很大,中国在 1967 年、1980 年、1990 年、2000 年以及 2007—2017 年都是最大的钢铁生产国,中国的钢铁产量占世界的 49.7%(Wen et al.,2015;World Steel Association,1978,2010,2011,2012,2013,2014)。2015 年,中国在生铁产量方面处于领先地位,并在 2010—2017 年间成为铝的主要生产国(USGS,2016;Statista,2017)。研究表明,中国原生铜和原生铁资源将分别在 10 年和 30 年后枯竭。这意味着未来开采金属将是一项艰巨的任务。但是,有其他方法可以确保金属的稳定供应,例如在电气和电子设备中回收金属。

原生铜、原生铁资源可被二次金属资源有效替代,如表 10-2 所示。

表 10-2 Cu、Fe、Al、Pb 指标

资源名称	年份	国内勘探量/万吨	进口量/万吨	废料量/万吨	回收量/万吨	替代率/%
铜	2020	97.9	525.5	417.2	330.5	34.6
	2030	70.9	608.8	778.8	607.8	47.2
	2040	51.4	631.7	1050.1	808.7	54.2
铁	2020	223.9	438.8	257.1	223.5	25.2
	2030	156.7	295.4	538.7	471.7	51.1
	2040	0	248.3	808.8	711.6	74.1

续表10-2

资源名称	年份	国内勘探量/万吨	进口量/万吨	废料量/万吨	回收量/万吨	替代率/%
铝	2020	949.0	3441.1	2337.9	930.4	17.5
	2030	803.3	5374.9	6269.9	2472.6	28.6
	2040	680.0	6603.5	9388.4	3697.9	33.7
铅	2020	0	678.4	101.85	549.3	44.7
	2030	0	1029.5	1860.9	1012.9	49.6
	2040	0	1130.6	2219.3	1208.2	51.7

注：替代率＝回收量/(国内勘探量+进口量+回收量)。
资料来源：改编自 Wen 等（2015）。

据估计，在2020—2040年间，初级资源将被其他资源所取代。这些其他资源包括电子废弃物中的铜和铁等金属的回收，其回收率将分别提高19.6%和48.8%。此外，铜、铝和铅的进出口数据也有望上升。

稀土元素也广泛应用于电子工业。这些金属具有独特的性能，并在半导体、印刷电路板（PCB）、催化剂和光伏电池等应用中被用作掺杂剂（Ayres et al., 2013；Loureiro, 2013）。

2010年，欧盟委员会（European Commission）调查了41种原材料的供应情况，发现稀土元素供应短缺的风险最高。2014年对该清单进行了审查，得出了同样的结论。这是由于与其他金属相比，地壳中稀土元素的丰度，此外，环境中稀土元素的提取以及加工和全球可获得性也面临其他挑战，例如：

（1）地质分布：含稀土元素的矿石很少集中或单独出现，增加了勘探难度。

（2）采矿风险：这些元素通常出现在铀（U）或钍（Th）衰变链旁边，由于放射性毒性危害，使得提取更加复杂。

（3）环境过程和影响：采矿、浸出、预浓缩以及达到某些应用所需纯度（可能高达99.99%）的各个阶段，通常会产生大量废弃物和废水（European Commission, 2010, 2014；Tunsu et al., 2015）。

中国稀土产量占世界稀土产量（12.5万吨）的97%，并且对开采这些元素的新矿床有强烈的需求（Loureiro, 2013）。城市矿山是缓解中国资源短缺的潜在替代方案。

10.2.4　经济、环境和社会问题

一般来说，采矿会对环境、经济和社会产生一些负面影响，这些影响与矿石的开采和加工有关。清除植被覆盖物是矿石开采的最初阶段之一，这一阶段开始对环境产生影响，随后是与作业有关的影响，例如产生粉尘、产生大量固体废弃

物（尾矿）和液体废水。Tunsu 等（2015）发表的数据表明，每生产 1t 稀土元素会产生大约 8.5kg 氟化物和 13kg 粉尘。为了获得浓缩稀土元素材料，会产生 75m^3 的酸性废水和 9.6~12m^3 的气体，包括硫酸和二氧化硫，还会产生大约 1t 的放射性废弃物。

一些矿产储量位于森林、生物多样性丰富的地区和土著居民居住的地区。由于采矿活动的扩张，导致环境恶化和生存资源的重置甚至丧失，与当地居民和整个社会产生了严重的冲突（Arora et al., 2017）。

在发展中国家，采矿产生的尾矿在盆地中处理，很多时候没有控制，造成了像巴西马里亚纳发生的事故。2015 年 11 月，存尾砂的盆地因容量超标而决口，3400 万立方米铁尾砂释放到江河湖泊中，造成 17 人死亡，污染江河湖泊，造成动植物死亡，产生的影响尚未得到充分评估。

采矿业在健康、人类安全和环境问题上有着悲惨的记录。在大多数工厂，环境监测是强制性的。在许多情况下，采用可持续做法是由非政府组织强加的法规或倡议。这些变化影响了铸造厂和精炼厂的采矿和加工作业。例如，炼油厂已经采取了必要的措施来减少废水的排放（Arndt et al., 2017）。然而，一些固体废弃物，其中包括来自铸造厂和精炼厂的尾矿和浮渣，关于大量有毒元素的安全储存和这些废水的潜在排放仍构成了重大风险（Arndt et al., 2017）。

10.3　废弃电气电子设备

10.3.1　什么是电子废弃物

文献中列出了几种指代这类废弃物的方法，包括首字母缩写"WEEE"。然而，全球接受度最高的定义是由指令 2012/19/EU 给出的，根据该指令，电子废弃物是电气和电子设备在其生命周期结束后产生的废物，包括处置时设备的所有组件、子部件和可用材料（União Europeia，2012）。

Shagun 等（2013）指出，电子废弃物是电气和电子设备生命周期结束时的一个流行名称且在科技文献中使用最多，包括几种形式的对其所有者来说已经失去了价值的电气和电子设备（Garlapati，2016）。

巴西矿业技术中心将可回收处理的电子设备（如电脑、手机、便携式电子产品、电视、电池、收音机和其他设备）产生的废弃物称为电子或技术废弃物（CETEM，2015）。

Nicolai（2016）指出，电子废弃物是由电子设备使用后产生的废物（这些设备不再可用，并直接用于回收、再循环或处理）中获得的原材料组成的。

当电气和电子设备失去价值或不能按原设计使用时，就会变成电子废弃物。这是由于电气和电子设备被新的、更先进的产品所取代，或者损坏到无法修复。

越来越多的电气和电子设备最终成为电子废弃物,包括冰箱、空调系统、手机和电脑等家用电器(Jaiswal et al.,2015;Britannica Academic,2016)。

目前,电子废弃物被认为是世界上产生最广泛的废弃物,每年增长率在3%~5%(Cucchiella et al.,2015)。

10.3.2 电子废弃物产生的全球情况

据估计,2014 年全球产生了 4180 万吨电子废弃物,相当于每人 5.9kg(GSMA,2015;STEP,2015)。电子废弃物主要来自小型设备(1300 万吨)和大型设备(1100 万吨)(表 10-3)。一般来说,电子废弃物被分为 5~6 个类别,从小型设备到包括屏幕在内的特定类别。

表 10-3 2014 年全球各类电气和电子设备产生的电子废弃物量

流动物/类别	设备	质量/万吨
小型设备	真空吸尘器、微波炉、头发和身体护理设备、录音机、收音机	12.8
大型设备	洗衣机、炉子、洗碗机	11.8
温控设备	冰箱、冰柜、空调、热泵	7.0
屏幕	屏幕、显示器、电视、上网本和笔记本电脑屏幕	6.3
小型电信设备和装置	手机、GPS 装置	3.0
灯泡	任何类型的灯泡	1.0

资料来源:作者根据 GSMA(2015)的数据整理。

GSMA(2015)的数据显示,大多数电子废弃物产生于亚洲,2014 年亚洲产生了 1600 万吨电子废弃物(占全球电子废弃物总量的 38%)。欧洲位居第二(产生的电子废弃物占全球电子废弃物总量的 28%),其次是北美(19%)、拉丁美洲(9%)、非洲(5%)和大洋洲(1%)(GSMA,2015)。根据联合国环境规划署发布的一份报告,电子行业每年产生 4100 万吨电子废弃物,据估计,其在 2017 年将达到 5000 万吨(UNEP,2015)。该报告还指出,60%~90%的电子废弃物被非法出售或作为普通废弃物处理。

10.3.2.1 废弃物产生对全球层面的影响和流动

由于高昂的处理和处置成本、无效的(或没有)环境法规,以及薄弱的环境意识,危险废弃物从发达国家非法运输到发展中国家,这种现象引起了世界范围内的极大关注(UNEP,2015)。美国环保署进行的一项研究显示,将电子废弃物出口到亚洲比在美国处理费用便宜 10 倍(Lundgren Lundgreen,2012)。

在发展中国家和发达国家,电子废弃物的管理和命运是不同的。在多数情况下,处理电子废弃物的主要方法是直接倾倒在普通废弃物填埋场里。电子废弃物造成的潜在环境危害包括对土壤和水体的污染，这是由于电子废弃物使废弃物填埋场中金属和有机化合物的流动性增加，即使在废弃物填埋场关闭后也是如此（Tansel，2017）。

全球非法电子废弃物贸易的确切规模尚不清楚（UNEP，2015）。一般来说，电子废弃物流向了低收入人群。根据UNEP（2015）的数据，电子废弃物回收在世界上一些地区是一项蓬勃发展的业务，主要集中在东南亚、印度和巴基斯坦。更具体地说，在西非，电子废弃物的主要进口国是加纳、尼日利亚和贝宁。

Lundgreen（2012）认为，电子废弃物回收和再循环过程中可能释放的主要物质分为三大类：（1）设备的原始成分（铅和汞）；（2）回收过程中可能添加的物质（氰化物）；（3）回收过程中可能形成的物质（二噁英，可能在计算机外壳和电缆中的塑料燃烧过程中释放）。如果电子废弃物管理不当，上述物质可能对环境和人类健康构成重大危害。Lundgreen（2012）指出，在非正式的电子废弃物回收过程中也可能释放有毒物质，包括浸出、物理拆解（产生颗粒物质和废水，其中一些可能含有氰化物）、燃烧（产生灰）和加热（在拆焊过程中释放汞）。

电子废弃物的污染对人类健康的风险包括呼吸困难、呼吸道刺激、咳嗽、窒息、肺炎、震颤、神经问题、抽搐、昏迷，甚至死亡（Yu et al.，2006）。

此外，Song和Li（2014）评估了电子废弃物中的金属对中国环境的影响，揭示了土壤、空气、水和植物污染的存在，以及金属在水稻等作物中的积累，铜（Cu）、汞（Hg）、铬（Cr）和铅（Pb）的浓度均高于最大允许值。

10.3.2.2 电气和电子设备中的元素

Umicore（2016）认为印刷电路板（PCB）是适合城市矿山的金属矿床，因为其中所含的金属浓度高于通过初级采矿所获得的值。例如，回收1t电脑主板可以产生250g金。

相比之下，1t矿石中含有1.5g金，而1t印刷电路板和1t手机中的金含量分别为150~200g和250~300g。Nicolai（2016）指出，需要加工60t金矿才能获得等量的金属。此外，直接开采获得的铜含量低于1%，而印刷电路板中的金属含量在15%~18%，有研究表明，从印刷电路板中获得的铜含量高达22%是可能的（da Silveira et al.，2016；Umicore，2016）。

Wen等（2015）认为，铜和铁的初级来源可能会被金属的次要来源有效取代。据估计，2020—2040年间，铜和铁的替代率将分别增长19.6%和48.8%。作者指出，尽管回收电子废弃物作为二次金属来源对中国经济的重要性日益增加，但中国对初级资源的潜在勘探将在同一时期继续增长。

研究表明，铜等常见金属和稀土元素等贵金属可以从电子废弃物中提取（Palmiere et al.，2014）。由于矿石中存在铀（U）等放射性元素，稀土元素难以提取，特别是在提取方法不正确的情况下会造成采矿危害（Rare Element Resources，2016）。

此外，每吨稀土元素会产生大约 8.5kg 的氟和 13kg 的粉尘。浓缩稀土元素的生产产生 75kg 酸性废水，$9600 \sim 1.2 \times 10^4 m^3$ 含硫酸和二氧化硫的气体，以及 1t 放射性废弃物（Tunsu et al.，2015）。此外，稀土元素有时存在于连续的矿体中，这意味着需要大面积开采才能获得这些元素（Tunsu et al.，2015）。Ayres 和 Peiró（2013）表示稀土元素在环境中从未以高浓度存在。相反，它们以污染物或微量元素的形式出现在被称为"吸引子金属"的矿石中，它们的化学性质与吸引子金属相似。在稀土元素中，吸引子金属是铁。其他稀有金属存在于铜（Cu）、铅（Pb）、镍（Ni）或锌（Zn）矿石中。吸引子金属被大量开采，如铁（Fe）、铝（Al）、铜（Cu）、镍（Ni）、锌（Zn）等，而作为副产品的金属是地质上罕见的，并且与一种吸引子元素有化学关系。

由于其独特的性质，稀土元素被用于电子产品，特别是作为半导体、印刷电路板、催化剂、光伏电池和其他应用的掺杂剂，其中列出了作为副产品的金属和各自的应用（Ayres et al.，2013；Loureiro，2013）。全球每年生产 12.5 万吨稀土元素，其中中国产量占 97%，并且中国在不断寻找新的矿床（Loureiro，2013）。最近有研究讨论了城市矿山在缓解中国资源稀缺方面的潜力。

10.3.2.3 回收和城市矿山

城市矿山是一种新的材料流动方法，可以从各种人为过程中回收化合物（Baccini et al.，2012；Lederer et al.，2014）。从城市矿山中回收的材料有价值成分浓度与在自然环境中的赋存值相似，这也再次说明其重要的资源供应地位（Cossu et al.，2015）。

Krook 和 Bass（2013）认为，"城市"是指在城市环境的界限内，而"矿山"则被理解为从废弃材料中提取二次金属资源。城市矿山的概念包括用于从城市分解代谢产生的制成品、建筑物和废弃物中回收化合物、能源和元素的所有过程（Di Maria et al.，2013；Wen et al.，2015）。

根据美国环境保护署（USEPA）的说法，回收利用是在回收和再加工铝罐、纸和瓶子等原本会被丢弃的产品的基础上，来最大限度地减少固体废弃物。另一种定义认为，回收是在改变固体废弃物的物理、物理化学和生物特性的基础上转化固体废弃物的过程，目的是产生生产材料或将其转化为新产品（Brasil，2010）。

目前，"回收利用""资源回收""城市矿山""废弃物减量化""循环经济"和"材料回收"等术语越来越多地使用于商业和工业环境中（Cossu et al.，

2015）。抛开术语的选择不谈，回收利用的重要性不仅体现在经济方面，也体现在初级原材料日益稀缺的问题上，以确保未来几代人的供应。基于从自然环境中提取的材料流动是有限的，因此回收和城市矿山将是未来最常见的方法。

利用城市矿山获取稀土元素与基于设备回收的贵金属回收直接相关。Nicolai（2016）指出，在这种形式的回收中，必须考虑更合适和经济上可行的方法。例如，Umicore使用火法冶金、湿法冶金和电冶金的组合工艺来回收废弃物，回收约20种贵金属和有色金属（Kasper，2011；Santanilla，2012）。

10.3.2.4 地球化学稀缺资源的管理和保护技术

下面主要涉及目前用于回收稀土元素的技术。使城市矿山成为一种可行的替代方案，极为重要的是在更大的规模上整合逆向物流和回收技术。

稀土元素的回收主要有预处理（包括设备的筛选和拆解）、机械加工和冶金加工工艺，而冶金加工这一步分为火法冶金和湿法冶金（Veit，2001；Vivas et al.，2013；Oliveira，2012）。

A 拆解

拆解是获取稀土元素的第一道工序，包括去除有毒化合物和选择有价元素，这些元素可以手动或自动分离，以简化元素的进一步回收（de Moraes，2011）。因此，这一阶段的目标是优化下一个具有机械或冶金性质的循环或回收阶段（de Moraes，2011；Silvas，2014）。

Cui 和 Forssberg（2003）指出，大多数回收组织使用手动拆解作为第一步。Knoth 等（2000）认为，手动拆解是回收的第一步也是最重要的一步，由于其具有耗时和危险的特点，增加了在工业规模上实施的难度。标准化设备的缺乏和不同制造商的生产，是阻碍拆解完整性的另一个方面。因此今后必须考虑在这一重要步骤上做出重大改进。Knoth 等（2000）还指出，由于回收的产品数量不断增加，有必要将过程自动化作为提高技术效率和经济效益的一种手段。

材料拆解后，根据其特性进行处理。Oliveira（2012）认为，拆解和筛选的优点包括组件的回收、潜在有害物质的去除、不同附加值馏分的分离。

B 机械加工

机械加工也称为物理加工，旨在通过铣削、基于粒度的分类和分离来分离金属、聚合物和陶瓷材料（Gerbase et al.，2012）。

Moraes（2011）指出，印刷电路板的机械处理可能需要铣削、粒度分类、磁偏析、静电偏析和重介质分离等过程。

其他研究人员，如Ventura（2014）认为，废弃物机械处理包括拆解、筛选、铣削、粒度分类、磁偏析、静电偏析和重选阶段。

铣削是在电路板中有或没有稀土元素的情况下对电子元件进行机械破碎

(Ventura，2014)。该操作是在垂直或水平的刀、锤或球磨机中进行的（Veit，2001)，包括有控制地减小物料的尺寸，利用冲击、压缩、磨蚀的组合将材料铣成合适的大小（CETEM，2004)。Richter（2009）表明，机械加工的目的是重新确定颗粒的形状和大小，增加表面积以促进化学反应，并从矿石破碎后无用的部分释放金属。铣削也影响有机材料和无机材料的分离，提高工艺效率。这种分离是根据密度或粒度的差异进行的。这一阶段使用锤、刀或低温研磨机进行（Veit，2005)。碾磨后，物料根据粒度或磁性、静电和重量法甚至浸出法进行分离（de Moraes，2011)。对碾磨后的物料进行分级和筛分，以获得两种或两种以上不同粒度的颗粒。在筛分中，物料是根据粒度分离的，而在分类中，物料是根据颗粒穿过液体介质的速度分离的（CETEM，2004)。这个过程采用不同网目的振动筛，根据颗粒大小来进行粒度分级（Hayes，1993；Kasper，2011)，Oliveira（2012）指出，连接在电路板上的组件可以通过铣削进行有效分离。

给定的材料基于化学成分、原子排列（电子自旋）和晶体结构等因素具有特有的磁性特征（de Moraes，2011)。材料的磁性不仅受到元素的原子排列和电子结构的影响，还受到组成元素和其浓度以及固体中的晶体结构的影响（Ribeiro，2013)。根据磁化率对材料和矿物进行分类，磁化率决定了材料对磁场的响应，据此可以将矿物分为两类，即被磁场吸引的铁磁性矿物和仅被弱磁场吸引的顺磁性矿物。材料和矿物被磁场排斥称为抗磁性（CETEM，2004)。

Oliveira（2012）广泛使用了几种型号的磁选机，特别是干式和湿式磁选机，分别用于分离大颗粒和小颗粒。鼓式、磁辊式和交叉带式分离器是常用的一些设备（CETEM，2004)。静电分离器用于分离导体和非导体材料，特别是用于从印刷电路板中回收铜和金属，以及从电缆和电线中回收铝和铜（Cui et al.，2003；Veit，2005)。Veit（2005）指出，金属和非金属元素导电性的巨大差异为该技术在废弃物回收中的成功应用创造了良好的条件。最早一批静电分离器是被开发出来处理矿石的。如今，这些设备被用于其他目的，如从汽车废料中回收有色金属、处理城市固体废弃物、处理电气和电子设备等。

C 火法冶金工艺

金属的火法冶金工艺包括熔化和精炼材料以生产纯金属，如铜和铅。精炼步骤产生的次级相富含其他金属，如需要在特定设备中提取的贵金属（Oliveira，2012）。

使用火法冶金工艺分解有机材料是回收金属的一种有效方法，因为大多数有机化合物可以在高温下分解并挥发。但是这一过程可能会释放卤素化合物、二噁英和呋喃。由于废料中存在陶瓷材料和玻璃，因此也会产生浮渣。此外，火法冶金工艺在回收锡（Sn)、铅（Pb）方面效率不高，并存在其他缺点（Blazsó et al.，2002；Veit，2005；Kasper，2011；Oliveira，2012)。

D 湿法冶金工艺

湿法冶金一词是指在水介质中提取和溶解金属,然后对所得到的溶液进行处理,以获得更多有价金属的过程(Oliveira,2012)。在此过程中,浸出剂被用来溶解和分离固体材料,然后进行溶剂萃取、沉淀和精炼等过程,以提高材料的精选(Veit,2005;de Moraes,2011)。

Silvas(2014)研究表明,可以使用湿法冶金技术来处理稀土元素,例如用氰化物、硫代硫酸盐、配体〔乙二胺四乙酸(EDTA)、二乙烯三胺五乙酸(DTPA)、腈乙酸(NTA)、草酸、次氯酸钠,以及硫酸、盐酸、硝酸和王水〕进行化学浸出。除了生物浸出外,还使用有机溶剂、氯化铁、氯化铜和盐酸进行湿法冶金酸洗。因为微生物可以自然地进行提取过程,导致其能源消耗量很少。细菌浸出,也称为生物湿法冶金,是一种基于细菌溶解矿物样品中的成分的过程,利用细菌从矿石或废弃物中提取有价元素(Brandl,2001;Garcia,1989;Garcia et al.,2001)。

溶液的 pH 值、材料的组成、固液比和氧化还原电位等一些化学因素在浸出过程中起着重要的作用,而孔隙度、颗粒大小和形状以及渗透率等物理因素会影响浸出的速度(Leaf,2017)。

10.4 结 论

世界上电气和电子设备生产的数量非常多,这些设备的市场不断扩大,从自然环境中提取元素的需求也随之增加,如金属和稀土元素。然而,其中一些元素在地质上是稀缺的,表明了需要采用回收方法(机械加工、火法冶金和湿法冶金工艺)从电子废弃物中来获取的需求。相应地,这种需求意味着城市矿山可能是电气和电子设备可持续性生产的一个重要因素。

参 考 文 献

ABDI-Agência Brasileira de Desenvolvimento Industrial, 2013. Logística Reversade Equipamentos Eletroeletrônicos-Análise de Viabilida de Técnicae Econômica [Z]. http://www.abdi.com.br/Estudo/Logistica%20reversa%20de%20residuos_pdf.

ABINEE-Associação Brasileira da Indústria Elétricae Eletrônica, 2009. A Indústria Elétricae Eletrônica em 2020 [Z]. http://www.abinee.org.br/programas/imagens/2020a.pdf.

ARAÚJO M G, 2013. Modelo de avaliação do ciclo de vida para a gestão de resíduos de equipamentos eletroeletrônicos no Brasil [D]. Rio de Janeiro: Universidade Federal do Rio de Janeiro.

ARNDT N T, FONTBOTÉ L, HEDENQUIST J W, et al., 2017. Future Global Mineral Resources [Z]. http://www.geochemicalperspectives.org/wp-content/uploads/2017/05/v6n11.pdf.

ARORA R, PATEROK K, BANERJEE A, et al., 2017. Potential and relevance of urban mining in the context of sustainable cities [J]. IIMB Manag Rev, 29: 210-224.

AYRES R U, PEIRÓ L T, 2013. Material efficiency: Rare and critical metals [J]. Phil Trans R Soc A, 371: 20110563.

BACCINI P, BRUNNER P, 2012. Metabolism of the anthroposphere: Analysis evaluation design [M]. 2nd ed. Cambridge: MIT Press.

BLAZSÓM, CZÉGÉNY Z S, CSOMA C S, 2002. Pyrolysis and debromination of flame retarded polymers of electronic scrap studied by analytical pyrolysis [J]. J Anal Appl Pyrolysis, 64: 249-261.

BRANDL H, 2001. Microbial leaching of metals [M] // Microbial diversity in bioleaching environments. Zurich: 192-217.

Brasil. Lei nº 12.305, de 2 de Agosto de 2010. Institui a Política Nacional de Resíduos Sólidos (PNRS), altera a Lei no 9.605, de 12 de fevereiro de 1998; e dá outras providências [A].

Britannica Academic Encyclopædia Britannica, 2016. Electronic Waste [M]. https://www.britannica.com/technology/electronic-waste. http://www.epa.ie/enforcement/weee/electrical and electronic equipment/.

CCETEM-MCT. Centro de Tecnologia Mineral [M] // Ministério da Ciência e Tecnologia, (2004) Tratamento de Minérios. 4a edição. Rio de Janeiro.

CETEM-Centro de Tecnologia Mineral, 2015. Extração de ouro a partir de placas de circuito impresso porcianetação intensiva [J]. Série Tecnologia Ambiental.

COBBING M, 2008. Toxic tech: not in our backyard. Uncovering the Hidden Flows of E-waste [Z]. https://www.greenpeace.org/norway/Global/norway/p2/other/report/2008/toxic-tech-not-inour-backyar.pdf.

COSSU R, WILLIAMS I D, 2015. Urban mining: Concepts terminology challenges [J]. Waste Manag, 45: 1-3.

CUCCHIELLA F, D'ADAMO I, KOH S C L, et al., 2015. Recycling of WEEEs: An economic assessment of present and future e-waste streams [J]. Renew Sust Energy Rev, 51: 263-272.

CUI J, FORSSBERG E, 2003. Mechanical recycling of waste electric and electronic equipment: A review [J]. J Hazard Mater, B99: 243-263.

DA SILVEIRA T A, DORNELES K O, MORAES C A M, et al., 2016. Caracterização de placas de circuito impresso de smartphones orientada para reciclagem [C]. Paper presented at the fifth innovation and technology seminar IFSul.

DE MORAES V T, 2011. Recuperação de metais a partir de processamento mecânico e hidrometalúrgico de placas de circuito impresso de celulares obsoletos [D]. São Paulo: USP.

DI MARIA F, MICALE C, SORDI A, et al., 2013. Urban mining: Quality and quantity of recyclable and recoverable material mechanically and physically extractable from residual waste [J]. Waste Manag, 33 (12): 2594-2599.

Environmental Protection Agency (EPA) Electrical and electronic equipment [A]. http://www.epa.ie/enforcement/weee/electrical and electronic equipment/.

EPA (United States Environmental Protection Agency) [Z]. https: //searchepagov/epasearch/ epasearch? querytext = recycle + &typeofsearch = epa&doctype = all&originalquerytext = recycle + concept&areaname = &faq = true&site = epa _ default&filter = &fld = &sessionid = 9D9809E31912F3508726BA7629E6E5D2&prevtype=epa&result_template=2colftl&stylesheet=.

European Commission, 2010. Critical raw materials for EU Report of the Ad-hoc Working Group on Defining Critical Raw Materials [R]. https: //ec. europa. eu/growth/tools-databases/eip-raw-materials/en/system/files/ged/79%20report-b_ en. pdf.

European Commission, 2014. Report on the critical raw materials for EU Report of the Ad-hoc Working Group on Defining Critical Raw Materials [R]. https: //ec. europa. eu/docsroom/documents/10010/attachments/1/translations/en/renditions/pdf.

GARCIA J R O, 1989. Estudos da Biolixiviação de Minérios de Urânio por Thiobacillus ferrooxidans [D]. São Paulo : Instituto de Biologia Campinas, UNICAMP.

GARCIA J R O, URENHA L C, 2001. Lixiviação Bacteriana de Minérios [M] // LIMA U A, AQUARONE E, BORZANI W, et al. Biotecnologia Industrial-Processos Fermentativo sIndustriais. 1st ed. São Paulo: Edgard Blücher Editora, 485-512.

GARLAPATI V K, 2016. E-waste in India and developed countries: Management recycling business and biotechnological initiatives [J]. Renew Sust Energy Rev, 54: 874-881.

GERBASE A, OLIVEIRA C, 2012. Reciclagem do lixo de informática: Uma nova oportunidade para a Química [J]. Quim Nova, 35 (7): 1486-1492.

GHOSH B, GHOSH M K, PARHI P, et al. , 2015. Waste printed circuit boards recycling: An extensive assessment status [J]. J Clean Prod, 94: 5-19.

GOUVEIA A R, 2014. Recuperação de metais de placas de circuito impresso por via hidrometalúrgica [D]. Lisboa: Universidade do Porto.

GSMA-GSM Association, 2015. E-waste in Latin America: Statistical analysis and policy recommendations [Z]. https: //www. gsma. com/publicpolicy/ewaste-latin-america-statistical-analysis-policy-recommendations/gsma2015_ report_ ewasteinlatinamerica_ english-2.

HAYES P C, 1993. Process principles in minerals and materials production [M]. Brisbane: Hayes Publishing CO, 29.

HENCKENS M L C M, VAN IERLAND E C, DRIESSEN P P J, et al. , 2016. Mineral resources: Geological scarcity, market price trends, and future generations [J]. Resour Policy, 49: 102-111.

JAISWAL A, SAMUEL C, PATEL B S, et al. , 2015. Go green with WEEE: Eco-friendly approach for handling E-waste [J]. Proc Comp Sci, 46: 1317-1324.

JO H J, KANG H Y, LEE I S, et al. , 2017. Estimation of potential quantity and value of used and in-use stocks or urban mines in Korea [J]. J Mater Cycles Waste Manag.

KASPER A C, 2011. Caracterização e Reciclagem de Materiais Presentes em Sucatas de Telefones Celulares [D]. Porto Alegre: Universidade Federal do Rio Grande do Sul.

KNOTH R, BRANDSTOTTER M, KOPACEK B, et al. , 2000. Automated disassembly of electr (on) ic equipment [C]. Conference Record 2002 IEEE International Symposium on Electronics and the Environment.

KROOK J, BAAS L, 2013. Getting serious about mining the technosphere: A review of recent landfill mining and urban mining research [J]. J Clean Prod, 55: 1-9.

LEAF-Leaching Environmental Assessment Framework/Vanderbilt University Leaching Process [Z]. http://www.cresp.org/cresp-projects/waste-processing-special-nuclear-materials/leafleaching-environmental-assessment-framework/.

LEDERER J, LANER D, FELLNER J, et al., 2014. A framework for the evaluation of anthropogenic resources based on natural resource evaluation concepts [C]. Paper Presented at the Sum 2014, 2nd Symposium on Urban Mining, IWWG-International Waste Working Croup, Bergamo, Italy. 16-21.

LOUREIRO L F E, 2013. O Brasil e a reglobalização da indústria das terras raras [Z]. CETEM/MCTI, Rio de Janeiro.

LUNDGREEN K, 2012. The global impact of E-waste: Addressing the challenge [Z]. ILO, Geneva.

NICOLAI F N P, 2016. Mineração urbana: Avaliação da economicidade da recuperação de components ricos em Au a partir de resíduo eletrônico (E-waste) [D]. Minas Gerais: Universidade Federal de Ouro Preto.

OLIVEIR A P C F. Valorização de Placas de Circuito Impresso por Hidrometalurgia [D]. Lisboa: Universidade Técnicade Lisboa.

PALMIERE R, BONIFAZI G, SERRANTI S, 2014. Recycling-oriented characterization of plastic frames and printed circuit boards from mobile phones by electronic and chemical imaging [J]. Waste Manag, 34: 2120-2130.

PARAJULY K, HABIB K, LIU G, 2017. Waste electrical and electronic equipment (WEEE) in Denmark: Flows, quantities and management [J]. Resour Conserv Recycl, 123: 85-92.

Rare Element Resources, 2016. Rare Earth Elements [Z]. Littleton.

RIBEIRO P P M, 2013. Concentração de metais contidos em placas de circuito impresso de computadores descartados. Projeto de graduação [D]. Rio de Janeiro: Universidade Federal do Rio de Janeiro.

RICHTER D, 2009. Umarota de recuperação de metal a partir de escória secundária da produção de ferroníquel [D]. São Paulo: Universidade de São Paulo.

SANTANILLA A J M, 2012. Recuperação de Níquel a partir do Licor de Lixiviação de Placas de Circuito Impresso de Telefones Celulares [D]. São Paulo: Universidade de São Paulo.

SARATH P, BONDA S, MOHANTY, 2015. Mobile phone waste management and recycling view and trends [J]. Waste Manag, 46: 536-545.

SENA F R, 2012. Evolução da tecnologia móvel cellular e o impacto nos resíduos eletroeletrônicos [D]. Rio de Janeiro: PUC.

SHAGUN A, KUSH A, ARORA A, 2013. Proposed solution of E-waste management [J]. Int J Fut Comp Commun, 2 (5): 490-493.

SILVAS P C S, 2014. Utilização de hidrometalurgia e biohidrometalurgia para reciclagem de placas de circuito impresso [D]. São Paulo: Universidade de São Paulo.

SONG Q, LI J, 2014. Environmental effects of heavy metals derived from the E-waste recycling activities in China: A systematic review [J]. Waste Manag, 34: 2587-2594.

Statista, The Statistics Portal, 2017. Countries with the largest smelter production of aluminum from 2010 to 2017 (in 1000 metric tons) [EB]. https://www.statista.com/statistics/264624/global-production-of-aluminum-by-country/.

STEP-Solving the E-waste Problem-Green Paper, 2015. E-waste prevention take-back system design and policy approaches [J].

TANSEL B, 2017. From electronic consumer products to E-waste: Global outlook waste quantities recycling challenges [J]. Environ Int, 98: 35-45.

TESFAYE F, LINDBERG D, HAMUYUNI J, et al., 2017. Improving urban mining practices for optimal recovery of resources from E-waste [J]. Min Eng, 111: 209-221.

TUNSU C, PETRANIKOVA M, GERGORIC M, et al., 2015. Reclaiming rare earth elements from end-of-life products: A review of the perspectives for urban mining using hydrometallurgical unit operations [J]. Hydrometallurgy, 156: 239-258.

Umicore, 2016. UMICORE BRASIL LTDA. Processamento de sucata elelronica [C]. V Seminário Internacional Sobre Residuos de Equipamentos Eletreoletrônicos. Recife, pernambuco, Brasil.

UNEP-United Nations Environment, 2015. Waste crime-waste risks: Gaps in meeting the global waste challenge [J]. http://web.unep.org/ourplanet/september-2015/unep-publications/waste-crime-waste-risks-gaps-meeting-global-waste-challenge-rapid.

UNEP-United Nations Environment Programme, 2009. Recycling-from E-waste to resources [Z]. http://www.unep.fr/shared/publications/pdf/DTIx1192xPA-Recycling%20from%20ewaste%20to%20Resources.pdf.

União Europeia, 2012. Directive 2012/19/UE of the European Parliament and of the Council of 4 July 2012 on waste electrical and electronic equipment (WEEE) [A]. Off JL 197: 38-71. https://eur-lex.europa.eu/LexUriServ/LexUriServ.do?uri=OJ:L:2012:197:0038:0071:en:pdf.

USGS (United States Geological Survey), 2016. Iron and steelp roduction [EB]. https://minerals.usgs.gov/minerals/pubs/commodity/iron_&_steel/mcs-2016-feste.pdf.

VEIT H M, 2001. Emprego de Processamento Mecânico na Reciclagem de Sucatas de Placas de Circuito Impresso [D]. Porto Alegre: UFRGS.

VEIT H M, 2005. Reciclagem de Cobre de Sucatas de Placas de Circuito Impresso [D]. Porto Alegre: UFRGS.

VENTURA E A C C, 2014. Estudos de processos físicos para recuperação de metais de placas de circuito impresso [D]. Porto: Universidade do Porto.

VIVAS R DE C, COSTA F P, 2013. Tomada de decisão na escolha do processo de reciclagem e recuperação de metais das placas eletrônicas através de análise hierárquica [Z]. IV Congresso Brasileiro de Gestão Ambiental. Salvador/BA.

WEN Z, ZHANG C, JI X, et al., 2015. Urban Mining's potential to relieve China's coming resource crisis [J]. J Ind Ecol, 10 (6): 1091-1102.

World Steel Association, 1978. Handbook of world steel statistics 1978 [M]. https://webarchiveorg/web/20150513202042/https://www.worldsteel.org/en/dam/jcr:09ed87af-366e-44c6-9f55-63c09f7

6b520/A%2520handbook%2520of%2520world%2520steel%2520statistics%25201978. pdf.

World Steel Association, 2010. Steel statistical yearbook [M]. https://www.worldsteel.org/en/dam/jcr:1ef195b3-1a46-41c2-b88b-6072c2687850/Steel+statistical+yearbook+2010. pdf.

World Steel Association, 2011. Steel statistical yearbook [M]. https://www.worldsteel.org/en/dam/jcr:c12843e8-49c3-40f1-92f1-9665dc3f7a35/Steel%2520statistical%2520yearbook%25202011. pdf.

World Steel Association, 2012. Steel statistical yearbook [M]. https://www.worldsteel.org/en/dam/jcr:a0d5110b-80e1-4f1d-a6f0-a9054c07b672/Steel%2520Statistical%2520Yearbook%25202012. pdf.

World Steel Association, 2013. Steel statistical yearbook [M]. https://www.worldsteel.org/en/dam/jcr:7bb9ac20-009d-4c42-96b6-87e2904a721c/SteelStatistical-Yearbook-2013. pdf.

World Steel Association, 2014. Steel statistical yearbook [M]. https://www.worldsteel.org/en/dam/jcr:c8b1c111-ce9b-4687-853a-647ddbf8d2ec/Steel-Statistical-Yearbook-2014. pdf.

YU J, WELFORD R, HILLS P, 2006. Industry responses to EU WEEE and ROHS directives: Perspectives from China [J]. Corp Soc Respons Environ Manag, 13: 286-299.

11 可持续电子废弃物管理：对环境和人类健康的影响

K. 格雷斯·佩斯拉，帕内尔·塞尔瓦姆·桑德·拉贾，
D. 巴拉吉，坎纳潘·潘查莫西·戈皮纳特

摘　要：日益增多的电子废弃物数量及对其不当和不安全的处理方式不仅对环境和人类健康构成重大风险，也对环境的可持续发展目标提出了若干挑战。据联合国环境规划署估计，电子废弃物是全球增长最快的污染问题之一。这种废弃物数量的快速增长受到有计划的产品淘汰、价格下降和生活方式改变的影响。不幸的是，大部分电子废弃物是在非正规部门回收的，导致回收者尤其是妇女和儿童接触到有毒物质。电子废弃物包括有价金属和环境污染物，特别是多溴二苯醚和多氯联苯。随着科学技术的创新和环保组织的压力，电子废弃物的化学成分也发生了变化。由于对环境影响最小的再加工和再循环技术价格昂贵，发达国家向发展中国家出口了数量未知的电子废弃物，在发展中国家，包括燃烧和强酸溶解在内的回收技术导致局部的水和食物链污染。本章涉及电子废弃物的产生及其处理途径，尤其涉及影响人类健康和环境的各种污染物。

关键词：工业化；电子废弃物；可持续发展目标；人类健康；环境

11.1 引　言

随着工业化的快速发展，越来越多的企业采用电气和电子设备来减少人力成本，以提高效率和生产能力。电气和电子产品的创新加快了其在制造业和其他工业部门的应用。手机、电脑和笔记本电脑等更快速、更可靠的处理技术的发展促使消费者不再使用旧产品，而是使用最新的和升级的技术产品。这一发展反过来又极大地增加了消费者对电子废弃物的使用。Step Initiative（2014）对电子废弃物的定义如下："电子废弃物是一个术语，用于涵盖所有类型的电气和电子设备及其部件，这些设备被所有者作为废物丢弃而无意重新使用。"

作为一个快速增长的废弃物行业，电子废弃物成分复杂，包括有毒有害和资源丰富的产品。由于信息通信技术领域的快速发展、更新和设备小型化，电子废弃物也日益增多。电子废弃物也被称为废弃电气电子设备。

Baldé 等（2015）将电气和电子设备分为 6 类，具体如下：

（1）温度交换设备——简称冷却和冻结设备。冰箱、空调、热泵、冰柜等属于这一类。

（2）屏幕和显示器——显示器、笔记本电脑、平板电脑和电视。

（3）灯具——发光二极管灯、荧光灯和放电灯。

（4）大型设备——洗衣机、干衣机、电炉、光伏板、印刷和复印设备。

（5）小型设备——吸尘器、微波炉、通风设备、电热水壶、收音机、录像机、计算器、电子玩具、医疗设备和电子工具。

（6）小型信息技术和电信设备——手机、全球定位系统、个人电脑、打印机和电话。

以上6种不同类别设备的使用寿命因其数量、经济价值以及若回收不当对环境造成的影响而异。消费者在处理电气和电子设备时的心态以及回收技术也相应不同。值得注意的是，2014年产生了4180万吨电子废弃物，到2018年将增加到5000万吨（Baldé et al.，2015）。由于消费者用新设备或最新设备替换更新了旧设备，致使计算机的使用寿命在1992—2005年间从4.5年缩短到2年。不当的回收利用使电子废弃物具有潜在的环境和健康危害。值得注意的是，电子废弃物由60种金属组成，其中包括铜、银、钯、铂、金等，一旦对这些金属进行回收，将在一定程度上减少对新金属生产的需求。生产电气和电子设备有害副产品的被称为电子废弃物的非正式部门。在电子废弃物回收方面，存在技术和人力不足等缺陷，意外接触电子废弃物很容易造成伤害，尤其是儿童。本章将集中讨论电气和电子设备对环境和健康的影响、回收利用和减少对健康影响的方法以及对改进领域的特别关注。

电子废弃物与可持续发展目标：为了消除贫困，保障和保护未来15年的地球财产安全，联合国及其成员国在2015年9月通过了《2030年可持续发展议程》。该议程包括17个可持续发展目标和169个具体目标。从目标来看，目标3：确保各年龄段人群的健康生活方式，促进他们的福祉，侧重于危险化学品和空气、水和土壤污染造成的死亡率和疾病。目标6：为所有人提供水和环境卫生并对其进行可持续管理，力求实现安全饮用水，减少污染和危险废弃物的倾倒。目标8：促进持久、包容和可持续的经济增长，促进充分的生产性就业和人人获得体面工作。目标11：建设包容、安全、有抵御灾害能力和可持续的城市和人类住宅区。目标12：采用可持续的消费和生产模式，着眼于单个产品的生命周期及其向土壤、水和空气中的释放，并通过预防、减少、修复、回收和再利用来减少废弃物的产生。目标14：保护海洋和可持续利用海洋资源以促进可持续发展，随着电子废弃物的管理，水下生活变得更好。电子废弃物处理不当会造成健康问题，并污染空气、水和土壤，在拆解过程中未经培训的人员会给人类和环境带来风险（Baldé et al.，2017）。图11-1强调了与人类和环境健康相关的可持续发展目标。

图11-1　与环境和健康相关的可持续发展目标

1—无贫穷；2—零饥饿；3—良好的健康和福祉；4—素质教育；5—两性平等；
6—清洁用水和卫生设施；7—可负担的清洁能源；8—体面的工作和经济的持续增长；
9—工业、创新和基础设施；10—减少不平等；11—可持续发展的城市和社区；
12—负责任的消费和生产；13—气候行动；14—水下生活；15—陆地生活；
16—和平、正义和强有力的机构；17—实现发展目标的伙伴关系

11.2　电子废弃物跟踪与驱动趋势

2000—2016年，电气和电子设备的消费快速增长，尤其是冰箱、洗衣机、电炉和电视机等产品。目前，处于经济合作与发展组织中的国家对电气和电子设备的需求很高。3种估算电子废弃物的方法（Lohse et al.，1998）分别是：消费法、使用法、市场供应法。

消费法和使用法：对家用电气和电子设备进行平均，以预测废弃电气电子设备的数量。

市场供应法：使用指定地区的销售和生产数据。

对于前两种方法，需要注意电气和电子设备的质量和寿命。第三种方法是瑞士环境机构的估计，确定了家庭中的饱和位置，"以旧换新"，即用一个新电器来替换一个旧电器，这种方法实际上并不适用，因为并非所有家庭都是如此。

移动和宽带网络的迅速扩展使农村地区和以前没有网络的地区的人们能够访问互联网。移动品牌在电信市场的激烈竞争是电气和电子设备价格下降的关键因素，这为电气和电子设备与互联网的大幅普及奠定了基础。一个人拥有不止一部手机，许多人使用各种其他电子设备来上网。由于更快的上网速度和最新技术的升级，消费者经常更换笔记本电脑、个人电脑、电视和其他设备。旧设备被认为是过时的，在其还没有损坏的时候就会被淘汰。例如，从模拟到数字转换，许多电视被数字信号取代，这导致了碳射线管电视的扩散（ITU，2015，2017）。2015年，联合国贸易和发展会议估计：全球电子商务规模超过22万亿美元，企业对消费者交易超过3万亿美元。调查显示，40%的企业通过互联网接收订单。

在过去的50年里，美国、欧盟以及中国和印度等发展中国家的电子废弃物产生量有所增加。美国环境保护署数据显示，每个家庭平均使用34个电气和电子设备，每年产生5×10^6t的电子废弃物。据估计，在欧盟，每个公民每年产生15kg的电子废弃物，总计约为7×10^6t，电气和电子废弃物占城市固体废弃物总量的8%。在发展中国家，每年人均产生约1kg的电子废弃物，而且还在迅速增加，从发达国家进口也是其增加的主要原因。在回收再利用的过程中，发达国家产生的50%~80%的废弃电气电子设备被运往发展中国家，这是违反国际法的。当电子废弃物处理不当时，会对环境和生物造成影响。在发展中国家，由于缺乏严格的法规和财政资源，电子废弃物未经处理就倾倒在土壤中，从而污染土壤和地下水。在印度，回收以非正规部门的形式进行，工作人员在没有任何安全措施的情况下拆解电子设备中的组件，因在同一个地方生活、睡觉和做饭，致使他们每天24h都在接触有毒物质。在德里甚至采用非法和危险的回收做法处理电子废弃物（Tsydenova et al.，2011；Needhidasan et al.，2014）。

在Baldé等（2015）的研究中，讨论了电子废弃物的进展，讨论的指标如下：

（1）电气和电子设备市场情况。
（2）电子废弃物产生总量。
（3）正式完成的电子废弃物回收工作。
（4）电子废弃物收集率。

电气和电子设备产生的电子废弃物的生命周期和管理分为四个阶段，具体如下：

（1）第一阶段，利用表观消费法或利用从销售到电子废弃物登记处的统计数据，可以分析出市场进入阶段。

（2）第二阶段，进入家庭或企业的销售产品属于库存阶段。利用在家庭和企业中进行的全国性调查，可以分析库存阶段。库存阶段包括电气和电子设备的销售信息和产品停留时间。

（3）第三阶段，产品对于所有者来说过时了，最终变成废弃物。电子废弃物的产生成为统计的一个重要因素。

(4) 第四阶段,电子废弃物的管理阶段。

管理电子废弃物的方法有以下几种:

(1) 官方回收体系。根据国家电子废弃物立法,指定机构负责收集电子废弃物,以减少对环境的影响。

(2) 混合残余废弃物收集。消费者直接参与电子废弃物的处理,已处理的电子废弃物与剩余废弃物一起处理。目前使用填埋和焚烧技术处理残余废弃物,但对于处理后的电子废弃物,由于填埋和焚烧会释放毒素渗滤液和污染空气,对环境造成负面影响,因此需要采用合适的技术。

(3) 官方回收体系之外的收集。在这种情况下,各国根据所遵循的废弃物管理程序进行划分,这些程序是发达的或者不发达的。在一个发达的废弃物管理体系中,由个别经销商收集的电子废弃物被计算在内,电子废弃物最终被送至金属回收等地点;探索塑料回收,不向官方回收系统报告信息,以避免重复计算。在不发达国家,进行本地倾销、出口和增值物质回收等过程。图 11-2 给出了电气和电子设备进入电子废弃物的生命周期和常见的电子废弃物管理场景。

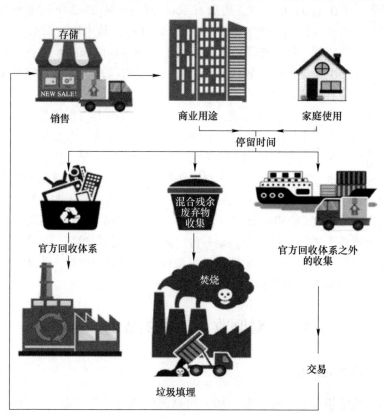

图 11-2 电气和电子设备进入电子废弃物的生命周期和常见的电子废弃物管理场景

11.3 电子废弃物的积极和消极影响

11.3.1 积极影响

一项研究表明（IBT，2012），从电子废弃物中回收的贵金属是从原生矿石中回收的40~50倍，且每年有价值210亿美元的贵金属积累在电子废弃物中。铟、钯、银、铜、金等金属也常存在于电子废弃物中。据说电子工业每年使用320t金和7500t银（BullionStreet，2012）。从印制板中回收了40%的有价金属（Golev et al.，2016）。在电子废物流中，笔记本电脑、平板电脑和智能手机中存在大量的贵金属，被认为是有价值的产品（Cucchiella et al.，2015）。

11.3.2 消极影响

根据STEP在2012年的分析，中国和美国产生了大量的电子废弃物和废弃电气电子设备，中国有1110万吨，美国有1000万吨。从2012年到未来几年，情况出现变化，美国人均电子废弃物产生量为29.8kg，是中国（5.4kg）的6倍。铅、镉、铍、铁、铜、铝和金等有害物质占电子废弃物的60%。在这些有害物质中，铅常存在于电子设备中，导致环境污染。铅会直接攻击人的神经系统，并损害人的生殖系统，儿童通常比成年人更容易铅中毒。镉常积聚在人体肾脏中，影响呼吸系统，还容易引起骨骼疾病。它会在环境中引起生物积累，并对生物有极大的毒性，常存在于电脑的可充电电池中。汞用于显示器和电视等照明设备，不仅会影响消化系统、神经系统和免疫系统，还会影响肺、肾、皮肤、眼睛和胃肠道。症状包括失眠、记忆力减退、颤抖、头痛和功能障碍。多氯联苯和汞会存在于母乳中。在中国电子废弃物回收处理现场进行的一项研究证明，母乳中的多氯联苯和汞含量较高（Ceballos et al.，2016；UNU，2014）。六价镉用于电气和电子元件的金属外壳的加工过程中，是一种致癌物质，会刺激肺、鼻子和喉咙。经过处理或未经处理的电子废弃物通过垃圾场或废弃物填埋场渗入水生系统，并通过灰尘传播，经摄入、吸入和皮肤吸收进入人体。

11.4 对回收者构成挑战的产品

11.4.1 太阳能电池板

太阳能电池板在私人和工业市场上均是被全球公认的产品。安装于20世纪90年代的聚氯乙烯板即将到期，很难找到合适的回收设施。聚氯乙烯板是由硅和少量的稀土金属如镉、碲、铟或镓制成的，这些金属大部分被填埋，从回收商的角度来看，10%的聚氯乙烯板被回收利用。在这种情况下，聚氯乙烯板不被视为环境污染物。一些研究人员表明由于目前安装了大量的太阳能电池板，在未来几年内，聚氯乙烯板将会大量倾销（Choi et al.，2014；Bustamante et al.，2014）。

11.4.2 液晶显示器和阴极射线管显示器

根据欧盟定义的废弃电气电子产品，阴极射线管和液晶显示器被认为是有害物质。在液晶显示器中，含有汞的面板和背光板是有害的。2010年，英国环境署（UK Environmental Agency）表示，不带含汞背光板的液晶显示器是无害的。从中可以得出结论，使液晶显示器成为有害部分的关键因素是含汞的背光板，其他有害物质是聚乙烯醇丁醛和溴化阻燃剂。阴极射线管由3种玻璃和电子枪组成。图像形成过程发生在阴极射线管内，因此阴极射线管被认为是显示器的主要部件。此外，阴极射线管被认为是显示器中最重的部件，占总重量的60%（Veit et al.，2015），它由85%的玻璃组成，屏玻璃（65%）、锥玻璃（30%）和颈部玻璃（5%）。二氧化硅、氧化铝、石灰、氧化镁、硼酸等是玻璃的主要成分（Herat，2008）。通常玻璃中添加铅，屏玻璃中添加钡，以捕获从管中逸出的辐射，玻璃中的铅含量也使其成为一种有害物质。阴极射线管中的玻璃被加工成砖、核废料封装、建筑骨料、装饰砖、助熔剂和喷砂介质（Guo et al.，2010a，2010b）。玻璃中铅、钡和其他有毒物质的浸出也会造成环境风险。铅对肾脏有毒性作用，在人体内积累会影响神经和生殖系统。高剂量会导致出血和脑水肿。近40%的铅来自有电气和电子设备存在的废弃物填埋场（UNEP，2014）。

11.4.3 印刷电路板

印刷电路板用于计算机和电子设备的机械支撑，即通过导电通路将电子元件连接起来，在所有电气和电子设备中起着至关重要的作用。通过加法和减法，创建了电路模式。它可以作为安装半导体芯片和电容器的平台。印刷电路板产生的电子废弃物占总量的3%。诸如铝、铜、铁、钢、铅、锌、纸和塑料等材料通常存在于印刷电路板中，金属、陶瓷和塑料成分分别为40%、30%和30%。印刷电路板中所含的一些贵金属，如金和钯，比它们的天然矿石更丰富。回收通常采用机械、自动化和半自动化方法。机械方法包括两个步骤：第一步是不同组件和材料的分离，第二步是进一步的分离和处理（Hall et al.，2007；Guo et al.，2010a，2010b）。在自动化方法中，使用图像处理通过比较从制造商和再利用市场收集的数据库中的形状和标签来识别印刷电路板中的可重复使用部件。可重复使用的产品和有害部分在拆解单元中分离。半自动化的方法是灵活的。通过高于焊料熔点的加热组合来去除电子元件，连接了半自动拆解单元以用于分离可重复使用的产品和有害部分（易等，2007）。

11.4.4 制冷和冷冻设备

氯氟烃的释放是由制冷和冷冻设备处置不当造成的。据报道，制冷和冷冻设备中的制冷剂和泡沫会释放出超过 1/3 的臭氧消耗物质。冰箱的材料组成有钢、压缩机、电缆、塑料、玻璃和油。黑色金属和有色金属分别占 50% 和 8%，塑料占 20%~25%。用作冰箱和冰柜绝缘材料的聚苯乙烯，在二级市场上有很高的价值。为了减小对周围环境的影响，冰箱和冰柜领域必须引进新型冷却剂和发泡剂。

11.4.5 电池

电池由一个或多个电化学电池组成，这些电化学电池以串联或并联的方式连接在一起以产生电能。电池由阳极、阴极和电解液组成，在手机、笔记本电脑、玩具、无线电话、个人电脑等电气和电子设备中发挥着重要作用。电池将以特定的方式进行拆解和回收。废弃电池是高浓度金属的次要来源，钴和镍等金属在镍镉电池、镍氢电池和锂离子电池中含量较低。安全处置包括填埋、稳定化、焚烧和其他回收过程。焚烧电池的成本很高，而且在焚烧过程中会释放出汞、镉和二噁英等毒素。回收涉及两个主要步骤，即废弃物制备和冶金处理。图 11-3 说明了许多人使用多个电子设备的情况。

图 11-3　许多人拥有多个设备

11.5 电子废弃物对人类健康和环境的影响

电子废弃物可能由60种不同的元素组成，这些元素在性质上既有有害的也有无害的。电气和电子设备是贵金属的主要消耗者，因此对贵金属产生了巨大的全球需求。一部简单的手机可能由元素周期表中的40种元素组成，包括铜（Cu）、锡（Sn）、钴（Co）、铟（In）和锑（Sb）等金属以及银（Ag）、金（Au）和钯（Pd）等贵金属。1t手机含有3.5kg银、340g金、140g钯和130kg铜，其余的是塑料和陶瓷材料。手机中的锂离子电池由大约3.5kg的钴组成。除了家用电器外，电池、电容器、阴极射线管、玻璃等也被视为电子废弃物。上述电子废弃物的回收在一些国家既有正规的，也有非正规的。正规回收工艺利用精心设计的技术和机械，以广泛的方式将有用的产品从电子废弃物中分离出来，与不发达国家和发展中国家采用的非正规回收工艺相比，这种正规回收工艺对环境没有太大影响，仅向环境中排放几种污染物。接触有害物质的方式有摄入、皮肤接触和通过土壤、水、食物和空气等介质。工人有接触有害物质的风险，常通过皮肤接触、衣物转移给家庭成员；而妇女和儿童由于接触额外介质（母乳喂养、手对嘴活动、较少护理行为）而面临的风险最大。电子废弃物中的有害化学物质或化合物来自回收过程或电子设备的组件。一些持久性有机污染物，如溴化阻燃剂、多氯联苯、六溴环十二烷、多溴二苯、二溴二苯醚以及多氯和多溴二噁英都存在于电子废弃物中。拆解和冶炼过程中形成的持久性有机污染物主要有多氯二苯并呋喃、多氯联苯和多氯二苯并二噁英。煤、天然气、石油等燃料的不完全燃烧会产生多环芳烃，与电子废弃物反应生成碳氢化合物。铅、镉、铬、汞、铜、锰、镍、砷、锌、铁和铝等重金属都是电子废弃物造成的环境威胁。表11-1简要列出了电子废弃物不同成分造成的各种危害。

表11-1 接触电子废弃物及其潜在危害

污染物	电气和电子设备的组件	对人体的影响		接触源	接触途径	参考文献
		暂时的	永久的			
多溴联苯醚	阻燃剂、电子元件	疲劳、头痛、工作能力下降、头晕、易怒，并伴有食欲减退、体重减轻、腹痛等胃肠道症状	神经发育毒性、甲状腺激素失衡、肝脏肿瘤	空气、土壤、沉积物、人类、野生动物、污水处理厂的生物固体	食入、吸入、经胎盘传播	Siddiqi等（2003）
多溴联苯						
多氯联苯						

续表 11-1

污染物	电气和电子设备的组件	对人类的影响 暂时的	对人类的影响 永久的	照射源	接触途径	参考文献
多环芳烃 多氯二苯并呋喃、芘、菌、荧蒽、芴、菲、苊、蒽	阻燃剂、电子元件	（不完全燃烧）肺癌		大气、表层土壤	食入、吸入和经胎盘传播	Hussein 等（2016）
砷	发光二极管、硅掺杂材料、半导体、微波炉、太阳能电池	肺癌、膀胱癌和皮肤癌	致癌、慢性疾病	空气、土壤和水		Kumar 等（2017）和 Grant 等（2013）
钡	阴极射线管屏幕中的吸收剂、塑料和橡胶填料、电子管	大脑、心脏、肝脏和肺部的损伤		空气、水、土壤和食物	食入、皮肤接触和吸入	
镉	碳粉、电池、塑料、电路板、显示器	先天缺陷，心脏、肾脏和肺部损伤	肾毒性	空气、灰尘、土壤、水和食物	食入和吸入	
铬	数据磁带、软盘、开关、太阳能	支气管炎	致癌	空气、灰尘、水和土壤	吸入和食入	
钴	绝缘体	甲状腺损伤	视力问题、心脏问题、呕吐和恶心			
铜	导体电缆、线圈、电路、电线	肝脏和肾脏受损、威尔逊病	口鼻不适、头痛、头晕、呕吐、腹泻			
铅	阴极射线管屏幕、晶体管、激光器、发光二极管、热元件	对人类、植物和动物有毒	疲劳、失眠、关节炎、幻觉、眩晕、头痛、高血压			

续表 11-1

污染物	电气和电子设备的组件	对人类的影响 暂时的	对人类的影响 永久的	照射源	接触途径	参考文献
锂	锂电池			空气、土壤、水和食物	吸入、食入和热接触	
汞	荧光灯、碱性电池	损害神经系统	生物体内积累、神经和行为改变	空气、蒸汽、水、土壤和食物	吸入、食入	
硒	老式复印机如感光鼓	肺组织损伤、组织氧化性损伤	头痛、腹泻			
铍	主板	肺癌、铍中毒	头痛、腹泻	灰尘、空气、食物、水	吸入、食入	
稀土元素	荧光层	大脑、心脏、肝脏损伤	先天缺陷			

11.5.1 对空气的影响

电子废弃物运输到回收过程监管不力的发展中国家，由于非正规经济，电子废弃物通过拆解和粉碎的方式进行回收，释放出大量灰尘，这给工人带来了呼吸问题。无管制的低温燃烧会释放出二噁英，对人类和动物都会造成伤害。

11.5.2 对水生生物的影响

电子废弃物进入水体会对水生生物造成危害。当地居民的生活因电子废弃物的倾倒和回收活动受到了影响。电子废弃物中的铅、钡、汞、锂等重金属在处理不当时会渗入土壤并进入地下水通道。一些重金属具有致癌作用，一旦人类和陆地动物摄入受污染的水将会造成严重的健康问题。

11.5.3 对土壤的影响

电子废弃物中的有毒重金属通过"土壤—作物—食物途径"进入人体，引起先天缺陷，造成大脑、心脏、肝脏、肾脏和骨骼系统损伤。烧毁电脑显示器和电子设备会释放致癌的二噁英，若电子废弃物被扔进废弃物填埋场，毒素可能会渗入地下水。表 11-2 列出了有毒物质及其对健康的影响。

表 11-2　与电子废弃物相关的常见有毒物质及其对健康的影响

编号	物质	接触方式	健康问题
1	锑	食入、吸入、皮肤接触	损害血液、肾脏、肺、神经系统、肝脏和黏膜
2	钴	食入、吸入	器官损伤、引起肺部中毒和致癌作用
3	镓	食入、吸入、皮肤接触	对肺、黏膜有毒，严重接触会导致死亡
4	铜	食入、吸入	导致死亡、对肺和黏膜有毒、器官损伤
5	砷		皮肤病变、周围神经病变、胃肠道症状、糖尿病、肾系统影响、癌症和心血管疾病
6	镉	食入、吸入	在肾脏和肝脏中蓄积，是人类致癌物，并对肾脏、骨骼系统和呼吸系统有毒性作用
7	二噁英		有毒并引起氯痤疮、损害免疫系统、干扰激素并致癌
8	钡	食入、吸入	短期肌肉无力并损害心脏
9	铍	食入、皮肤接触	致癌、慢性铍病、疣等
10	氯氟烃	皮肤接触、吸入	强效温室气体，直接接触会导致意识不清、心律不齐、嗜睡、咳嗽、呼吸困难、喉咙痛、眼睛发红和疼痛

资料来源：Compendium（2016）。

11.6　电子废弃物管理

为了最大限度地减少电子废弃物对环境和人类健康造成的负面影响，并增加其回收利用，90个司法管辖区制定了电子废弃物立法。欧盟、日本和韩国已经实施了开明的立法和控制措施，中国、印度和巴西等一些发展中国家也开始实施电子废弃物立法。但许多国家并未遵守法规（Li et al.，2015）。自2002年以来，欧盟制定了《化学物质的注册、评估、授权和限制指令》等废弃电气电子设备和限制有害物质的立法指令，日本也制定了《废弃物管理和公共清洁法》《家用电器回收法》和《小型家电回收法》等立法。中国制定了《中华人民共和国环境保护法》《中华人民共和国循环经济促进法》《中华人民共和国清洁生产促进法》等；此外，在电子废弃物方面，制定了《废弃电器电子产品回收处理管理条例》《关于加强废弃电器电子产品污染防治的提案》和《电子废物污染环境防治管理办法》（Zhou et al.，2012）。发达国家在电子废弃物的使用和处置方面与发展中国家不同。发展中国家的问题如下（Heeks et al.，2015；Osibanjo et al.，2007）：

(1) 处理威胁不足。
(2) 缺乏正规的回收系统。
(3) 缺乏或不适当的回收立法。
(4) 信息通信行业的快速发展及其产生的电子废弃物数量巨大。
(5) 电子废弃物产生的增长速度惊人。
(6) 电子废弃物组件处理中发现的管理问题。
(7) 当前电子废弃物管理策略的负面影响

11.7 结 论

电子废弃物在地方和全球范围内都是一个严重的问题。与电子废弃物相关的问题最初始于发达国家，现在已扩展到世界各地的发展中国家。消费者技术和创新的快速变化使现有技术走向灭绝。如果电气和电子设备的生命周期管理不善，将导致有毒物质的释放，从而污染环境并对人类健康造成威胁。电子废弃物回收工厂的许多研究表明，有毒重金属和污染物释放到了环境中，非正规回收部门是污染物的主要来源，而非正规电子废弃物回收长期以来一直被认为会导致危险的环境污染。国际卫生界、政策专家和与国家政府合资的非政府组织应通过制定政策解决方案、开展教育方案和制定减少电子废弃物接触及其健康影响的目标，提高人们的意识。

参 考 文 献

易荣华，陈晓勇，沈玲珑，等，2007. 自动拆卸废弃电路板上电器元件装置研究［J］. 农业装备与车辆工程，(9): 46-48.

BALDÉ C P, WANG F, KUEHR R, et al., 2015. The global electronic waste monitor—2014 [Z].

BALDÉ C P, FORTI V, GRAY V, et al., 2017. The global electronic waste monitor—2017 [Z]. Quantities, flow sander sources, United Nations University (UNU), International Telecommunication Union (ITU) & International Solid Waste Association (ISWA), Bonn/Geneva/Vienna.

Bullion Street, 2012. Electronics industry uses 320 tons of gold, 7500 tons of silver annually [DB]. http://www.bullionstreet.com/news/electronics-industry-uses-320-tons-of-gold7500-tons-of-silver-annually/2255.

BUSTAMANTE M L, GAUSTAD G, 2014. The evolving copper ellurium by product system: Review of changing production techniques & their implications [J]. 11-16.

CEBALLOS D M, DONG Z, 2016. The formal electronic recycling industry: Challenges and opportunities in occupational and environmental health research [J]. Environ Internat, 95: 157-166.

CHOI J K, FTHENAKIS V, 2014. Crystalline silicon photovoltaic recycling planning: Macro and micro perspectives [J]. J Clean Product, 66: 443-449.

Compendium of technologies for there covery of materials from WEEE/Electronic waste [A]. UNenvironment.

CUCCHIELLA F, D'ADAMO I, LENNY KOH S C, et al., 2015. Recycling of WEEEs: An economic assessment of present and future electronic waste streams [J]. Renew Sust Energ Rev, 51: 263-272.

GOLEV A, SCHMEDA-LOPEZ D R, SMART S K, et al., 2016. Where next on electronic waste in Australia? [J]. Waste Manag, 58: 348-358.

GRANT K, GOLDIZEN F C, SLY P D, et al., 2013. Health consequences of exposure to electronic waste: A systematic review [J]. Lancet Glob Health, 1: 350-361.

GUO H, GONG Y, GAO S, 2010a. Preparation of high strength foam glass-ceramics from waste cathoderaytube [J]. Mater Lett, 64: 997-999.

GUO Q J, YUE X H, WANG M H, et al., 2010b. Pyrolysis of scrap printed circuit board plastic particles in a fluidizedbed [J]. Powder Technol, 198: 422-428.

HALL W J, WILLIAMS P T, 2007. Analysis of products from the pyrolysis of plastics recovered from the commercial scale recycling of waste electrical and electronic equipment [J]. J Anal Appl Pyrolysis, 79: 375-386.

HEEKS R, SUBRAMANIAN L, JONES C, 2015. Understanding electronic waste Management in Developing 727 countries: Strategies, determinants, and policy implications in the Indian ICT sector [J]. Information Technol Develop, 21: 653-667.

HERAT S, 2008. Recycling of cathode ray tubes (CRTs) in electronic waste [J]. Clean (Weinh), 36: 19-24.

IBT (International Business Times), 2012. Electronic waste rich in silverand gold, but most unrecovered [Z]. http: //www.ibtimes.com/electronicwaste-rich-silver-and-gold-most-unrecovered-experts-say-721602.

International Telecommunication Union, 2017. Statusof the transition to Digital Terrestrial Television Broadcasting [Z]. http: //www.itu.int/en/ITUD/Spectrum Broadcasting/Pages /DSO/Default.aspx.

International Telecommunication Union Radio communication Sector, 2015. ITURFAQ on the Digital Dividend and the Digital Switch over [J]. http: //www.itu.int/en/ITU-R/Documents/ITUR-FAQ-DD-DSO.pdf.

KUMAR A, HOLUSZKOA M, ESPINOSA D C R, 2017. Electronic waste: An overview on generation, collection, legislation and recycling practices [J]. Resour Conserv Recycling, 122: 32-42.

LI J, ZENG X, CHEN M, et al., 2015. Control-alt-delete rebooting solutions for the electronic waste problem [J]. Environ Sci Technol, 49: 7095-7108.

LOHSE J, WINTELER S, WULF-SCHNABEL J, 1998. Collection targets for waste from electrical and electronic equipment (WEEE) the directorate general (DGXI) environment [Z]. Nuclear safety and civil protection of the Commission of the European Communities.

NEEDHIDASAN S, SAMUEL M, CHIDAMBARAM R, 2014. Electronic waste—an emerging threat to the environment of urban India [J]. J Environ Health Sci Eng, 12: 36.

OSIBANJO O, NNOROM I C, 2007. The challenge of electronic waste (electronic waste) management in developing countries [J]. Waste Manage Res, 25: 489-501.

SIDDIQI M A, RONALD H, LAESSIG R H, et al., 2003. Polybrominated diphenyl ethers (PBDEs): New pollutants-old diseases [J]. Clin Med Res, 1 (4): 281-290.

StepInitiative, 2014. One Global Definition of Electronic waste [Z]. United Nations University, Bonn, Germany. http://www.stepinitiative.org/files/step/documents/StEPWP One Global Definition of Electronic waste 2014060 3amended.pdf.

TSYDENOVA O, BENGTSSON M, 2011. Chemical hazards associated with treatment of waste electrical and electronic equipment [J]. Waste Manag, 31 (1): 45-58.

UNEP Blog, 2014. Electronicwaste, the fastest growing waste streamin the world [Z]. http://www.unep.org/unea/e_waste.asp.

United Nations University, The Global Electronic waste Monitor 2014: Quantities, Flowsand Resources [Z].

VEIT H M, BERNARDES A M, 2015. Electronic waste [M]. Berlin: Springer.

ZHOU L, XU Z, 2012. Response to waste electrical and electronicequipments in China: Legislation, recycling system, and advanced in tegrated process [J]. Environ Sci Technol, 46: 4713-4724.

12 电子废弃物及其对环境和人类健康的影响

巴克哈·瓦伊什，巴维沙·夏尔马，
普加·辛格，拉吉夫·普拉塔普·辛格

摘　要：在过去的几十年里，现代技术的迅速涌入导致电气和电子设备的使用数量在全球范围内呈指数级增长。这种前所未有的增长，一方面使通信和信息技术领域发生了革命性的变化，极大地促进了商业和经济活动的发展；另一方面也导致了世界上增长最快的废物流之一的产生，即电子废弃物。电子废弃物的成分复杂，既有危险的，也有无害的和有价值的，其中包括有毒元素（Cd、Cr、Hg、As、Pb、Se）、放射性活性物质、卤代化合物（多氯联苯、多溴联苯、多溴联苯醚、氯氟烃等）、塑料、玻璃、陶瓷、橡胶、黑色金属和有色金属（Al、Cu）以及贵金属Au、Ag和Pt等。全球产生的电子废弃物达2000万至5000万吨，预计将增长33%，迅速增长的电子废弃物数量是世界上发达国家和发展中国家都面临的问题。此外，由于处理电子废弃物存在不科学和回收粗糙的问题，接触释放的有毒排放物和成分对环境和人类健康产生了严重影响。鉴于上述情况，本章介绍了电子废弃物产生的全球趋势、与电子废弃物相关的关键问题和挑战及其对环境和人类健康的影响，从而强调对这一新废物流进行可持续环境管理的必要性。

关键词：电子废弃物；重金属毒性；环境；人类健康；可持续废弃物管理

12.1 引　言

在21世纪，电气和电子设备领域的技术革命和进步是前所未有的。显然，世界上的发达国家使用了900多种不同类型的电气和电子产品和小工具（Huisman et al.，2012）。由于消费者需求增加，而设备、小工具（尤其是个人电脑、笔记本电脑、平板电脑、智能手机、电视机、厨房电器等）的使用寿命相对较短，导致电子产品市场的极大发展，产生了更新和更大的废物流，其中包括过时的电子产品，即电子废弃物（Wong et al.，2007；Nnorom et al.，2008；Dwivedy et al.，2010）。目前世界每年产生近5000万吨的电子废弃物，并以每年4%的速度增长，使其成为增长最快的固体废物流之一（UNEP，2005；Wang et al.，2013）。据估计，美国每年淘汰超过1.3亿台电脑和电视

12.1 引 言

机；1997—2007 年间，美国丢弃超过 5 亿台计算机；到 2010 年为止，日本丢弃约 6.1 亿台计算机（Bushehri，2010）。电子废弃物是一类复杂的固体废弃物，含有有价值物质和有害物质，如塑料、贵金属和非贵金属（Au、Ag、Pd、Pt、Fe、Cu、Al 等）、含铅玻璃、Hg、含镉电池、有毒有机物、阻燃剂和氯氟烃等（Wang et al.，2012）。电子废弃物处理和管理不当不仅会导致资源损失，还会造成环境破坏（表 12-1）。

表 12-1　印度、中国和尼日利亚电子废弃物产生量和重金属浓度对比

国家	印度	中国	尼日利亚
电子废弃物产生量/Mt	1.7	6.0	0.22
回收率/%	5	34.6	ND
浓度（空气中）	Cr, 18; Mn, 59.6; Cu, 111; Zn, 191; Mo, 81.6ng/m³	（机械车间）Cr, 0.554; Cu, 27.76; Cd, 0.108; Pb, 12.34mg/g（手动） （车间）Cr, 0.436; Cu, 31.80; Cd, 0.398; Pb, 02.043mg/g	ND
浓度（水中）	（废弃物滤液）Al, $1315×10^{-6}$; Cd < 10^{-6}; Cu, $185×10^{-6}$; Ni, $9×10^{-6}$; Pb, $4×10^{-6}$; Zn, $17×10^{-6}$	（地下水）Cd, 5.60; Cr, 0.058; Cu, 112; Mn, 138; Ni, 3.07; Pb, 1.37	（地下水）Pb, 1.8; Cd, 0.006; Zn, 0.84; Cr, 0.25; Ni, 1.23
浓度（土壤中）	DS: Cr, 73; Cd, 2.33; Cu, 592; Mn, 449; Pb, 297; Zn, 326 RS: Cr, 54; Cd, 0.47; Pb, 126; Mn, 619; Zn, 129; Cu, 429μg/g	DS: Cd, 52; Cr, 2.51; Cu, 107; Mn, 1.01; Ni, 2.52; Pb, 111; Zn, 5.40 BS: Cd, 195; Cr, 3.45; Cu, 413; Mn, 1.12; Ni, 2.89; Pb, 115; Zn, 5.40	DS: Pb, 502; Cd, 7.82; Zn, 66.9; Cr, 32.65; Ni, 84.24
人类健康	Cr, 0.29; Mn, 1.16; Cu, 23; Zn, 141; Mo, 0.041; Ag, 2.1μg/g	As, 0.282; Cd, 0.209; Cr, 1.16; Cu, 10.2; Mn, 1.03; Ni, 0.812; Pb, 2.98mg/g	ND

注：ND 无数据，DS 倾倒场，RS 回收场，BS 燃烧场。

资料来源：Awasthi 等（2016）、Baldé 等（2015）、Ha 等（2009）、Jha 等（2011）、Wu 等（2015）、Wang 等（2009）、Fang 等（2013）、Olafisoye 等（2013）。

不断产生的电子废弃物及其有害成分、跨境运输和处置问题引起了世界范围内的重大环境问题，日益增长的消费水平以及从发达国家的高进口率使得环境问题在发展中国家显得更为严重。近80%的电子产品或电子废弃物因老旧和不环保而被发达国家拒绝，从而被携带到发展中国家（Hicks et al., 2005）。由于亚洲和非洲的发展中国家在安全处置进口电子废弃物方面缺乏适当的法律准则和政策，对环境和人类健康产生的影响进一步加剧（Kiddee et al., 2013）。不受监管的原始电子废弃物回收技术，例如拆解、燃烧、焙烧、熔化和酸浴，因其操作简单且成本低，在发展中国家的非法作坊和工厂中非常受欢迎（Ren et al., 2014）。然而，这些工艺及方法极大地污染了周围的水生和陆地生态系统以及大气（Fu et al., 2008）。在电子废弃物的回收过程中，会排放或形成剧毒金属（Cr、Cd、Pb、Hg、Li、Be、Ba 等）和多氯联苯、多溴联苯醚、多氯联苯二噁英和二苯并呋喃等多种卤代有机物等污染物，对周围环境造成污染（Wang et al., 2005；Sharma et al., 2018）。在 Liu 等（2008）进行的一项研究中，将来自中国南方一个电子废弃物回收点的土壤、生物和植物样本与对照点进行对比，发现多氯联苯、多溴联苯醚、多氯联苯二噁英和二苯并呋喃的污染水平明显更高。Sjödin 等（1999）还发现，电子废弃物回收厂工人血清中的多溴联苯醚的含量明显较高。电子废弃物回收对人类健康的不利影响也很明显。工人和当地居民在这些场所不断接触有毒化学物质，导致其在人体组织中产生生物积累，并通过食物链进行生物放大（Won et al., 2007）。

12.2　电子废弃物的产生趋势

随着电气和电子产品的全球市场竞争日益激烈，其使用寿命越来越短，电子废弃物已成为一种全球现象，每年的增长率为 5%~10%（Zheng et al., 2013；Sthiannopkao et al., 2013）。根据解决电子废弃物问题（STEP）倡议提供的预测，全球电子废弃物的产量将从 2012 年的 4900 万吨上升到 2017 年的 6540 万吨（UNU, 2013）。在对电子废弃物进行回收和处理的过程中，产生的有毒化学品对环境和人类健康造成潜在的危险，使对其进行的可持续管理成为一个主要的环境问题和挑战（Leung et al., 2007；Wu et al., 2008；Luo et al., 2009）。美国、英国和欧洲等发达国家的大部分电子废弃物被转移到中国、印度和尼日利亚等发展中国家（Chi et al., 2011）。发达国家和发展中国家在电子废弃物管理方面采取的政策和方法有所不同。虽然发达国家拥有昂贵、监管合理、设计完善的收集系统、拆解站等清洁回收技术，以及为了防止电子废弃物回收过程产生有毒排放物而安装的等离子炉等，但是大多数欧洲和北美的电子废弃物仍未得到回收利用（Barba-Gutiérrez et al., 2008）。另外，大多数发展中国家（如中国、印度、巴基斯坦、印度尼西亚、菲律宾、尼日利亚等）在缺乏适当的法律、政策和监管准则的情况下，采取了原始、廉价和粗糙的回收做法，如阴燃、酸浴、破碎、露天焚烧等非正规回收工艺进行电子废弃物处理，对环境和人类健康造成严重损害（Widmer et al., 2005; Zheng et al., 2013; Yoshida et al., 2016）。2010年，日本和欧盟等发达国家分别产生了400万吨和890万吨家庭电子废弃物（Zoeteman et al., 2010），仅美国每年就有约4亿件电子产品被淘汰。根据Widmer等（2005）的研究，在发达国家，电子废弃物可能占城市固体废弃物总量的8%。中国接收了世界上70%以上的电子废弃物，并且是其第二大生产国。到2020年，中国的电子废弃物产生量很可能超过美国（Hicks et al., 2005; UNEP, 2007）。据预测，到2030年，发展中国家每年将丢弃大约6亿台个人电脑，是发达国家每年丢弃数量的两倍（Yu et al., 2010）。在马来西亚和泰国等经济发达的东南亚国家，2012年人均产生约6~10kg的电子废弃物，而菲律宾、越南和印度尼西亚等中等收入的东南亚国家人均产生约2~3kg的电子废弃物（Yoshida et al., 2016）。

12.3　电子废弃物对环境的影响

在发展中国家，广泛使用不科学的电子废弃物回收方法，对土壤、水、空气造成了严重污染，并对人类健康产生了不利影响，这些电子废弃物含有高浓度的重金属和持久性有机污染物等有害物质（Pant et al., 2012; Chatterjee, 2008）。电子废弃物中含有多种材料，但其中大多数是会造成严重环境问题的有毒物质。电子废弃物释放的物质主要有两种，即危险物质（重金属、多溴联苯醚、多环芳烃、多氯联苯二噁英和二苯并呋喃）和非危险物质（Cu、Zn和Se等金属以及Au、Ag、Pt等贵金属）（Awasthi et al., 2016; Wei et al., 2014; Zeng, 2014; Zhang et al., 2013）。以上两种物质如果超过其允许的限度（Pant, 2010），都会对环境造成潜在的有害影响。在处理电子废弃物的过程中，释放出的大量有毒化合物对人类健康和周围环境都会造成有害影响（Robinson, 2009; Shen et al., 2009）。

此外，由于政府的疏忽、缺乏严格的政策和较低的劳动力成本，约80%的电子废弃物从发达国家非法运输到印度、中国、加纳、尼日利亚和巴基斯坦等发展中国家（Pradhan et al., 2014; Sthiannopkao et al., 2013）。几位科学家调查了有关电子废弃物处理、转化车间场地释放有毒物质污染周围自然环境的情况（Kwatra et al., 2014; Wu et al., 2014; Stevels et al., 2013）。此外，还有许多科学家记录了主要在发展中国家回收车间附近的环境（水、空气和土壤）中的重金属污染情况（Leung et al., 2006, 2007, 2008; Wong et al., 2007）。

浸出是有害污染物进入水生生态系统的过程，经过处理和未经处理的废弃物可能会在其中沉积。同样，空气中的污染物经过沉降、溶解或湿法冶金过程，随后进行酸处理，会渗透到水或土壤中，从而污染土壤和水系统。此外，电子废弃物污染物通过皮肤吸收、吸入和摄入粉尘空气等方式进入人体（Mielke et al.，1998）。Ha 等（2009）的一项平行研究表明，班加罗尔电子废弃物处理车间附近的空气粉尘中含有 Sn、Pb、Sb、Cd、In 和 Bi 等污染物，含量分别高达 $91ng/m^3$、$89ng/m^3$、$13ng/m^3$、$1.5ng/m^3$、$1.3ng/m^3$ 和 $1.0ng/m^3$。大多数电子废弃物在发展中国家很少受到关注，通常通过酸浴和露天焚烧来回收其中的一些有价值的材料，这使得在周围环境中、工人和附近居民身体内检测出多溴联苯醚、多氯联苯、重金属、二噁英和呋喃等有害污染物。因此，基于工人健康和环境安全而言，必须广泛讨论污染物（多氯联苯、多溴联苯醚、重金属）对环境的影响。

12.3.1 重金属毒性

电子设备的制造广泛使用重金属，如电路板和计算机电池中的 Cd 和 Pb、电线中的 Cu 等（Achillas et al.，2013；Stevels et al.，2013；Zeng et al.，2014）。Morf 等（2007）的一项研究发现，电子废弃物塑料中 Pb、Ni、Sn、Zn 和 Sb 的浓度大于 1000mg/kg，Cd 浓度大于 100mg/kg。处理电子废弃物的原始工艺和技术在中国和印度等发展中国家非常流行，使其成为近几十年来环境污染的一个新原因（Chi et al.，2011；Song et al.，2014）。通过使用化学工艺、酸浴和燃烧等原始技术进行不受监管的加工以获取有价值的金属，会对陆地和水生生态系统造成严重的重金属污染（Deng et al.，2007；Wei et al.，2012）。

此外，在填埋之前进行的焚烧增加了重金属的流动性，尤其是铅（Gullett et al.，2007）。在 Luo 等（2011）的一项研究中，他们从以前的焚烧场收集土壤和蔬菜样本进行重金属分析，结果显示 Zn、Pb、Cu 和 Cd 的含量较高，分别为 3690mg/kg、4500mg/kg、11140mg/kg 和 17.1mg/kg。此外，稻田和附近园林的土壤中 Cu 和 Cd 含量相对较高，蔬菜不可食用部分的 Cd 和 Pb 含量也很高，超过了中国的最高允许限值。在电子废弃物回收单位附近种植的水稻和其他作物中同样发现 Cd、Pb 和多溴联苯的含量较高。这是因为重金属在回收贵金属的过程中排放，这些重金属通过污染灌溉水或通过植物叶面对空气的吸收进入种植作物和蔬菜的土壤（Bi et al.，2009）。食入受污染的食物是重金属从环境转移到人群的重要途径。

中国和印度等发展中国家是通过对印刷电路板、电池和电缆进行非正规再加工，从电子废弃物中回收贵金属的中心。整个过程是由不论性别和年龄，在有害的环境中工作而没有采取适当保护措施的人群完成的。在 Ha 等（2009）的一项研究中，在班加罗尔一个回收贫民窟的土壤中发现了高含量的重金属，其 In 含量高达 4.6mg/kg、Sb 含量 180mg/kg、Pb 含量 2850mg/kg、Cd 含量 39mg/kg、Hg 含量 49mg/kg、Sn 含量 957mg/kg 和 Bi 含量 2.7mg/kg，所记录的浓度是对照组的 100 倍。Pradhan 和 Kumar（2014）的一项类似研究分析了从德里 Mandoli 工业区回收点收集的土壤、水和植物样本中的重金属，结果显示，土壤样品中重金属含量较高，如 Cu（115.50mg/kg）、As（17.08mg/kg）、Pb（2645.31mg/kg）、Cd（1.29mg/kg）、Se（12.67mg/kg）、Zn（776.84mg/kg），原生植物样品（狗牙根）和水样中同样含有较高浓度的重金属。

12.3.2 危险化学品毒性

电子废弃物不同于其他形式的废弃物，其含有可能的环境污染物的复合混合物。即使在其他污染地点，电子废弃物也含有一些不常见的潜在污染物。在电子产品的制造过程中，会使用一些重金属污染物，而在电子废弃物的低温燃烧过程中，会产生其他污染物，如多环芳烃。重要的金属（铜、铂族）以及潜在的环境污染物，特别是 Ni、Sb、Hg、Pb、Cd、多溴联苯醚和多氯联苯，通常存在于电子废弃物中。二噁英、呋喃、多环芳烃、多溴联苯醚、多氯联苯、多氯联苯二噁英和二苯并呋喃、氯化氢是高污染性的污染物，燃烧电子废弃物可产生以上污染物（Darnerud et al.，2001；Martin et al.，2003）。

露天焚烧和劳动密集型处理是电子废弃物回收中广泛使用的基本方法。与生活废弃物相比，绝缘电线点火产生的二噁英多出 100 倍（Gullett et al.，2007）。阻燃剂如多溴联苯醚被合成到塑料和其他成分中。由于多溴联苯醚和塑料之间没有化学键，它们可以从电子废弃物的表面浸出到大气中（Deng et al.，2007）。多溴联苯醚的亲脂性导致其在生物体中易生物积累和在食物链中易生物放大（Deng et al.，2007）。在多溴联苯醚中也发现了内分泌干扰特性（Tseng et al.，2008）。在回收过程中，电线中聚氯乙烯的点火产物会释放或形成一些高度致命的污染物，如电容器或变压器中的多氯联苯、电路板中用作溴化阻燃剂的多溴联苯醚以及多氯联苯二噁英和二苯并呋喃（Wang et al.，2005）。Leung 等（2007）从通常用于液化电路板、焚烧电缆覆盖物以回收铜线以及采用露天酸浸法提取有价金属的地点收集了土壤样本。他们的研究工作集中在多溴联苯醚以及多氯联苯二噁英和二苯并呋喃上，结果表明，鸭池和稻田中的致癌物含量为 263～604ng/g，干重为 34.7～70.9ng/g，均超过了对照。

Luo 等（2007b）的一项类似研究表明，从贵屿附近的南阳河捕获的鲤鱼，其体内多溴联苯醚的生物累积水平很高，即 766ng/g（鲜重）。Luo 等（2007a）在进一步的研究中说明了南阳河沉积物中多溴联苯醚的含量高达 16000ng/g。Wu 等（2008）进行了类似的研究，发现电子废弃物回收场附近的水蛇（顶级捕食者）体内含有（湿重）约 1091ng/g 的多溴联苯醚和 16512ng/g 的多氯联苯。除多溴联苯醚外，溴化阻燃剂如十溴联苯乙烷、四溴双酚 A-二（2，3-二溴丙基）醚和 1, 2-二（2, 4, 6-三溴苯氧基）乙烷在珠江三角洲不同生态系统中也很常见（Shi et al., 2009）。上述这些有毒物质都在环境和大气中造成了高度的污染，进一步恶化了生态系统，影响人类健康（Wong et al., 2007；Yu et al., 2006；Deng et al., 2006）。

12.4　对人类健康的影响

危险废弃物可能对当地居民和工人的健康产生不利影响，可能涉及某器官的衰竭，这取决于接触何种特定类型的化学品、接触时间、接触人的年龄和性别、体重、免疫状态等。接触途径可能因所涉及的物质种类及其回收过程而不同。电子废弃物中产生的有害成分一般通过吸入、摄入和皮肤接触进入人体。除此之外，人们还可能通过被污染的空气、土壤、水或食物接触到相关污染物。此外，孕妇、胎儿、儿童、老年人、残疾人、工人和当地居民也面临着额外的接触风险（Grant et al., 2013）。其中，由于胎盘接触或母乳喂养等其他接触途径，以及近年来儿童的生理变化（水和食物消耗量高、毒素清除率低）和手对嘴活动等高风险行为，儿童的风险更高（Pronczuk de Garbino, 2004）。此外，如果回收过程在家附近的地方或家中进行，制造和回收电子废弃物的工人的孩子会因与父母的皮肤或衣服直接接触而接触污染。

重金属通过食入、皮肤接触和吸入进入人体。水和食物的摄入是口腔接触重金属的主要来源（Zheng et al., 2013；Xu et al., 2006）。粮食作物通过废水灌溉（Singh et al., 2010）、大气沉降（Bi et al., 2009）或受污染的土壤（Zhuang et al., 2009）对重金属进行生物积累。受污染的土壤和饲料导致肉制品中重金属含量升高（Cang et al., 2004；Gonzalez-Weller et al., 2006）。大量研究表明，Pb、Cd、Zn 和 Cu 是潜在的人类致癌物，与神经系统、血液、尿液、心血管和骨骼疾病等多种疾病有关（Jarup, 2003；Brewer, 2010；Muyssen et al., 2006）。Thomas 等（2009）的一项研究推测，Cd 等重金属会导致早期肾脏损伤。一些研究还发现，铜会导致肝脏损伤，铅会导致行为和学习障碍，镉会增加肾脏损伤的风险（Bhutta et al., 2011；Chan et al., 2013；Yan et al., 2013）。这些研究强调了评估电子废弃物回收区的重金属风险以及当地居民和工人的接触风险的重要性。

Ha 等（2009）在中国贵屿和印度班加罗尔等回收站进行的可比研究推测，重金属及其相关污染物对环境和人类健康造成了严重损害，这是由于重金属在土壤中的渗透率较高，然后在植物中进行生物积累并进一步输送到营养级。根据调查得知，在回收车间附近的土壤中，铅、铋、铜、锌、铟和锡等重金属的含量都有所升高，工人的头发样本中镉、银、铜、锑和铋的含量有所增加。与对照组相比，回收车间工人血清中的多溴联苯醚含量高出10倍（Sjödin et al.，1999）。此外，儿童和新生儿体内的 Cr、Ni、Cd 和多溴联苯醚含量均高于对照组（Guo et al.，2010；Wu et al.，2010）。Asante 等（2012）对阿博布罗西、阿克拉和加纳的工人进行调查发现，其尿液中重金属含量相对较高。以上研究表明，电子废弃物处理对人类健康和环境都产生了严重的负面影响（表12-2）。

表 12-2 电子废弃物排放的不同污染物对人类健康的影响及接触途径

编号	污染物	接触途径	影响
1	重金属	空气、灰尘、水、土壤、食物	人类致癌物，影响神经发育活动、认知、学习和行为；并影响神经运动技能
2	多溴联苯醚	空气、灰尘、食物	甲状腺激素紊乱、多动症、认知缺陷和记忆力受损
3	多氯联苯	空气、灰尘、海鲜	影响儿童的神经心理功能，包括一般认知、视觉空间功能、记忆力、注意力、执行功能和运动功能
4	PCDDs 和 PCDFs	空气、灰尘、土壤、食物	影响生殖和神经行为发育、免疫发育，致癌性
5	多环芳烃	空气、灰尘、土壤、食物	致癌物和诱变剂，影响儿童神经发育并导致智商缺陷

12.5 结 论

鉴于人类对电子废弃物管理的关注，全球已经建立了许多政策和立法。欧盟为了解决人们对电子废弃物管理的担忧，实施了两项立法，第一个指令是关于电子废弃物管理，即废弃电气电子设备，指导制造商承担电子废弃物管理的责任，这种策略被称为绿色电子（Chen et al.，2011；Pant et al.，2012）。同样，有害物质使用限制（RoHS）指令限制了 Cd、Pb、Hg、Cr(Ⅵ)、多溴联苯醚和多溴联苯等重金属在新设备制造中的应用（Chen et al.，2011）。为了解决以上问题，印度在2007年起草了《危险材料法律和规则》（LaDou et al.，2008）。

非政府组织通过向制造商施加压力，要求其在产品制造过程中消除或限制环境污染物的使用，发挥了至关重要的作用。其中一个概念是生产者责任延伸（EPR），它为重新设计和去除产品中的有毒污染物提供了激励（Betts，2008）。许多电子产品制造商已经开始探索创新措施，以改善电子废弃物的回收和安全处理。发达国家在减轻电子废弃物对环境的有害影响方面只顾自身利益，其将对发展中国家生产和进口的食品质量和数量以及其他商品产生负面影响。然而，关于大多数电子废弃物污染物的环境影响、对人类健康的风险和补救技术的信息有限；因此，预计将采用更安全和科学的电子废弃物回收方案，以避免对当地环境和人类健康造成损害。

致谢：作者感谢巴纳拉斯印度大学环境与可持续发展系主任、环境与可持续发展研究所所长提供了必要的设施。RPS 感谢科技部提供的经费支持（DST-SERBP07-678）。BS 感谢大学教育资助委员会授予初级和高级研究奖学金。BV 感谢科学与工业研究委员会授予高级研究奖学金。

利益冲突：通讯作者代表所有作者声明，不存在利益冲突。

参 考 文 献

ACHILLAS C, AIDONIS D, VLACHOKOSTAS C, et al., 2013. Depth of manual dismantling analysis: A cost-benefit approach [J]. Waste Manag, 33: 948-956.

ASANTE K A, AGUSA T, BINEY C A, et al., 2012. Multi-trace element levels and arsenic speciation in urine of E-waste recycling workers from Agbogbloshie, Accra in Ghana [J]. Sci Total Environ, 424: 63-73.

AWASTHI A K, ZENG X, LI J, 2016. Environmental pollution of electronic waste recycling in India: A critical review [J]. Environ Pollut, 211: 259-270.

BALDÉ C P, WANG F, KUEHR R, et al., 2015. The global E-waste monitor 2014. Quantities flows and resources [Z]. United Nations University, IAS e SCYCLE, Bonn, Germany, 1-41. Institute for the Advanced Study of Sustainability.

BARBA-GUTIÉRREZ Y, ADENSO-DIAZ B, HOPP M, 2008. An analysis of some environmental consequences of European electrical and electronic waste regulation [J]. Resour Conserv Recycl, 52 (3): 481-495.

BETTS K, 2008. Reducing the global impact of E-waste [J]. Environ Sci Technol, 42: 1393.

BHUTTA M K S, OMAR A, YANG X, 2011. Electronic waste: A growing concern in today's environment [J]. Econ Res Int, 2011: 1-8.

BI X Y, FENG X B, YANG Y G, et al., 2009. Allocation and source attribution of lead and cadmium in maize (Zea mays L.) impacted by smelting emissions [J]. Environ Pollut, 157: 834-839.

BREWER G J, 2010. Copper toxicity in the general population [J]. Clin Neurophysiol, 121: 459-460.

BUSHEHRI F I, 2010. UNEP's role in promoting environmentally sound management of E-waste [C]. 5th ITU symposium on "ICTs, the environment and climate change". Cairo, Egypt.

CANG L, WANG Y J, ZHOU D M, et al., 2004. Heavy metals pollution in poultry and livestock feeds and manures under intensive farming in Jiangsu Province [J]. China J Environ Sci, 16: 371-374.

CHAN J K, MAN Y B, WU S C, et al., 2013. Dietary intake of PBDEs of residents at two major electronic waste recycling sites in China [J]. Sci Total Environ, 463-464: 1138-1146.

CHATTERJEE P, 2008. Health costs of recycling [J]. Br Med J, 337: 376-377.

CHEN A, DIETRICH K N, HUO X, et al., 2011. Developmental neurotoxicants in E-waste: An emerging health concern [J]. Environ Health Perspect, 119: 431-438.

CHI X, STREICHER-PORTE M, WANG M Y, et al., 2011. Informal electronic waste recycling: A sector review with special focus on China [J]. Waste Manag, 31: 731-742.

DARNERUD P O, ERIKSEN G S, JÓHANNESSON T, et al., 2001. Polybrominated diphenyl ethers: occurrence, dietary exposure, and toxicology [J]. Environ Health Perspect, 109: 49-68.

DENG W J, LOUIE P K K, LIU W K, et al., 2006. Atmospheric levels and cytotoxicity of PAHs and heavy metals in TSP and PM2.5 at an electronic waste recycling site in southeast China [J]. Atmos Environ, 40: 6945-6955.

DENG W J, ZHENG J S, BI X H, et al., 2007. Distribution of PBDEs in air particles from an electronic waste recycling site compared with Guangzhou and Hong Kong, South China [J]. Environ Int, 33: 1063-1069.

DWIVEDY M, MITTAL R K, 2010. Estimation of future outflows of E-waste in India [J]. Waste Manag, 30 (3): 483-491.

FANG W X, YANG Y C, XU Z M, 2013. PM10 and PM2.5 and health risk assessment for heavy metals in a typical factory for cathode ray tube television recycling [J]. Environ Sci Technol, 47 (21): 12469-12476.

FU J, ZHOU Q, LIU J, et al., 2008. High levels of heavy metals in rice (Oryza sativa L.) from a typical E-waste recycling area in southeast China and its potential risk to human health [J]. Chemosphere, 71 (7): 1269-1275.

GONZALEZ-WELLER D, KARLSSON L, CABALLERO A, et al., 2006. Lead and cadmium in meat and meat products consumed by the population in Tenerife Island, Spain [J]. Food Addit Contam, 23: 757-763.

GRANT K, GOLDIZEN F C, SLY P D, et al., 2013. Health consequences of exposure to E-waste: A systematic review [J]. Lancet Glob Health, 1 (6): e350-e361.

GULLETT B K, LINAK W P, TOUATI A, et al., 2007. Characterization of air emissions and residual ash from open burning of electronic wastes during simulated rudimentary recycling operations [J]. J Mater Cycles Waste Manag, 9: 69-79.

GUO Y, HUO X, LI Y, et al., 2010. Monitoring of lead, cadmium, chromium and nickel in placenta from an E-waste recycling town in China [J]. Sci Total Environ, 408: 3113-3117.

HA N N, AGUSA T, RAMU K, et al., 2009. Contamination by trace elements at E-waste recycling sites in Bangalore, India [J]. Chemosphere, 76 (1): 9-15.

HICKS C, DIETMAR R, EUGSTER M, 2005. The recycling and disposal of electrical and electronic waste in China—legislative and market responses [J]. Environ Impact Assess Rev, 25 (5): 459-471.

HUISMAN J, et al., 2012. The Dutch WEEE flows [Z]. United Nations University, ISPSCYCLE, Bonn.

JARUP L, 2003. Hazards of heavy metal contamination [J]. Br Med Bull, 68: 167-182.

JHA M K, KUMAR A, KUMAR V, et al., 2011. Prospective scenario of E-waste recycling in India [G]//Recycling of electronic waste II: Proceedings of the second symposium. 73-80.

KIDDEE P, NAIDU R, WONG M H, 2013. Electronic waste management approaches: An overview [J]. Waste Manag, 33 (5): 1237-1250.

KWATRA S, PANDEY S, SHARMA S, 2014. Understanding public knowledge and awareness on E-waste in an urban setting in India. A case study for Delhi [J]. Manag Environ Qual, 25 (6): 752-765.

LADOU J, LOVEGROVE S, 2008. Export of electronics equipment waste [J]. Int J Occup Environ Health, 14: 1-10.

LEUNG A, CAI Z W, WONG M H, 2006. Environmental contamination from electronic waste recycling at Guiyu, southeast China [J]. J Mater Cycles Waste Manag, 8 (1): 21-33.

LEUNG A O W, LUKSEMBURG W J, WONG A S, et al., 2007. Spatial distribution of polybrominated diphenyl ethers and polychlorinated dibenzo-p-dioxins and dibenzofurans in soil and combusted residue at Guiyu, an electronic waste recycling site in southeast China [J]. Environ Sci Technol, 41: 2730-2737.

LEUNG A O W, DUZGOREN-AYDIN N S, CHEUNG K C, et al., 2008. Heavy metals concentrations of surface dust from E-waste recycling and its human health implications in southeast China [J]. Environ Sci Technol, 42 (7): 2674-2680.

LIU H, ZHOU Q, WANG Y, et al., 2008. E-waste recycling induced polybrominated diphenyl ethers, polychlorinated biphenyls, polychlorinated dibenzo-p-dioxins and dibenzo-furans pollution in the ambient environment [J]. Environ Int, 34 (1): 67-72.

LUO Q, CAI Z W, WONG M H, 2007a. Polybrominated diphenyl ethers in fish and sediment from river polluted by electronic waste [J]. Sci Total Environ, 383: 115-127.

LUO Q, WONG M H, CAI Z W, 2007b. Determination of polybrominated diphenyl ethers in freshwater fishes from a river polluted by E-wastes [J]. Talanta, 72: 1644-1649.

LUO X J, LIU J, LUO Y, et al., 2009. Polybrominated diphenyl ethers (PBDEs) in free-range domestic fowl from an E-waste recycling site in South China: levels, profile and human dietary exposure [J]. Environ Int, 35 (2): 253-258.

LUO C, LIU C, WANG Y, et al., 2011. Heavy metal contamination in soils and vegetables near an E-waste processing site, south China [J]. J Hazard Mater, 186 (1): 481-490.

MARTIN M, RICHARDSON B J, LAM P K S, 2003. Harmonisation of polychlorinated biphenyl (PCB) analyses for ecotoxicological interpretations of Southeast Asian environmental media: What's the problem? [J]. Mar Pollut Bull, 46: 159-170.

MIELKE H W, REAGAN P L, 1998. Soil is an important pathway of human lead exposure [J]. Environ Health Perspect, 106: 217-229.

MORF L S, TREMP J, Gloor R, et al., 2007. Metals, non-metals and PCB in electrical and electronic waste—actual levels in Switzerland [J]. Waste Manag, 27: 1306-1316.

MUYSSEN B T A, DE SCHAMPHELAERE K A C, JANSSEN C R, 2006. Mechanisms of chronic waterborne Zn toxicity in Daphnia magna [J]. Aquat Toxicol, 77: 393-401.

NNOROM I C, OSIBANJO O, 2008. Electronic waste (E-waste): material flows and management practices in Nigeria [J]. Waste Manag, 28 (8): 1472-1479.

OLAFISOYE O B, TEJUMADE A, OTOLORIN A O, 2013. Heavy metals contamination of water, soil and plants around an electronic waste dumpsite [J]. Pol J Environ Stud, 22 (5): 1431-1439.

PANT D, 2010. Electronic waste management [M]. Saarbrücken: Lambart Academic Publishing, 3-16.

PANT D, JOSHI D, UPRETI M K, et al., 2012. Chemical and biological extraction of metals present in E-waste: A hybrid technology [J]. Waste Manag, 32 (5): 979-990.

PRADHAN J K, KUMAR S, 2014. Informal E-waste recycling: Environmental risk assessment of heavy metal contamination in Mandoli industrial area, Delhi, India [J]. Environ Sci Pollut Res, 21 (13): 7913-7928.

PRONCZUK DE GARBINO J, 2004. Pronczuk de Garbino J (ed) Children's health and the environment: A global perspective. A resource manual for the health sector [Z]. World Health Organization, New York.

REN Z, XIAO X, CHEN D, et al., 2014. Halogenated organic pollutants in particulate matters emitted during recycling of waste printed circuit boards in a typical E-waste workshop of Southern China [J]. Chemosphere, 94: 143-150.

ROBINSON B H, 2009. E-waste: An assessment of global production and environmental impacts [J]. Sci Total Environ, 408 (2): 183-191.

SHARMA B, VAISH B, SRIVASTAVA V, et al., 2018. An insight to atmospheric pollution-improper waste management and climate change nexus [M] // Modern age environmental problems and their remediation. Cham: Springer, 23-47.

SHEN C, TANG X, CHEEMA S A, et al., 2009. Enhanced phytoremediation potential of polychlorinated biphenyl contaminated soil from E-waste recycling area in the presence of randomly methylated-beta-cyclodextrins [J]. J Hazard Mater, 172: 1671-1676.

SHI T, CHEN S J, LUO X J, et al., 2009. Occurrence of brominated flame retardants other than polybrominated diphenyl ethers in environmental and biota samples from southern China [J]. Chemosphere, 74: 910-916.

SINGH A, SHARMA R K, AGRAWAL M, et al., 2010. Health risk assessment of heavy metals via dietary intake of foodstuffs from the wastewater irrigated site of a dry tropical area of India [J]. Food Chem Toxicol, 48: 611-619.

SJÖDIN A, HAGMAR L, KLASSON-WEHLER E, et al., 1999. Flame retardant exposure: Polybrominated diphenyl ethers in blood from Swedish workers [J]. Environ Health Perspect, 107 (8): 643-648.

SONG Q, LI J, 2014. Environmental effects of heavy metals derived from the E-waste recycling activities in China: A systematic review [J]. Waste Manag, 34 (12): 2587-2594.

STEVELS A, HUISMAN J, WANG F, et al., 2013. Take back and treatment of discarded electronics: A scientific update [J]. Front Environ Sci Eng, 7: 475-482.

STHIANNOPKAO S, WONG M H, 2013. Handling E-waste in developed and developing countries: Initiatives, practices, and consequences [J]. Sci Total Environ, 463: 1147-1153.

THOMAS L D K, HODGSON S, NIEUWENHUIJSEN M, et al., 2009. Early kidney damage in a population exposed to cadmium and other heavy metals [J]. Environ Health Perspect, 117: 181-184.

TSENG L H, LI M H, TSAI S S, et al., 2008. Developmental exposure to decabromodiphenyl ether (PBDE 209): Effects on thyroid hormone and hepatic enzyme activity in male mouse offspring [J]. Chemosphere, 70: 640-647.

UNEP, 2007. E-waste volume Ⅱ: E-waste management manual [Z]. Division of Technology, Industry and Economics, International Environmental Technology Centre, Osaka.

UNEP DEWA/GRID-Europe, 2005. Early warning on emerging environmental threats [M] // E-waste, the hidden side of IT equipment's manufacturing and use.

United Nations University (UNU), 2013. StEP launches interactive world E-waste map [CM].

WANG D, CAI Z, JIANG G, et al., 2005. Determination of polybrominated diphenyl ethers in soil and sediment from an electronic waste recycling facility [J]. Chemosphere, 60 (6): 810-816.

WANG T, FU J J, WANG Y W, et al., 2009. Use of scalp hair as indicator of human exposure to heavy metals in an electronic waste recycling area [J]. Environ Pollut, 157 (8/9): 2445-2451.

WANG F, HUISMAN J, MESKERS C E, et al., 2012. The best-of-2-worlds philosophy: Developing local dismantling and global infrastructure network for sustainable e-waste treatment in emerging economies [J]. Waste Manag, 32 (11): 2134-2146.

WANG F, HUISMAN J, STEVELS A, et al., 2013. Enhancing E-waste estimates: Improving data quality by multivariate input-output analysis [J]. Waste Manag, 33 (11): 2397-2407.

WEI L, LIU Y, 2012. Present status of E-waste disposal and recycling in China [J]. Procedia Environ Sci, 16: 506-514.

WEI Y L, BAO L J, WU C C, et al., 2014. Association of soil polycyclic aromatic hydrocarbon levels and anthropogenic impacts in a rapidly urbanizing region: Spatial distribution, soil-air exchange and ecological risk [J]. Sci Total Environ, 473-474: 676-684.

WIDMER R, OSWALD-KRAPF H, SINHA-KHETRIWAL D, et al., 2005. Global perspectives on E-waste [J]. Environ Impact Assess Rev, 25 (5): 436-458.

WONG M H, WU S C, DENG W J, et al., 2007. Export of toxic chemicals—a review of the case of uncontrolled electronic-waste recycling [J]. Environ Pollut, 149 (2): 131-140.

WU J P, LUO X J, ZHANG Y, et al., 2008. Bioaccumulation of polybrominated diphenyl ethers (PBDEs) and polychlorinated biphenyls (PCBs) in wild aquatic species from an electronic waste (E-waste) recycling site in South China [J]. Environ Int, 34: 1109-1113.

WU K, XU X, LIU J, et al., 2010. Polybrominated diphenyl ethers in umbilical cord blood and relevant factors in neonates from Guiyu, China [J]. Environ Sci Technol, 44: 813-819.

WU C, LUO Y, DENG S, et al., 2014. Spatial characteristics of cadmium intopsoils in a typical E-waste recycling area in southeast China and its potential threat to shallow groundwater [J]. Sci Total Environ, 472: 556-561.

WU Q, LEUNG J Y, GENG X, et al., 2015. Heavy metal contamination of soil and water in the vicinity of an abandoned e-waste recycling site: Implications for dissemination of heavy metals [J]. Sci Total Environ, 506-507: 217-225.

XU P, HUANG S B, WANG Z J, et al., 2006. Daily in takes of copper, zinc and arsenic in drinking water by population of Shanghai [J]. China Sci Total Environ, 362: 50-55.

YAN C H, XU J, SHEN X M, 2013. Childhood lead poisoning in China: Challenges and opportunities [J]. Environ Health Perspect, 121: A294.

YOSHIDA A, TERAZONO A, BALLESTEROS F C Jr, et al., 2016. E-waste recycling processes in Indonesia, the Philippines, and Vietnam: A case study of cathode ray tube TVs and monitors [J]. Resour Conserv Recycl, 106: 48-58.

YU X Z, GAO Y, WU S C, et al., 2006. Distribution of poly-cyclic aromatic hydrocarbons in soils at Guiyu area of China, affected by recycling of electronic waste using primitive technologies [J]. Chemosphere, 65 (9): 1500-1509.

YU J, WILLIAMS E, JU M, et al., 2010. Forecasting global generation of obsolete personal computers [J]. Environ Sci Technol, 44: 3232-3237.

ZENG E Y, 2014. Environmental challenges in China [J]. Environ Toxicol Chem, 33 (8): 1690-1691.

ZENG X, LI J, SINGH N, 2014. Recycling of spent lithium-ion battery: A critical review [J]. Crit Rev Environ Sci Technol, 44: 1129-1165.

ZHANG K, WEI Y L, ZENG E Y, 2013. A review of environmental and human exposure to persistent organic pollutants in the Pearl River Delta [J]. South China Sci Total Environ, 463-464: 1093-1110.

ZHENG J, CHEN K H, YAN X, et al., 2013. Heavy metals in food, house dust, and water from an E-waste recycling area in South China and the potential risk to human health [J]. Ecotoxicol Environ Saf, 96: 205-212.

ZHUANG P, MCBRIDE M B, XIA H P, et al., 2009. Health risk from heavy metals via consumption of food crops in the vicinity of Dabaoshan mine [J]. South China Sci Total Environ, 407: 1551-1561.

ZOETEMAN B C, KRIKKE H R, VENSELAAR J, 2010. Handling WEEE waste flows: On the effectiveness of producer responsibility in a globalizing world [J]. Int J Adv Manuf Technol, 47 (5/6/7/8): 415-436.